一碗好粥养全家

速查全书

朱 晓　　高海波 主编

健康养生堂编委会 编著

U0250736

江苏凤凰科学技术出版社

健康养生堂编委会成员

（排名不分先后）

每天一碗粥，健康乐无忧

古人称粥为"神仙粥"，为世间第一补人之物。而将中药入粥，制成药粥食用，养生效果更佳，且有辅助治疗疾病之功，被称为"食疗"。这是以药疗疾、以粥扶正的一种预防和治疗疾病的食疗方式，亦是药物疗法与食物疗法的有机结合。食用养生粥，既可得粥之趣，又能收药之利。养生粥的主要成分为粳米、糯米和粟米等，皆具有补中益气、健脾养胃的作用，从而在祛除病邪的同时，又能纠药之偏、保护胃气，达到治病与健体的统一。很多中药都有延年益寿、延缓衰老的功效，如人参、枸杞、核桃仁等。经常服用养生粥，可以抗衰老，延天年。

我国最早记载的养生粥方，是来自于长沙马王堆汉墓出土的十四种医学方剂书。书中记载有服青粱米粥治疗蛇咬伤，用加热石块煮米汁内服治疗肛门痒痛等方。汉代医圣张仲景善用米与药同煮作为药方，开创了使用粥食疗之先驱。此后的医家如孙思邈、陈直、忽思慧、邹铉等在探索食粥疗法、收集粥方等方面做出了卓越贡献，为后世留下了宝贵财富。使得人们对养生粥的益处有了更加广泛深入的了解。当下，养生粥作为一种食疗保健方法，正在为人类的健康发挥着巨大的作用。

为帮助读者认识各种养生粥的功效和适用病症，轻松学会制作养生粥，对症选用，烹谷为粥，达到健康长寿的目的，编者参阅古今医药学家的大量医药著作，并对民间养生粥方进行收集整理，从浩如烟海的古今养生粥方中，精心遴选粥方，编写成此书，收入针对感冒、便秘、咳嗽、哮喘、高血压病、冠心病、糖尿病、腹泻、高脂血症、失眠、腹痛、痢疾以及不同人群和不同体虚者日常养生粥方。

养生粥用于保健养生，因而不同于普通的粥，制作很有讲究，在选料上也讲究合理搭配，根据食物的不同属性和作用，不同的对象和症状，辨证选用。养生粥中所施的中药，应按中医的要求，进行合理的加工制作。同时，还要注意药材与药材之间、药材与食物之间的配伍禁忌，使它们之间的作用相互补充，协调一致。药材的配伍禁忌一般参照"十八反""十九畏"。另外，本书详尽介绍了每一种养生粥的原料、做法、功效、性味归经、适用疗效、用法用量、食用禁忌及养生粥解说等内容，使读者一看就懂、一学就会，做到因病施治，从而达到防病治病、健体强身的目的。

民间有云：若要不失眠，煮粥加白莲；要得皮肤好，粳米煮红枣；要得肝功好，枸杞煮粥妙；心虚气不足，粥加桂圆肉；夏令防中暑，粥同荷叶煮；欲得水肿消，赤豆煮粥好……学会对症选用适合自己和家人食用的养生粥，掌握制作养生粥的方法，就可将养生粥端上自己家的餐桌，轻松解决家人和自身的健康问题。

阅读导航

我们在此特别设置了阅读导航这一单元，对文中各个部分的功能、特点等作一说明，这将会大大地提高读者阅读本书的效率。

食材推荐

高清美图，让您对症食疗，一目了然。

章节概述

简明扼要地概述了章节内容，使读者基本了解此章内容。

疾病解读

从人群到病症，再到护理，步步详细，全面呵护您的日常生活。

药材图典

根据病症为您选择最佳药材，性味归经，疗效禁忌，选购方法，细微见真挚。

食谱疗效

简单明了，对症食疗，让您更快地做出美味食疗粥。

本书把各种食谱的原料按其所属划分归类，查找更为便捷。

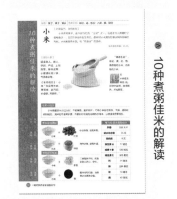

在此，我们特别推荐10种煮粥佳米，方便读者了解食用。

此篇为读者详细解说养生粥的来源、制作等，易学易懂。

瘦止咳＋和胃止呕

冰糖4克。

历干水分。枇
米，以大火煮

呈浓稠状，

咳喘、咯血、

滋肾润肺＋补肝明目

枸杞牛肉粥

来源 民间方。

原料 牛肉100克，枸杞50克，大米80克，姜丝、盐、鸡精各适量。

制作

1. 大米淘净，浸泡30分钟。牛肉洗净，切片。枸杞洗净。

2. 大米、枸杞入锅，加适量清水，大火烧沸，下入牛肉、姜丝。

3. 转小火熬煮成粥，加盐、鸡精调味，稍煮，即可盛碗食用。

药粥解说 此粥能辅助治疗风寒引起的鼻塞、咳嗽等症。

大米100克，

成毛，切丝。

米、红豆，以

呈浓稠状，调

益气的功效。

功效更佳。

食谱制作

全书共收录600多个粥方，从材料到制作，让您一学就会、一看就懂，吃得安全更养生。

对症祛病篇

第二篇 对症祛病 (95)

高清美图

全书共收录上千幅美食美图，看得心动不如快快行动。

目录

第四篇 体虚调养

测一测你是何种体虚

10种煮粥佳米的解读

别名：粟子、稞子、粟谷	性味归经：味甘、咸，性凉；入肾、脾、胃经

小米

【补脾益气，消热解毒】

小米亦称粟子，是中国古代的"五谷"之一，也是北方人喜爱的主要粮食之一。北方许多女性在生育后，都有用小米粥加红糖来调养身体的传统。小米粥营养丰富，有"代参汤"的美称。

每天推荐用量：45 克。

【宜忌人群】

适宜老人、病人、孕妇、产妇、上班族等。身体虚寒、小便清长者少食，气滞者忌用。

《本草纲目》：小米"治反胃热痢，煮粥食，益丹田、补虚损、开肠胃。"

"粟有五彩"，有白、黄、红、橙、黑颜色的小米，也有黏性小米。

粒
小米性凉，味甘、咸，可和中益肾、除渴解热、杀虫解毒。

专家小贴士

小米储藏前水分过大时，不能曝晒，最好阴干。可将小米放在阴凉、干燥、通风较好的地方。淘米时不要用手搓，不要长时间浸泡或用热水淘米，以免造成营养流失。

煮粥最佳搭配

 +

小米 + 红枣　补血养颜、滋阴养胃。

 +

小米 + 绿豆　清热去燥、健胃补虚。

食用禁忌搭配

 +

小米 + 虾皮　二者性味不和，同食会致人恶心、呕吐。

 +

小米 + 醋　醋中含有机酸，会降低小米营养价值。

每 100 克含营养成分	
热量	358 大卡
碳水化合物	75 克
蛋白质	9 克
维生素 A	17 微克
胡萝卜素	100 微克
维生素 E	363 毫克
钙	41 毫克
钾	284 毫克
铁	51 毫克
硒	47 微克

大米

【补中益气、健脾养胃】

　　大米，又称"稻米"。古代养生家倡导"晨起食粥"以生津液。因此，因肺阴亏虚所致的咳嗽、便秘患者可早晚用大米煮粥服用。经常喝点大米粥有助于津液的生发，可一定程度上缓解皮肤干燥等不适。煮大米粥时若加点梨，养生效果更好。

每天推荐用量：100克。

【宜忌人群】

适宜老人、胃肠病人、儿童、上班族等。糖尿病患者不宜多食。

《本草纲目》："稻米，作糜一斗食，主消渴"；粳米，"合芡实作粥食，益精强志，聪耳明目。"

籽
性温、味甘、无毒，可温中益气。

叶
稻叶性平、味甘、无毒，可养胃和脾，除湿止泻。

专家小贴士

　　大米不宜与鱼、肉、蔬菜等水分高的食品同时储存，否则容易吸水导致霉变；稻米存放忌讳直接着地，应该放在干燥通风干净的垫板上。

煮粥最佳搭配

大米

\+

栗子

健脾养胃、壮筋骨、养胃补肾。

大米

\+

山药

平和五脏、健脾补肾、助消化。

大米

\+

白萝卜

止痰化咳，利膈止渴，消除肿胀。

食用禁忌搭配

大米

\+

蜂蜜

两者性味不同，同食可能会引起胃痛。

每100克含营养成分	
热量	346 大卡
碳水化合物	77.9 克
蛋白质	7.7 克
粗纤维	0.8 克
维生素 B_1	0.16 毫克
维生素 B_2	0.05 微克
钙	7 毫克
磷	136 毫克
铁	2.3 毫克
硒	47 微克

别名：苡仁、苡米、薏苡	性味归经：味甘、性凉；入脾、肺、胃经

薏米

【健脾利水、清热利湿】

薏米是薏苡果实的果仁，在我国栽培历史悠久，是我国古老的药、食皆佳的粮种之一。薏米的营养价值非常高，被誉为"世界禾本科植物之王"。在欧洲薏米还被称为"生命健康之友"。

每天推荐用量：100 克。

【宜忌人群】

适宜关节炎、急慢性肾炎水肿、有浮肿症状的人。遗精、遗尿、孕妇不宜食用。

《本草纲目》："薏米能健脾益胃，补肺清热，祛风除湿。炊饭食，治冷气。煎饮，利小便热淋。"

籽

种子含有大量淀粉及多种维生素，主治胃寒疼痛、气血虚弱。

叶

性凉，味甘、淡。具有利水、健脾、除痹、清热排脓的功效。

专家小贴士

薏米性微寒，多食后会使人体虚冷，因此体质虚寒者尽量不要食用。一般人也不能食用过多，以免引起消化不良。薏米虽然有降血脂的作用，但不能当作药品食用。

煮粥最佳搭配

 薏米 + 红豆　美容补血、健脾润肠。

 薏米 + 绿豆　清热、活血、助消化。

 薏米 +  冬瓜　瘦身养颜、润肺排毒。

食用禁忌搭配

 薏米 + 菠菜　金属元素会使维生素C发生氧化，降低营养价值。

每 100 克含营养成分	
热量	357 大卡
碳水化合物	71 克
蛋白质	12.8 克
纤维素	2 克
脂肪	3.3 克
维生素 E	2.08 毫克
钙	42 毫克
钾	238 毫克
铁	3.6 毫克
硒	3.07 微克

| 别名：苞谷、玉蜀黍、苞米、棒子 | 性味归经：味甘、淡、性平；入手、足阳明经 |

玉米

【滋养肠胃，美容养颜】

玉米原产于南美洲，后被传至世界各地，如今是全世界公认的"黄金作物"，有的地区以它为主食。玉米素有长寿食品的美称，含有丰富的蛋白质、脂肪、维生素、微量元素、纤维素等，是粗粮中的保健佳品，常食玉米对人体健康颇为有利。

每天推荐用量：45 克。

【宜忌人群】

适宜脾胃气虚的老人、冠心病和肥胖症患者、孕妇、上班族等。腹胀、尿失禁者慎食。

《本草纲目》："玉米甘平无毒，主治调中开胃。"

籽

玉米渣及玉米梗芯有良好的通便效果，可缓解老年人习惯性便秘。

须

玉米须有一定的利胆、利尿、降血糖的作用，常用可利尿和清热解毒。

专家小贴士

吃玉米时应把玉米粒的胚尖全部吃掉，因为玉米的许多营养都集中在这部分。以玉米为主食会导致营养不良，不利健康，可把它当点心食用。玉米发霉后会产生致癌物，所以发霉玉米不能食用。

煮粥最佳搭配

玉米　+　胡萝卜　　润肠、明目、健脑。

玉米　+　冬瓜　　具有明目、减肥、润肠润肺的功效。

玉米　+　牛奶　　具有补血、养神、抗衰老的功效。

食用禁忌搭配

玉米　+　田螺　　二者性味相反，同食可能不易消化。

每 100 克含营养成分	
热量	106 大卡
碳水化合物	22.8 克
蛋白质	4 克
纤维素	2.9 克
脂肪	1.2 克
维生素 C	16 毫克
镁	32 毫克
钾	238 毫克
磷	117 毫克
铁	1.1 毫克

别名：江米	性味归经：味甘、性平，入肺、脾、胃经。

糯米

【温暖脾胃，补益中气】

糯米是家常粮食的一种，米质多呈蜡白色不透明或半透明状，吸水性和膨胀性比较小，煮熟后黏性相当大，是大米种类中黏性最强的。因为糯米香糯黏滑的特性，经常被用来制作小吃，如粽子、年糕、汤圆等，深受人们的喜爱。

每天推荐用量：45克。

【宜忌人群】

适宜体虚、神经衰弱、肺结核患者及腹泻者食用。老人、儿童、病人等慎用。

《本草纲目》："糯稻，南方水田多种之，其性黏，可以酿酒，可以为粢，可以蒸糕，可以熬饧，可以炒食，其类多也。"

籽
米秆性热，味辛、甘，无毒，主治黄疸。

叶
糯米叶性温，味苦，无毒，主治多热、大便干结。

专家小贴士

在保存糯米时应避开潮湿和强光的环境，最好放置在阴凉通风的地方。可以将糯米装进干净的饮料瓶中，尽可能地塞满，拧紧瓶盖，放在避光处保存。

煮粥最佳搭配

糯米

+

红枣

补气血、滋阴养胃、养颜。

糯米

+

红豆

利尿消肿、健脾养胃。

糯米

+

莲子

瘦身养颜、润肺排毒。

食用禁忌搭配

糯米

+

鸡蛋

糯米与鸡蛋清同食会降低营养。

每 100 克含营养成分	
热量	348 大卡
碳水化合物	78.3 克
蛋白质	7.3 克
纤维素	0.8 克
维生素 E	1.29 毫克
镁	49 毫克
钙	26 毫克
钾	137 毫克
磷	113 毫克
钠	1.5 毫克

别名：雀麦、野麦、筱麦、玉麦、铃铛麦	性味归经：味甘、性平，入肝、脾、胃经

燕麦

【滋养肠胃，美容养颜，防癌抗癌】

　　燕麦是一种低糖、高蛋白质、高脂肪、高能量食品，而且非常容易消化。在美国《时代》杂志评选出的十大健康食品中，燕麦名列第五。燕麦的医疗和保健作用更被中外医学界所公认，成为较受现代人欢迎的食物之一。

每天推荐用量：45 克。

【宜忌人群】

适宜产妇、婴幼儿、老年人以及空勤、海勤人员食用。肠道比较敏感者不宜食用太多。

《本草纲目》："燕麦甘凉，祛烦养心、降糖补阴、强肾增能、养颜美容。"

籽 燕麦籽有降低血压、降低胆固醇、防治大肠癌、防治心脏疾病的功效。

片 燕麦片，可以改善血液循环，促进伤口愈合。

专家小贴士

　　保存燕麦的时候，要将其装入袋中，并密封起来，置于冰箱冷藏，也可放置在阴凉、干燥、通风的地方保存。选购燕麦片时，不宜选择甜味很浓的，因为糖分太多。

煮粥最佳搭配

 燕麦 +   牛奶　补血养颜、养肝、防衰老。

 燕麦 +   海带　延缓衰老、抗氧化。

 燕麦 + 芦笋　可以预防贫血、改善体质。

食用禁忌搭配

 燕麦 + 菠菜　二者同食，菠菜中的草酸与燕麦中的钙结合，易形成草酸钙。

每 100 克含营养成分	
热量	367 大卡
碳水化合物	66.9 克
蛋白质	15 克
脂肪	6.7 克
纤维素	5.3 克
维生素 E	3.07 毫克
钙	186 毫克
钾	214 毫克
铁	7 毫克
镁	117 毫克

别名：净肠草、荞子、甜荞、花荞、乌麦	性味归经：味甘、性微寒，入胃、脾、大肠经。

荞麦

【下气利肠、清热解毒、预防贫血、预防肠癌】

　　荞麦有甜荞、苦荞、翅荞和米荞麦四个品种，是一种古老的粮食作物，早在公元前5世纪的《神龙书》中就有所记载。荞麦营养丰富，很受群众喜爱，也是制作各种高级糕点、糖果等食品的优良原料。

每天推荐用量：50 克。

【宜忌人群】

适宜食欲不振、慢性腹泻、糖尿病患者等。脾胃虚寒、消化功能不佳、经常腹泻者少食。

《本草纲目》："荞麦，最降气宽肠，故能炼肠胃滓滞，而治浊、带。"

籽

甘，凉。降气宽肠，导滞，消肿毒。用于胃肠积滞、泄泻、痈疽发背、烧伤、烫伤。

叶

酸，寒。降压，止血。用于噎食、痈肿。

专家小贴士

　　选购荞麦的时候，可以观察外表，荞麦的形状一般为三角形，而且其种皮十分坚硬，表皮的颜色多呈深褐色或者黑色，如果荞麦的颗粒表面色泽光亮、大小匀称，则是优质的荞麦。

煮粥最佳搭配

荞麦 ＋ 绿豆　　消炎排毒、降脂降压。

荞麦 ＋ 南瓜　　可清肠、瘦身、增强体质。

荞麦 ＋ 小米　　健脾养胃、助消化。

食用禁忌搭配

荞麦 ＋ 猪肝　　二者同食会影响消化。

每 100 克含营养成分	
热量	292 大卡
碳水化合物	59.7 克
蛋白质	9.5 克
纤维素	13.3 克
胡萝卜素	2.2 微克
镁	193 毫克
钙	154 毫克
钾	439 毫克
铁	10.1 毫克
磷	296 毫克

别名：蜀黍、芦粟、茭子、木稷、秫秫	性味归经：味甘、性平，入肺、脾、胃经。

高粱

【健脾益胃、宁心安神、滋阴润燥】

　　高粱是世界四大谷类作物之一。收获面积和总产量仅次于小麦、水稻、玉米而居第四位，有"五谷之精"、"百谷之长"的盛誉。高粱有红、白之分，红者又称酒高粱，主要用于酿酒、酿醋；白者性温味甘涩，用于食用。

每天推荐用量：45 克。

【宜忌人群】

适宜脾胃气虚、大便溏薄、肺结核患者等。糖尿病、大便燥结者以及便秘者应慎食。

《本草纲目》："高粱米性味平微寒，具有凉血、解毒之功。"

籽

性平味甘，能和胃、健脾、止泻，有固涩肠胃、抑制呕吐、益脾温中、催治难产等功效，还可酿酒。

茎

甜高粱的茎秆含有大量的汁液和糖分，是新兴的一种糖料作物、饲料作物和能源作物。

专家小贴士

　　保存高粱米，最好将其装进米袋或米缸里面密封起来，放置于通风干燥的地方保存。在储藏期间，要经常检查高粱米是否生虫，若发现有虫蛀的痕迹，要及时挑出虫蛀的米粒，其余晾干后继续保存。

煮粥最佳搭配

 高粱　＋　 绿豆　　解毒、防暑、助消化。

 高粱　＋　 红薯　　通便、抗衰老、防癌。

 高粱　＋　 莲子　　养心安神、止泻。

食用禁忌搭配

 高粱　＋　 附子　　二者同食会产生恶心、呕吐等不良反应。

每 100 克含营养成分	
热量	351 大卡
碳水化合物	74.7 克
蛋白质	10.4 克
纤维素	4.3 克
脂肪	3.1 克
维生素 E	1.88 毫克
钙	22 毫克
钾	281 毫克
镁	129 毫克
磷	329 毫克

| 别名：接骨糯、血糯米、紫珍珠 | 性味归经：味甘、性温，入肺、脾、胃经。 |

紫米

【开胃健脾、补血滋阴、明目活血】

　　紫米是糯米类珍贵品种，主要分布在我国的湖南、四川、贵州、云南等地，栽培数量比较少。较普通大米不同，紫米的表皮有一层紫色的物质，因此被叫做紫米。用紫米烹煮的米饭含有丰富的营养，有很好的养生效果。

每天推荐用量：45 克。

【宜忌人群】

适宜少年白发、产后虚弱、病后体虚及贫血、肾虚者食用。发热、咳嗽、痰稠黄者慎食。

《本草纲目》："紫米者滋阴补肾，健脾暖肝，明目活血。"

穗

紫米分皮紫内白非糯性和表里皆紫糯性两种。民间喜在年节喜庆时做成八宝饭食用，味香微甜，黏而不腻。

粒

粒大饱满，黏性强，营养价值和药用价值都较高，有补血、健脾、理中及治疗神经衰弱等功效。

专家小贴士

　　紫米可以放在米缸、不锈钢容器或者塑料袋中，密封后放置于阴凉通风的常温下保存。若是长期保存，还可在盛放紫米的容器中放进一些大蒜，用来防虫。

煮粥最佳搭配

紫米 + 红豆

滋阴护肝、暖胃养心。

紫米 + 花生

健脾益胃、美容润肤。

紫米 + 梨

滋阴润燥、固肾补阳补充维生素。

食用禁忌搭配

紫米 + 茶

紫米中的铁与茶中的单宁酸相结合，不利于吸收。

每 100 克含营养成分	
热量	343 大卡
碳水化合物	75.1 克
蛋白质	8.3 克
纤维素	1.4 克
镁	16 微克
磷	183 毫克
钙	13.9 毫克
钾	103 毫克
钠	3.8 毫克
烟酸	4.2 毫克

| 别名：麸麦、浮麦、浮小麦、空空麦 | 性味归经：味甘、咸、性凉，入脾、胃经。 |

大麦

【健脾养肾、调理肠胃、消渴除热】

　　大麦是世界第五大耕作谷物，在我国已有几千年的食用历史。大麦多用于酿酒，传统的啤酒和威士忌的主要原料就是大麦芽。大麦具有"三高二低"的特点，即高蛋白、高膳食纤维、高维生素，低脂肪、低糖。因此是一种理想的保健食品。

每天推荐用量：50克。

【宜忌人群】

适宜中老年人、孕妇、脾胃虚弱者、消化不良者等。虚寒体质的人不宜长期食用。

《本草纲目》："大麦宽胸下气，凉血。麦芽消化一切米面诸果食积。"

籽
味甘，性凉。能健脾消食，除热止渴，利小便，还可以用来酿酒。

茎
大麦麦秆很柔软，多用作牲畜铺草，也大量用作粗饲料。

专家小贴士

　　大麦中含有丰富的碳水化合物，且属于粗粮，食用后有解除五脏之热、养精血的功效，有助于延缓衰老。大麦制成的大麦茶，深受现代人的喜爱，有清热解腻、瘦身养颜的作用。

煮粥最佳搭配

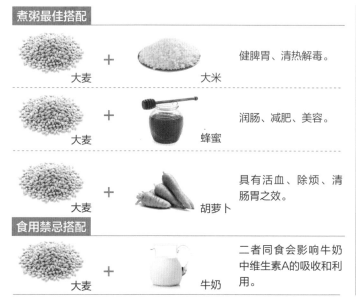

大麦 ＋ 大米　　健脾胃、清热解毒。

大麦 ＋ 蜂蜜　　润肠、减肥、美容。

大麦 ＋ 胡萝卜　　具有活血、除烦、清肠胃之效。

食用禁忌搭配

大麦 ＋ 牛奶　　二者同食会影响牛奶中维生素A的吸收和利用。

每 100 克含营养成分	
热量	307 大卡
碳水化合物	73.3 克
蛋白质	10.2 克
纤维素	9.9 克
脂肪	1.4 克
维生素 E	1.23 毫克
钙	66 毫克
钾	49 毫克
铁	6.4 毫克
镁	158 毫克

保养防病尽在一碗养生粥

养生粥的起源

所谓养生粥，即以药入粥中，食用治疗病症。《史记·扁鹊仓公列传》中有对养生粥最早的记载："臣意即以火齐粥且饮，六日气下；即令更服丸药，出入六日，病已。"我国最早记载的食用养生粥方，是来自于长沙马王堆汉墓出土的十四种医学方技书中。书中记载有服食青粱米粥治疗蛇咬伤，用加热石块煮米汁内服治疗肛门痒痛等方。

养生粥的发展演变

我国对食粥疗法记载的书籍可以追溯到春秋战国时期。汉代医圣张仲景善用米与药同煮作为药方，开了食用养生粥之先河，在他的著作《伤寒杂病论》中有记载。唐代药王孙思邈收集了众多民间养生粥方，编著在其《千金方》和《千金翼方》两部书中。到了宋代养生粥有了更大的发展。如官方编撰的《太平圣惠方》中收集了养生粥方共 129 个。《圣济总录》是宋代医学巨著之一，收集养生粥方 113 个，并且还对养生粥的类别进行了详细的介绍。宋朝陈直的《养老奉亲书》一书，开了老年医学的先河。元朝宫廷饮膳太医忽思慧编著的《饮膳正要》一书，记载了众多保健防治养生粥方。"脾胃论"创始人李东垣在他的《食物本草》卷五中，专门介绍了 28 个最常用的养生粥方。明代大药学家李时珍的《本草纲目》一书，记载养生粥方 62 个。周王朱橚等编撰的《普济方》是明初以前记载养生粥最多的一本书。明初开国元勋刘伯温的《多能鄙事》、万历进士王象晋的《二如亭群芳谱》均记载了不同种类的养生粥方。食粥养病在明朝已得到了普遍发展。清代，食粥疗法又得到了进一步发展。费伯雄在其《食鉴本草》书中按风、寒、暑、湿、燥、火、气、血、阴、阳、痰等项将其进行分类。直至近代，食粥疗法虽未能广泛应用于临床，但随着药膳制作的不断提高和发展，人们对养生粥的益处也有了更加广泛深入的了解。养生粥作为目前最佳的养生保健方法，正在为人类的健康发挥着巨大的作用。

养生粥的保健功效

粥，俗称稀饭，是人们日常生活中再熟悉不过的饮食之一。养生粥，就是中药和米共同煮成的粥。各种养生粥均以粮食为主要原料，粮食是人类饮食的主要成分，为人体提供维持生命和进行生理活动的营养物质。古人之所以对粥如此偏爱，是因为粥可以保健养生。自古以来一直推崇食药同源，食物也是药物，药物也可提供食用，寓治疗于饮食之中，即食亦养、养亦治，这是中医学的一大特点。食粥疗法在我国有悠久的历史，早在数千年前的《周书》中就有"黄帝煮谷为粥"的记载。养生粥之所以能起到养生和辅疗作用，是因为粥一般以五谷杂粮为原料，净水熬制而成，谷类含有人体必需的蛋白质、脂肪、糖类和多种维生素及矿物盐等营养物质，经慢火熬制之后，质地糜烂稀软，甘淡适口，容易消化吸收。在粥中加入一些药物称养生粥，则养生保健作用更强，效果更明显。养生粥的作用大致有以下几点：

1. 增强体质，预防疾病

养生粥是在中医药理论基础上发展的以中医学的阴阳五行、脏腑经络、辨证施治的理论为基础，按照中医处方的原则和药物、食物的性能进行选配而组合成方的。俗话说："脾胃不和，百病由生。"脾胃功能的强盛与否，与人体的健康状况密切相关。养生粥中的主要成分粳米、糯米、粟米等，本来就是上好的健脾益胃佳品，再与黄芪、人参、枸杞子、山药、桂圆、芝麻、核桃等共同熬成粥，其增强体质的效果可想而知。药粥通过调理脾胃，改善人体消化功能，对于增强体质、扶助正气具有重要作用。以药粥预防疾病，民间早有实践。

比如，胡萝卜粥可以预防高血压，薏米粥可以预防癌症、泄泻。

2. 养生保健，益寿延年

养生粥是药物疗法、食物疗法与营养疗法相结合的疗法，能收到药物与米谷的双重效应。关于养生粥的养生保健作用，宋代著名诗人陆游曾作诗曰："世人个个学长年，不悟长年在目前。我得宛丘平易法，只将食粥致神仙。"的确，很多中药都有延年益寿、延缓衰老的功效，如人参、枸杞子、核桃仁等。熬成养生粥，经常服用，可以抗衰老，延天年。

3. 辅助治疗

一般情况下，养生粥被作为病后调养的辅助治疗方法。如在急性黄疸性肝炎的治疗过程中，可以配合使用茵陈粥；在急性尿路感染的治疗过程中，可以配合使用车前子粥；在神经衰弱的治疗过程中，可以配合使用酸枣仁粥等。养生粥适合身体虚弱、需要补养的大病初愈患者或产后女性。慢性久病患者，由于抗病能力低下，往往不能快速痊愈，长期采用中西药物治疗，不仅服用麻烦，而且有些药物还有不良反应。根据病情的不同加入不同的中药熬粥使用，既能健脾胃，又能辅助治疗疾病。

养生粥与普通粥的区别

普通粥只是将单一的食材,例如小米、大米等粮食煮成黏稠的食物,以用来充饥。而养生粥则是选用药材,与粮食同煮为食物。不仅可用于充饥,还可辅助治疗病症,具有调理和保健的功效。

煮出美味粥的窍门

食粥疗法的历史悠久,影响极广,是我国饮食疗法百花园中一朵普通而又独特的奇葩。养生粥的制作历来都很有讲究,如原材料、水、火候、容器、药物、煮粥方法的选择等。

选料

各种食物的合理搭配对人体健康有着十分重要的意义,"五谷为养,五果为助,五畜为益,五菜为充",养生粥的基本原料一般都采用粮食作为主料,供煮粥的食物主要是米谷类:粳米、糯米、粟米、小麦、大麦、荞麦、玉米;还有豆类,如黄豆、黑豆、绿豆、蚕豆等,肉类有羊肉、羊腰、雀肉、鲤鱼、虾等。这些食物都有不同的属性和作用,同米配伍的药物,则根据不同的对象和症情,

辨证选用。因此,应辨证、辨病地进行食物的选用,同时注意食物与药物之间的配伍禁忌。

择水

水要以富含矿物质的泉水为佳,但总的来说是越纯洁甘美就越好。煮制养生粥时应掌握好用水。如果加水太多,则会延长煎煮的时间,使一些不易久煎的药物失效。如果煎汁太多,病人也难以按要求全部喝完。加水太少,则药物有效的成分不易煎出,粥米也不容易煮烂。用水的多少应根据药物的种类和米谷的多少来确定。

掌握好火候

一般情况下，先用大火将水烧开，然后下米，再用小火煲透，整个过程要一气呵成，中途不可间断或加水等。现在煮粥的方式越来越多，家庭中高压锅、电饭煲甚至微波炉都能承担煮粥任务；煮粥的方法有煮和焖。煮就是先用大火煮至滚开，再改用小火将粥汤慢慢煮至稠浓。焖是指用大火加热至滚沸后，倒入有盖的容器内，盖紧盖，焖约2小时。

容器的选择

能够供煮粥的容器很多，如砂锅、搪瓷锅、铁锅、铝制锅等。中医的传统习惯是选用砂锅，因为砂锅煎熬可以使养生粥中的中药成分充分熬制出，避免因用金属锅煎熬引起一些不良化学反应。所以，用砂锅煎煮最为合适，如无砂锅也可用搪瓷容器代替。新用的砂锅要用米汤水浸煮后再使用，防止煮粥时有外渗现象，刚煮好后的热粥锅，不能放置冰冷处，以免砂锅破裂。

选药物

养生粥中所施的中药，应按中医的传统要求，进行合理的加工制作。同时还要注意药物与药物之间、药物与食物之间的配伍禁忌，使它们之间的作用相互补充，协调一致，不至于出现差错或影响药效。药物的配伍禁忌一般参照"十八反"、"十九畏"，另还应特别注意有些剧毒药物不宜供内服食用。

煮杂粮粥的步骤

煮养生粥用的药一般多为植物，根据药物的特性可分为以下几种方法：

  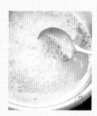  

❶ 药物与米直接一起煮，即将药物直接和米谷同煮，凡既是食物，又是药物的中药，如红枣、山药、绿豆、扁豆、核桃仁、薏米、羊肉、鲤鱼、鸭肉等。

❷ 药末和入同煮法，为了方便烹制和食用，先将药物研为细末，再和米同煮。如茯苓、贝母、山药、芡实、人参等研为细末。

❸ 原汁入煮法。以食物原汁如牛奶、鸡汁、酸奶与米同煮，或等粥将熟时加入。

❹ 药汁合水熬粥法。先将所选中药煎后去渣，再以药液与米谷、清水适量一起熬粥，这种方法将常用。如安神宁心的酸枣仁粥、补肝肾、益精血的何首乌粥。

❺ 中药煎取浓汁后去渣，再与米谷同煮粥食。如黄芪粥、麦门冬粥、菟丝子粥、荆芥粥、防风粥、附子粥、泽泻粥等。

健康食粥注意事项

早餐不宜空腹喝粥	早餐最好不要空腹喝粥，特别是患有糖尿病的老年人，更应该避免在早餐空腹喝粥，因为粥里面糖分的吸收率、吸收量要比单纯吃等量的米饭要高。所以，早晨吃早餐时最好先吃一片面包或其他主食，然后再喝粥。
粥不宜天天喝	粥以水为主，"干货"极少，在胃容量相同的情况下，同体积的粥在营养上与馒头、米饭还是有一些距离的。尤其是那种白粥，营养远远无法达到人体的需求量。所以，在饮用白粥时，最好加入一些菜或者肉，这样以求营养均衡。
喝粥的同时也应吃点干饭	天气炎热，人往往食欲不佳，一些肠胃不好的人则会选择喝粥作为主食。其实，光喝粥并不一定利于消化，应该再吃点干饭。吃干饭的同时注意细嚼慢咽，让食物与唾液充分混合。唾液是很利于帮助人体消化的。
老年人不宜长期喝粥	老年人若长期喝粥会导致营养缺乏。长期喝粥，还会影响唾液的分泌，不利于保护自身的胃黏膜。此外，喝粥缺少咀嚼，会加速器官退化。粥类中纤维含量较低，不利于老年人排便。
婴儿不宜长期喝粥	粥的体积较大，营养密度却较低。以粥作为主要的固体食物喂给婴儿，会引起婴儿的营养物质缺乏，导致生长发育迟缓。此外，妈妈切不可在粥中放碱，碱会破坏米中的 B 族维生素，破坏粥的营养成分。
八宝粥适合成年人喝	八宝粥一般是以粳米和糯米为主料再添加豆类、干果、中药材而煮成的，其中各类坚果及营养物质，不利于儿童消化。相反，对于成人身体的需求量的供应却是极佳的。因此，八宝粥是成人日常的保健饮品。
胃病患者忌天天喝粥	稀粥没有咀嚼就吞下，得不到唾液中淀粉酶的初步消化，同时稀粥含水分较多，进入胃内稀释了胃液，从消化的角度讲是不利的。稀粥容量大、热量少，加重胃部负担。因此，胃病患者是不需要天天喝粥的。
夏季不宜喝冰粥	冰粥经过冰镇，和其他冷食一样。不适合体质寒凉、虚弱的老年人以及孩子。多食不仅会使人体的汗毛孔闭塞，导致代谢废物不易排泄，还有可能影响肠胃功能，因此在夏季还是尽量饮用温粥更加适宜。

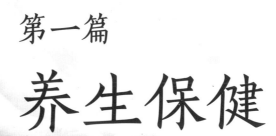

第一篇
养生保健

　　古法以"固本养元，补气强精"为基础，全面调整人体生理机能的活力，使机体内部协调平衡，促进组织细胞的新陈代谢和生命活力的提高。有效消除血液循环障碍，提高血液循环的活力，并遵从中医传统理论，双向调节人体内部功能，从而起到治疗和保健双重功效。

补血益气

人体因体弱或久病迁延不愈，而致气虚不能生血，或血虚无以化气，表现为少气懒言、自汗失眠等症状。在饮食上宜气血双补。

☺食材推荐

| 山药 | 枸杞 | 红豆 | 红枣 |
| 桂圆 | 莲子 | 猪肝 | 瘦肉 |

症状表现

☑ 头晕　☑ 头痛　☑ 乏力　☑ 易倦　☑ 心悸　☑ 气促　☑ 眼花　☑ 耳鸣　☑ 腹胀

疾病解读

引起气虚不足的原因有多种，如产后或者手术后失血过多，少部分人会因为月经量大以及脾胃功能不好、长期腹泻、长期营养不良或思虑劳神太过等而引起气血不足。

调理指南

平时应该多吃富含优质蛋白质、微量元素、叶酸和维生素 B_{12} 的营养食物，如红枣、莲子、龙眼肉、核桃、山楂、猪肝、猪血、黄鳝、海参、乌鸡、鸡蛋、菠菜、黑木耳、黑芝麻、虾仁等。

家庭小百科

巧按穴位补气血

刺激足三里穴（足阳明胃经之穴），可补益气血，培补元气，滋养骨髓，可促进肝血充足。对气血亏虚引起的头晕、耳鸣、神经衰弱及胃动力不足、用眼过度或失眠熬夜而伤肝的人经常拍、按摩、艾灸此穴有很好的改善作用。

按摩或艾灸足三里，健运脾阳、补中益气、宜通气机、导气下行、强壮全身。胃酸过多、空腹烧心的人不宜灸足三里，可选阳陵泉穴有良效。

最佳药材•红枣

【别名】蒲枣、刺枣、大枣。

【性味】味甘、性温、无毒。

【归经】归脾胃经。

【功效】补中益气、养血安神、滋补养颜。

【禁忌】枣含糖量高，故糖尿病人最好少食用，鲜枣不宜多吃，易生痰、助热、损齿。

【挑选】果皮色紫红、颗粒大而均匀、果形短壮圆整、皱纹少、痕迹浅、核小、肉质厚而细实。

桂圆枸杞糯米粥

| 来源 | 经验方。 |

| 原料 | 桂圆肉 40 克, 枸杞 10 克, 糯米 100 克, 白糖 5 克。 |

制作

1. 糯米洗净, 用清水浸泡; 桂圆肉、枸杞洗净。
2. 锅置火上, 放入糯米, 加适量清水煮至粥将成。
3. 放入桂圆肉、枸杞子煮至米烂, 加白糖稍煮片刻, 调匀便可。

| 食用禁忌 | 肠滑泄泻、风寒感冒者忌食。 |

| 用法用量 | 温热服用。每日 1 次。 |

药粥解说 红枣含丰富的蛋白质、脂肪、粗纤维、糖类、有机酸、黏液质和钙、磷、铁等营养物质, 又含有多种维生素, 故有"天然维生素丸"之美称。

补益心脾 + 补血养颜

桂圆莲子糯米粥

| 来源 | 民间方。 |

| 原料 | 桂圆肉、莲子、红枣各 10 克, 糯米 100 克, 白糖 5 克。 |

制作

1. 糯米、莲子洗净, 放入清水中浸泡; 桂圆肉、红枣洗净, 再将红枣去核备用。
2. 锅置火上, 放入糯米、莲子煮至将熟。
3. 放入桂圆肉、红枣煮至酥烂, 加白糖调匀即可盛碗食用。

药粥解说 桂圆可保护血管、防止血管硬化, 具有养血安神、益气养颜之效, 适用于气血不足、血虚萎黄等症。

补血益气+提高免疫力

山药枣荔粥

| 来源 | 经验方。 |

| 原料 | 山药、荔枝各 30 克, 红枣 10 克, 大米 100 克, 冰糖 5 克, 葱花少许。 |

制作

1. 大米淘洗干净; 荔枝去壳洗净; 山药去皮, 洗净切块, 汆水后捞出; 红枣洗净, 去核。
2. 锅置火上, 注入清水, 放入大米煮至八成熟。
3. 放入荔枝、山药、红枣煮至米烂, 放入冰糖熬融后调匀, 撒上葱花即可。

药粥解说 山药有滋补虚损、益肾健脾之效, 是虚弱、疲劳或病愈者恢复体力的最佳食品, 经常食用又能提高免疫力。

核桃生姜粥

来源 民间方。

原料 核桃仁15克，生姜5克，红枣10克，糯米80克，盐2克，姜汁适量。

制作

1. 糯米置于水中泡发后洗净；生姜去皮，洗净，切丝；红枣洗净，去核，切片；核桃仁洗净。
2. 锅置火上，倒入水，放入糯米，大火煮开，再淋入姜汁，加入核桃仁、生姜、红枣同煮至浓稠，调入盐拌匀即可。

食用禁忌 慢性肠炎患者慎食。

用法用量 温热服用，早晚各1次。

药粥解说 常吃核桃能润血脉、黑须发、让皮肤细腻光滑等。此粥具有润肺止咳、益气养血、安神之效。

补血止血＋补益脾肾

红豆腰果燕麦粥

来源 经验方。

原料 红豆30克，腰果适量，燕麦片40克，白糖4克。

制作

1. 红豆泡发洗净，备用；燕麦片洗净；腰果洗净。
2. 锅置火上，入水放入燕麦片和红豆、腰果，以大火煮开。
3. 转小火将粥煮至呈浓稠状，调入白糖拌匀即可盛碗食用。

药粥解说 红豆有补血、增强抵抗力的效果。燕麦有补益脾肾、润肠止汗、止血的作用。此粥能补血止血。

预防贫血＋改善失眠

桃仁红米粥

来源 经验方。

原料 核桃仁30克，红米80克，枸杞少许，白糖3克。

制作

1. 红米淘洗干净，置于冷水中泡发30分钟后捞出沥干水分；核桃仁洗净；枸杞洗净，备用。
2. 锅置火上，入水放入红米煮至米粒开花。
3. 加入核桃仁、枸杞子同煮至浓稠状，调入白糖拌匀即可。

药粥解说 红米含蛋白质、糖类、膳食纤维等。其中，以铁质最为丰富，故有补血及预防贫血的功效。

猪肝粥

来源 民间方。

原料 大米、猪肝、盐、味精、料酒、青菜末、姜末各适量。

制作

1. 猪肝洗净，切片，用料酒腌渍；大米淘净。

2. 锅入水，下大米，大火烧沸，下入姜末，转中火熬至米粒开花后，放入猪肝，慢火熬粥至浓稠，加入盐、味精调味，撒上青菜末即可。

食用禁忌 高血压及高脂血症患者慎食。

用法用量 温热服用，当早餐食用。

药粥解说 猪肝中铁的含量是猪肉的 18 倍，人体的吸收利用率也很高，是天然的补血妙品，用于贫血、头昏、目眩、夜盲及目赤等均有较好的效果。

补血养颜 + 保肝明目

瘦肉猪肝粥

来源 经验方。

原料 猪肝、猪肉、大米、青菜、葱花、料酒、胡椒粉各适量。

制作

1. 猪肉、青菜洗净，切碎。猪肝洗净，切片。大米淘净，泡好。

2. 锅中注水，下入大米，开大火煮至米粒开花，改中火，下入猪肉熬煮。

3. 转小火，下入猪肝、青菜，烹入料酒，熬煮至粥成，加盐、胡椒粉调味，撒上葱花即可。

药粥解说 猪肝有补血健脾、养肝明目的功效。此粥适合贫血患者食用。

宁心活血 + 增强免疫

猪肉玉米粥

来源 民间方。

原料 玉米 50 克，猪肉 100 克，枸杞适量，大米、盐、味精、葱各适量。

制作

1. 玉米拣尽杂质，用清水浸泡。猪肉洗净切丝。枸杞洗净。大米淘净，泡好。葱洗净，切花。

2. 锅中注水，下入大米和玉米煮开，改中火，放入猪肉、枸杞，煮至猪肉变熟。

3. 小火将粥熬化，调入盐、味精，撒上葱花即可盛碗食用。

药粥解说 玉米有开胃益智、宁心活血、调理中气等功效，还能降低血脂，延缓人体衰老。

温中止泻 + 补肾壮骨

羊骨粥

来源 《饮膳正要》。

原料 羊骨1000克，粳米100克，陈皮、良姜各5克，草果2个，生姜、葱白各适量。

制作

1. 羊骨洗净剁块，入沸水中汆煮2分钟，捞出后沥干水分备用；粳米淘洗干净；陈皮、良姜、草果、生姜、葱白均洗净，备用。

2. 净锅置火上，入水适量煮沸后放入羊骨，转小火炖煮1小时，将各味药和粳米加入汤中熬煮成粥即可。

3. 粥将成时加盐、生姜、葱白。

食用禁忌 感冒发热及阴虚火旺者忌服用。

用法用量 温热服用。

药粥解说 羊骨有补肾壮骨、温中止泻、益气血之效，可以辅助治疗虚劳羸瘦。陈皮对消化道有缓和作用。

止血补血 + 益气养胃

茅根红豆粥

来源 《补缺肘后方》。

原料 大米200克，干茅根50克，红豆50克，白砂糖适量。

制作

1. 茅根洗净，加水煎煮30分钟，去渣留汁备用。大米、红豆均淘洗干净，用清水浸泡1小时，备用。

2. 砂锅置火上，入水适量，兑入药汁，大火煮沸后下入大米、红豆，煮沸后转小火熬煮至粥八成熟时，加入白砂糖熬煮至粥黏稠，即可盛碗食用。

食用禁忌 大便溏薄、脾胃虚寒者忌服用。

用法用量 温热服用，每日2次。

药粥解说 红豆有益气补血之效，与大米、茅根合煮成粥，对贫血引起的气血虚弱、面目浮肿、慢性肾炎水肿及妊娠水肿有一定疗效。

益气补血 + 补养肝脏

动物肝粥

来源 《粥·炖品·饮料》。

原料 粳米150克，动物肝100克，葱、植物油、盐各适量。

制作

1. 动物肝洗净，切成小块；粳米淘洗干净，用水浸泡30分钟备用；葱择洗干净，切段。

2. 砂锅置火上，放入底油烧热，下葱段、肝块爆香后，入水适量。

3. 大火煮沸加粳米转小火熬煮至粥成，加盐调味即可。

食用禁忌 胆固醇高者忌服用。

用法用量 温热服用，每天早晚空腹。

药粥解说 动物肝脏含有丰富的维生素A、蛋白质等营养成分，能滋补肝血，可以用来治疗产后贫血。粳米能补中益气。动物肝与粳米合煮为粥，能够补肝脏、益气血，可以用来治疗肝阴虚之慢性肝炎及气血虚弱所致的贫血等。

补益气血 + 滋养五脏

鸡汁粥

来源 《本草纲目》。

原料 粳米200克，母鸡1只，精盐5克，葱白段适量。

制作

1. 母鸡处理干净，用水洗净，剁块，放入沙煲中入水适量，大火煮沸后撇去浮沫，转小火炖煮至汁浓；粳米淘洗干净，备用。

2. 粳米放入鸡汁中，用小火熬煮至粥成，加入葱段、盐调味即可。

食用禁忌 发热或伤风感冒者忌用。

用法用量 温热服用，每日2次。

药粥解说 鸡肉煮食炖汁有温养补益的功效，其含有丰富的蛋白质、脂肪、钙、磷、铁、烟酸等营养成分。鸡汁与粳米合煮为粥，不仅味道鲜美，营养价值也极高，对老年体弱、气血两亏、气血不足衰弱病有很好的疗效。

美发乌发

人人都希望自己有一头乌黑靓丽的头发，但随着年龄的增长及体质生活习惯等原因，会出现脱发、白发、发质干枯等问题。

☺食材推荐

黑豆	芝麻	杏仁	花生
玉米	山楂	芋头	南瓜

症状表现

☑ **青年早白**　☑ **头发萎黄**　☑ **干枯**　☑ **灰白**　☑ **头发稀疏**　☑ **脱落**　☑ **无光泽**　☑ **油腻**

疾病解读

影响头发健康亮丽的原因有很多，饮食即为其中最重要的原因之一，偏食、节食、营养不良、过度疲劳、贫血、糖尿病、胃肠病以及遗传等都会导致头发出现不良现象。

调理指南

秀发如云，乌黑亮泽能使人呈现一种健康时尚的美。中药黑芝麻有防止头发脱落的功效。美发乌发应多吃些补益肝肾、填补精髓、养血益气的食物，如大麦、黑大豆、花生、芡实、海藻等。

家庭小百科

头发正确的梳理方法

1. 选择具有按摩性质的按摩梳，慢慢地从后脑勺方向，向上反复梳理。

2. 用按摩梳，从耳朵上方由外向内慢慢地疏通发束，另外一边也一样，可以重复多次。

3. 从额头方向，由前到后由上往下的方向，慢慢地、重复多次来刺激按摩头皮肌肤的循环。

4. 染发、烫发最好间隔 3 个月，另外吹发机也尽量少使用，会使头发干枯，失去光泽、弹性。

最佳药材·黑芝麻

【别名】胡麻、油麻、脂麻、巨胜。

【性味】味甘、性平、无毒。

【归经】归肝、肾、肺经。

【功效】补肝益肾、生津润肠、润肤护发。

【禁忌】因黑芝麻中含脂肪较为丰富，所以不宜过多摄入。患有慢性肠炎的人和有便溏腹泻症状的人应忌食。

【挑选】要挑选表面呈深灰色、颜色深浅不一且断面呈白色的。

木瓜芝麻粥

来源 经验方。

原料 木瓜 20 克，熟芝麻少许，大米 80 克，盐 2 克，葱少许。

制作

1. 大米淘净；木瓜洗净切小块；葱洗净切花。

2. 锅置火上，注入水，加入大米，煮至熟后，加入木瓜同煮。

3. 小火煮至粥黏稠时，调入盐，撒上葱花、熟芝麻即可。

用法用量 每日温热服用 1 次。

药粥解说 芝麻有滋养肝肾、养血润燥、通乳养发等功效。木瓜是润肤美颜的圣品。木瓜、芝麻、大米合熬成粥，具有滋养肝肾、明目润燥的功效。

润肠乌发＋滋养肝肾

芝麻花生杏仁粥

来源 民间方。

原料 黑芝麻 10 克，花生米、南杏仁各 30 克，大米、白糖、葱各适量。

制作

1. 大米、黑芝麻、花生米、南杏仁均洗净；葱洗净切花。

2. 锅置火上，倒入清水，放入大米、花生米、南杏仁一同煮开。

3. 加入黑芝麻同煮至浓稠状，调入白糖拌匀，撒上葱花即可。

药粥解说 芝麻内的脂肪油与挥发油，可滋润肌肤，改善皮肤血液状态，使头发亮丽。

补肝肾＋益精血

芝麻牛奶粥

来源 经验方。

原料 熟黑芝麻、纯牛奶各适量，大米 80 克，白糖 3 克。

制作

1. 大米泡发洗净。

2. 锅置火上，倒入清水，放入大米，大火煮沸后转小火煮至米粒开花。

3. 注入牛奶，加入熟黑芝麻同煮至浓稠状，调入白糖拌匀即可。

药粥解说 芝麻有润肠生津之效。牛奶可补虚损，生津润肠。加大米三者合熬成粥有补肝肾、益精血的功效。

猪骨芝麻粥

来源 民间方。

原料 大米80克，猪骨150克，熟芝麻10克，醋、盐、味精、葱花各适量。

制作

1. 大米淘净，猪骨洗净，剁成块，入沸水中氽烫去除血水后，捞出。
2. 锅入水，下猪骨、大米，大火煮沸，滴入醋，转中火熬煮至米粒开花，转小火熬煮至粥浓稠，加盐、味精调味，撒熟芝麻、葱花即可。

食用禁忌 不能过量食用。

用法用量 每日温热服用1次。

药粥解说 猪骨可用来治疗下痢、疮疡等症。芝麻营养含量丰富，常食用此粥，有美发的功效。

美发乌发+滋阴润燥

南瓜银耳粥

来源 经验方。

原料 南瓜20克，银耳40克，大米60克，白糖5克，葱少许。

制作

1. 大米泡发洗净；南瓜去皮洗净切小块；银耳泡发洗净，撕成小朵。
2. 锅置火上，注入清水，放入大米、南瓜煮至米粒绽开后，再放入银耳，用小火熬煮成粥时，调入白糖，撒上葱花即可。

药粥解说 南瓜与银耳合煮成粥，有补脾开胃、益气清肠、安眠健胃、补脑、养阴清热、润燥乌发的功效。

润肠乌发+滋补肝肾

芋头芝麻粥

来源 经验方。

原料 大米60克，鲜芋头20克，黑芝麻、玉米糁各适量，白糖5克。

制作

1. 大米洗净，泡发30分钟后，捞起沥干水分；芋头去皮洗净，切成小块。
2. 锅置火上入水适量，放入大米、玉米糁、芋头用大火煮至熟后，再放入黑芝麻，改用小火煮至粥成，调入白糖即可食用。

药粥解说 芋头具有补中益肝肾、添精益髓等功效。芝麻有补肝益肾、强身、润燥滑肠、美发的作用。两者合煮成粥能滋补肝肾。

消脂减肥

肥胖是由于先天禀赋因素、过食少劳以及久卧久坐等引起的以气虚痰湿偏盛为主，并伴有头晕乏力、少动气短、神疲懒言等症状的一类病症。

☺ 食材推荐

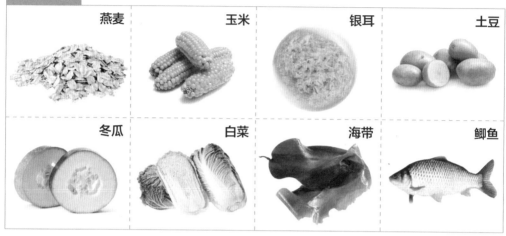

燕麦	玉米	银耳	土豆
冬瓜	白菜	海带	鲫鱼

症状表现

☑ 消渴　　☑ 中风　　☑ 胸痹心痛　　☑ 糖尿病　　☑ 动脉粥样硬化　　☑ 脂肪肝　　☑ 胆结石

疾病解读

肥胖的病位主要在脾与肌肉，但与肾气虚衰关系密切，可兼见心肺气虚及肝胆疏泄失调；实以痰浊膏脂为主，兼有水湿、淤血、气滞等。

调理指南

应充分摄取钙质和帮助缓解便秘的纤维质，摄取促进脂肪和糖代谢的 B 族维生素。不要摄取让身体寒冷的食物，宜采用低热能膳食，一个人每天的总热能可根据性别、劳动等情况控制在4200~8400 大卡。

家庭小百科

合理减肥小妙招

1. 控制热量与脂肪。始终关注食物的热量，在膳食中应减少些肥肉，增加点鱼和家禽。
2. 饮食要清淡。要少吃盐，咸的东西吃得越多，就越想吃。
3. 常吃蔬果。要适量吃些含纤维多的水果、蔬菜和全麦面包。
4. 平衡膳食。按计划均衡安排自己的饮食，同时要注意定时定量、不可滥吃。

最佳药材·荷叶

【别名】莲叶、干荷叶、鲜荷叶、荷叶炭。

【性味】味苦、性平、无毒。

【归经】归脾、肝、胃经。

【功效】清热消暑、消脂降糖、散淤止血。

【禁忌】荷叶不能与桐油、茯苓、白银同用。孕妇应禁用荷叶茶。

【挑选】应选气味清香，味微苦，背面深绿色或黄绿色，较粗糙，表面淡灰棕色，较光滑的荷叶。

绿豆莲子百合粥

来源 经验方。

原料 绿豆 40 克，大米 50 克，莲子、百合、红枣、白糖、葱花各适量。

制作

1. 大米、绿豆均泡发，洗净；莲子去芯，洗净；红枣、百合均洗净切片；葱洗净切花。
2. 锅置火上，倒入清水，放入大米、绿豆、莲子一同煮开。
3. 加入红枣、百合同煮至浓稠状，调入白糖，撒上葱花。

食用禁忌 素体虚寒者不宜多食。

用法用量 每日服用 1 次。

药粥解说 几味食物合熬为粥，有清热解毒、排毒瘦身的功效。

养生保健篇

排毒瘦身 + 降气化痰

莱菔子大米粥

来源 民间方。

原料 大米 100 克，莱菔子、陈皮各 5 克，白糖适量。

制作

1. 陈皮切块；大米淘净；放入砂锅中加水浸泡 30 分钟，捞出备用。
2. 砂锅置上，放大米、水适量，大火煮沸后转小火煮大米至米粒开花，放入莱菔子、陈皮，粥煮成后调入白糖即可。

药粥解说 莱菔子可用来治疗饮食停滞、脘腹胀痛、大便秘结等症。陈皮有理气健脾、燥湿、化痰的功效。经常食用此粥，有排毒瘦身的功效。

清热解暑 + 消脂减肥

玉米须荷叶葱花粥

来源 经验方。

原料 玉米须、鲜荷叶各适量，大米 80 克，葱、盐适量。

制作

1. 荷叶洗净，放入砂锅中，入水适量，大火煮沸后转小火煎煮 15 分钟，去渣留汁备用。
2. 大米煮至浓稠加入荷叶汁、玉米须同煮片刻，调入盐拌匀，撒上葱花。

药粥解说 玉米须有利尿、平肝、利胆的功效；荷叶有消暑利湿、散淤止血的功效。二味与大米合煮为粥，能消脂减肥、清热解暑，尤其适宜夏季食用。

燕麦枸杞粥

来源 经验方。

原料 燕麦片50克，枸杞10克，大米100克，糖适量。

制作

1. 枸杞、燕麦片泡发后，洗净；大米淘洗干净，用清水浸泡30分钟。

2. 燕麦片、大米、枸杞入锅加水适量，大火煮沸后转小火煮至成粥。调入白糖煮至糖溶化即可。

药粥解说 燕麦有防止贫血的功效，属低热食品，食后易引起饱腹感，长期食用具有减肥的功效。

银耳山楂粥

来源 经验方。

原料 银耳30克，山楂20克，大米80克，白糖3克，葱花适量。

制作

1. 大米淘净备用；银耳泡发洗净切碎；山楂洗净切片。

2. 锅置火上，放入大米，倒入清水煮至米粒开。

3. 放入银耳、山楂同煮片刻，待粥至浓稠状时，调入白糖和葱花。

药粥解说 银耳、山楂与大米共熬为粥，有滋阴补血，降脂减肥之效。

麻仁葡萄粥

来源 民间方。

原料 麻仁10克，葡萄干20克，青菜30克，大米100克。

制作

1. 大米淘洗干净，用清水浸泡30分钟；青菜择洗干净，切丝。

2. 砂锅置火上，入水适量，下入大米，大火煮沸后转小火熬煮至粥八成熟，加入麻仁、葡萄干，放入青菜煮至浓稠状，加盐即可。

药粥解说 麻仁与葡萄共熬为粥能补中益气，治大肠热、便秘，长期服用，能减肥塑身。

香菇鸡肉包菜粥

来源 经验方。

原料 大米80克，鸡脯肉150克，包菜50克，香菇70克，盐适量。

制作

1. 香菇泡发切块；大米洗净后泡水30分钟；鸡翅洗净切块；包菜洗净切碎，葱切花。

2. 待大米放入锅中，加适量水，大火煮开，加入鸡翅、香菇、包菜同煮。

3. 粥成浓稠状时，调入调料，撒上葱花。

药粥解说 鸡肉强筋骨，香菇可提高免疫力，两者一起熬成粥，能健脾和胃、排毒瘦身。

绿茶乌梅粥

来源 经验方。

原料 绿茶5克，乌梅5克，大米80克，青菜、姜、红糖、盐适量。

制作

1. 大米泡发，淘洗干净；生姜洗净，切丝，与绿茶一同加水煮，取汁待用；青菜洗净，切碎。
2. 锅置火上，加入清水，倒入姜汁茶，放入大米，大火煮开。

3. 加入乌梅肉同煮至浓稠，放入青菜煮片刻，调入盐、红糖拌匀。

药粥解说 此粥具有排毒养颜、生津止渴、减肥塑身的功效。

冬瓜薏米高汤粥

来源 经验方。

原料 冬瓜25克，薏米20克，青菜、姜末、葱少许，大米100克，高汤半碗。

制作

1. 薏米淘洗干净，泡发；冬瓜去皮洗净；青菜择洗干净，切碎；葱洗净切花。
2. 锅置火上，入水适量，放入大米、薏米煮沸，

放入冬瓜、姜末，倒入高汤煮至粥成，调入盐、胡椒粉，撒上葱花、青菜即可。

药粥解说 此粥具有排毒养颜、美白、减肥塑身之效。

五色冰糖粥

来源 经验方。

原料 嫩玉米粒、香菇、青豆、胡萝卜各适量，大米80克，冰糖适量。

制作

1. 大米淘洗干净，用清水浸泡30分钟；玉米粒、胡萝卜丁、青豆均洗净；香菇洗净后泡发，切成小丁备用。
2. 锅置火上，注水后，放入大米、玉米粒，大火煮至米粒绽开。

3. 放入香菇丁、青豆、胡萝卜丁，煮至粥成，调入冰糖煮至融化。

药粥解说 此粥色泽诱人，刺激胃肠蠕动，长期食用能减肥塑身。

枸杞茉莉花粥

来源 民间方。

原料 茉莉花、枸杞子各适量，青菜10克，大米80克，盐适量。

制作

1. 大米淘洗干净，用水浸泡30分钟；茉莉花、枸杞子均洗净；青菜择洗干净，切丝。
2. 砂锅置火上，入水适量，下入大米，大火煮沸后转小火熬煮至粥八成熟。

3. 加入枸杞子同煮片刻，再小火煮至浓稠状，撒上茉莉花、青菜丝，调入盐即可。

药粥解说 枸杞子与茉莉花同煮为粥，具有排毒瘦身的功效。

排毒瘦身＋健脾和胃

鸡丁玉米粥

来源 经验方。

原料 大米80克，母鸡肉200克，玉米50克，盐、香油、葱花各适量。

制作

1. 母鸡肉洗净，切丁，用料酒腌制；大米、玉米洗净，泡好。
2. 锅中入高汤，放入大米、玉米烧沸，下入鸡肉，用中小火熬煮至出香味，调入盐，淋香油，撒入葱花即可。

药粥解说 玉米可调中开胃，与香油合熬为粥，能健脾和胃、排毒瘦身。

排毒瘦身＋利水消肿

薏米瘦肉冬瓜粥

来源 经验方。

原料 薏米80克，瘦猪肉、冬瓜、葱、盐、绍酒各适量。

制作

1. 薏米泡发洗净；冬瓜去皮洗净，切丁；瘦猪肉洗净切丝；葱洗净切花。
2. 锅置火上，倒入清水，放入薏米，以大火煮沸后转小火至开花，加入冬瓜煮至浓稠状，下入猪肉丝煮至熟后，调入盐、绍酒拌匀，撒葱花即可。

药粥解说 三者合熬粥，能利水消肿、排毒瘦身。

润肠通便＋排毒养颜

玉米鸡蛋猪肉粥

来源 民间方。

原料 玉米糁、猪肉、鸡蛋、盐、鸡精、葱花、料酒各适量。

制作

1. 猪肉切片，用料酒、盐腌渍片刻；玉米糁浸泡6小时备用；鸡蛋打入碗中搅匀。
2. 锅置火上，入水适量，放入玉米，大火煮沸后转小火熬煮成粥，下入猪肉，煮至猪肉变熟，淋入蛋液，加盐、鸡精调味，撒上葱花。

药粥解说 玉米可刺激胃肠蠕动，与猪肉、鸡蛋合熬为粥，有润肠通便、排毒瘦身的功效。

排毒瘦身＋补肾养阴

白菜紫菜猪肉粥

来源 经验方。

原料 猪肉50克，大米100克，紫菜、白菜心、虾米、盐、味精各适量。

制作

1. 猪肉洗净，切丝；白菜心洗净，切丝；紫菜泡发洗净；虾米洗净；大米洗净泡好。
2. 锅置火上，入水适量，下入大米大火煮沸，放入猪肉、虾米，煮至虾米变红后改小火，放入白菜心、紫菜慢熬成粥，调入盐、味精即可。

药粥解说 白菜有润肠、促进排毒的功效。与紫菜、猪肉合熬粥，可补虚强身、滋阴润燥。

补益气血＋祛湿消肿

鹌鹑红豆粥

来源 经验方。

原料 净鹌鹑、大米各100克，猪瘦肉、红豆各50克，姜、盐、味精、麻油适量。

制作

1. 鹌鹑处理干净，剁成小块；猪瘦肉清洗干净，剁成蓉。

2. 红豆、大米分别淘洗干净，用水浸泡1小时，放入锅中，入水适量，大火煮沸。加入鹌鹑块、猪肉泥和姜丝，熬煮成粥。

3. 调入盐、味精、麻油调匀后，稍煮片刻，即可盛碗食用。

食用禁忌 诸无所忌。

用法用量 每日温热服用1次。

药粥解说 猪肉能补肾、滋阴润燥；鹌鹑有滋补肝肾之效，红豆利湿补血，三者合煮成粥能补五脏、益气血、祛湿消肿，适合肥胖患者食用。

消脂减肥＋滋补肝肾

土豆鹌鹑蛋粥

来源 经验方。

原料 土豆150克，鹌鹑蛋4个，大米100克，盐适量。

制作

1. 土豆去皮，洗净切成小块；大米淘洗干净，用水浸泡30分钟备用。

2. 锅置火上，加适量水，放入大米大火煮沸后转小火熬煮至粥五成熟时加入土豆块，小火续煮至粥熟。

3. 打入鹌鹑蛋，搅匀煮开，加盐调味即可。

食用禁忌 土豆发青不宜食用。

用法用量 每日温热服用1次。

药粥解说 鹌鹑蛋对贫血、营养不良、神经衰弱等症具有调补作用。土豆低热能、高蛋白，是理想的减肥品，土豆、鹌鹑蛋、大米合煮成粥既能减肥又补充营养。

利尿消肿＋降糖减肥

玉米鲫鱼粥

来源 经验方。

原料 鲫鱼1条，玉米100克，葱白、生姜、盐、黄酒、香醋、味精、麻油适量。

制作

1. 玉米剥粒，淘净待用；鲫鱼去鳞、腮、内脏，处理干净后用清水洗净，沥干水分备用；葱白洗净切段；生姜洗净，切末。

2. 锅置火上，入水适量，放入鱼、黄酒、葱白、生姜末、香醋、盐，大火煮沸后转小火将鱼肉煮烂，去渣留汁。

3. 加入玉米小火熬煮成粥，调入味精、麻油即可盛碗食用。

食用禁忌 鲫鱼不能与鸡肉同食。

用法用量 每日温热服用1次。

药粥解说 玉米有刺激胃肠蠕动、加速粪便排泄的功效；鲫鱼利水消肿，经常食用此粥有降糖减肥之效。

排毒瘦身＋利水消肿

鲤鱼白菜粥

来源 经验方。

原料 鲤鱼1条，白菜300克，大米、盐、味精、黄酒、葱、生姜各适量。

制作

1. 鲤鱼去鳞、腮、内脏，用水洗净，沥水；大米淘洗干净，用水浸泡30分钟；白菜洗净切丝；葱择洗干净，切葱末；生姜洗净，切末。

2. 锅置火上，加水适量，放入鲤鱼，加葱末、生姜末、黄酒、盐，煮至鱼肉极烂后，去渣留汁。

3. 鱼汤中兑入少许开水，倒入大米和白菜丝，大火煮沸后转小火熬煮成粥，调入味精即可。

食用禁忌 鲤鱼不能与紫苏叶同食。

用法用量 每日温热服用1次。

药粥解说 白菜含有丰富的粗纤维，可润肠排毒，鲤鱼利水消肿、清热解毒，二者合用，共奏减肥之效。

润肠通便 + 降脂减肥

包菜芦荟粥

来源 经验方。

原料 大米100克，芦荟、包菜各20克，枸杞、盐少许。

制作

1. 大米淘洗干净，用清水浸泡30~50分钟；芦荟清洗干净，切成片；包菜择洗干净，切成丝；枸杞洗净。

2. 锅置火上，入水适量，放入大米后用大火煮至米粒绽开，放入芦荟、包菜、枸杞。

3. 转用小火煮至粥成，调入盐即可。

清热解毒 + 消食降脂

荷叶白萝卜粥

来源 经验方。

原料 荷叶1张，白萝卜100克，大米150克，盐适量。

制作

1. 大米淘洗后放入锅中加适量水煲煮。

2. 荷叶洗净切方块；白萝卜洗净去皮，切丁状。

3. 待米煲至10分钟时，加入荷叶及白萝卜，再用小火煮30分钟，加盐即可。

药粥解说 荷叶与白萝卜合煮为粥，能清热消食、减肥。

美容养颜 + 利水消肿

樱桃冬瓜粥

来源 经验方。

原料 樱桃100克，冬瓜80克，大米50克，蜂蜜适量。

制作

1. 樱桃去蒂洗净；冬瓜洗净去皮切片；大米淘洗干净备用。

2. 锅内加适量水，放入大米煮粥，煮至七成熟时加入樱桃煮至粥熟，加入冬瓜片稍煮，调入蜂蜜即可。

药粥解说 此粥适用于痰热型肥胖症。

降血压 + 消脂减肥

海带淮山粥

来源 经验方。

原料 水发海带300克，淮山100克，大米50克，白糖适量。

制作

1. 淮山去皮洗净，切成碎末。

2. 水发海带洗净放入清水锅中，大火煮沸后转小火煮至熟烂捞出，过凉水后捞出，沥干水分，切成碎末。

3. 锅中加适量清水，大米熬煮粥，待粥将成时加入淮山末、海带末，调入白糖即可。

健脾养胃 + 润肠通便

花生仁淮山粥

来源 经验方。

原料 淮山药30克，花生仁50克，玉米、大米各100克。

制作

1. 花生仁择洗干净备用；玉米剥粒洗净。

2. 淮山药洗净切薄片，与玉米、大米同入砂锅。

3. 加花生仁及适量清水，待花生仁熟透、玉米粒酥烂即成。

药粥解说 花生可健脾和胃、润肺化痰。淮山药可补中益气、养颜。此粥适用于单纯性肥胖者。

减肥塑身 + 润肠通便

白菜丝猪小肠粥

来源 经验方。

原料 白菜、猪小肠各100克，大米45克，姜丝、葱、盐各3克，鸡精粉1克，香油5毫升。

制作

1. 白菜洗净去叶，切丝；猪小肠洗净切小段；葱切花；砂锅里放入清水、大米熬煮成粥。

2. 粥将成时放入猪小肠、姜丝、白菜丝，调入盐、鸡精粉，撒上葱花，淋上香油即可。

药粥解说 常食此粥具有润肠通便、减肥塑身的功效。

健脾安神＋利水消肿

茯苓粳米粥

| 来源 | 《本草纲目》。

| 原料 | 白茯苓 20 克，粳米 100 克，味素、盐、胡椒粉各适量。

| 制作 |

1. 粳米洗净泡发，加水煮粥；茯苓洗净。
2. 粥将熟时加入茯苓、味素、食盐和胡椒粉。

| 药粥解说 | 茯苓抗癌、抗衰、固精、保肾等药食保健功能，其有保护肝脏、降低血糖、利水渗湿、健脾和胃、宁心安神的功效，适用于单纯性肥胖、老年性水肿、脾虚泄泻、小便不利、水肿等。

消热解毒＋降脂减肥

红豆燕麦粥

| 来源 | 经验方。

| 原料 | 红豆、燕麦片各 50 克，糖 15 克。

| 制作 |

1. 红豆洗净，泡水约 4 小时。
2. 泡软的红豆、燕麦放入锅中，加入适量的水后用中火煮，水滚后，转小火，煮至熟透，调入适量的糖。

| 药粥解说 | 燕麦能促使胆固醇排泄，防治糖尿病，通便导泻，对于习惯性便秘有很好的帮助；长期食用具有减肥的功效。

利尿消肿＋降脂减肥

冬瓜粥

| 来源 | 《粥谱》。

| 原料 | 新鲜连皮冬瓜 100 克，粳米 100 克。

| 制作 |

1. 冬瓜洗净去皮，切成小块；粳米淘洗干净，用水浸泡 30 分钟。
2. 砂锅置火上，入水适量，放入冬瓜块、粳米大火煮沸后转小火煮成稀粥即可。

| 药粥解说 | 此粥不仅有保健作用，还有医药的功效。是痰热型肥胖者的膳食，也可辅助治疗暑热烦闷、口干作渴、肺热咳嗽等症。

消脂减肥＋美容美颜

冬瓜子乌龙粥

| 来源 | 经验方。

| 原料 | 冬瓜子仁 20 克，干荷叶、乌龙茶各 5 克，大米 100 克。

| 制作 |

1. 冬瓜子仁洗净，放入锅内加水煮至熟；大米洗净泡发。
2. 干荷叶及乌龙茶用粗砂布包好，放入煮冬瓜子仁的锅中，熬煮 8 分钟，取出纱布包即可。
3. 大米放入以上茶汁中，煮成粥即可。

| 药粥解说 | 此粥能减少腹部脂肪的堆积。

活血化淤＋降脂减肥

田七蒜粥

| 来源 | 经验方。

| 原料 | 大蒜 30 克，田七 10 克，小米 100 克，盐适量。

| 制作 |

1. 大蒜去皮后放入沸水中煮 1 分钟，捞出后切片备用。
2. 取小米，放入蒜水中熬煮，粥将熟时把蒜片、田七切片放入锅中续煮成粥，熄火前调入盐。

| 药粥解说 | 田七入药历史悠久，被历代医家视为药中之宝。此粥可活血化淤、减血脂、防斑瘦身。

排毒瘦身＋开胃消食

淮山胡萝卜粥

| 来源 | 经验方。

| 原料 | 胡萝卜 80 克，淮山 50 克，大米 100 克。

| 制作 |

1. 淮山洗净切片；胡萝卜洗净去皮，切成薄片；大米淘洗干净泡发。
2. 大米、胡萝卜、淮山同放锅内，加水适量，以大火烧沸。
3. 再转用小火炖煮 35 分钟即可。

| 药粥解说 | 此粥营养丰富，有益肾气、补脾胃、排毒瘦身的功效。

养生保健篇

延年益寿

现在很多病越来越年轻化，且亚健康人群也越来越多，这就要我们在平时生活中注意保健养生，根据自己的身体体质和年龄来调整自己的饮食习惯和生活习惯。

☺ 食材推荐

豆芽	玉米	桂圆	山药
灵芝	莲藕	海参	香菇

症状表现

☑ **食欲不振**　☑ **疲劳与虚弱**　☑ **眩晕**　☑ **晕厥**　☑ **头痛**　☑ **关节痛**　☑ **发热**

疾病解读

体内水分不足、经常闷闷不乐、急躁孤僻，常在面部表现出愁苦、紧张、拘谨的表情以及长期睡眠不足、过度暴晒、化妆品使用不当、过度吸烟饮酒等都易使人衰老。

调理指南

多运动，人在运动中，生长激素能得到释放。人过 30 岁，这种激素的分泌通常会大大减少。不要永远压制怒火，压抑自己消极情绪是有害的，从不发泄心中郁闷，使人容易得病，甚至引起癌症。

家庭小百科

延年益寿 5 件事

1. 多吃种子类食物。种子类食物包括五谷杂粮和坚果类等。
2. 经常测量血压。高血压是早亡和多种疾病的头号风险因素。
3. 每天饮酒不超一杯，每周跑步 75 分钟。
4. 不吸烟也不被动吸烟，吸烟有害健康。
5. 轻松心态。轻松心态和乐观幽默，是长寿秘诀之一。

最佳药材·灵芝

【别名】红芝、赤芝、木灵芝、菌灵芝。

【性味】味微苦、性温、无毒。

【归经】归心、肝、脾、胃、肾经。

【功效】益气补虚，滋阴抗衰。

【禁忌】病人手术前、后一周内，或正在大出血的病人应避免食用灵芝。

【挑选】选灵芝宜椴木栽培的为最佳，食疗效果最似野生灵芝，选择时以高浓度的浓缩产品为佳。

豆芽玉米粒粥

来源 民间方。

原料 黄豆芽、玉米粒各 20 克，大米 100 克，盐、香油适量。

制作

1. 玉米粒洗净；黄豆芽洗净，摘去根部；大米淘洗干净，泡发 30 分钟。
2. 锅置火上，倒入清水，放入大米、玉米粒用大火煮至米粒开花，放入黄豆芽，改用小火煮至粥成，调入盐、香油搅匀。

食用禁忌 不能与猪肝同食。

用法用量 早、晚餐温热服用。

药粥解说 黄豆芽有防老化的功效，玉米有延缓衰老的功效，可预防心脏病、癌症。常食用此粥可延年益寿。

养生保健篇

淡菜粥

来源 民间方。

原料 淡菜 150 克，竹笋、大米、盐、鸡精、鲜汤、白胡椒粉各适量。

制作

1. 淡菜洗净，再用温水泡透，捞出沥干水分；竹笋切片；大米淘洗干净。
2. 锅内加鲜汤，加入淡菜、竹笋、白胡椒粉烧开煮 15 分钟。
3. 下入大米，改小火熬成粥，调入盐、鸡精。

药粥解说 竹笋辅助治疗便秘、预防肠癌；淡菜补肝肾、益精血，两者合煮成粥能补肾益血、延年益寿。

复方鱼腥草粥

来源 民间方。

原料 鱼腥草、金银花、生石膏、竹茹各 10 克，大米、冰糖各适量。

制作

1. 鱼腥草、金银花、生石膏、竹茹分别洗净。
2. 以上药材下入砂锅中，加 300 毫升清水，以大火煎煮，至药汁约剩 100 毫升，去渣留汁。
3. 净锅置火上。下入大米及适量清水，兑入药汁，共煮为粥，再加冰糖稍煮。

药粥解说 鱼腥草有增强机体免疫功能，金银花可宣散风热、清热解毒。竹茹有清热止呕、安神除烦之效。

滋阴润肺 + 益气健胃

银耳枸杞粥

来源 民间方。

原料 银耳适量，枸杞子 15 克，粳米 50 克，白糖适量。

制作

1. 银耳泡发，洗净，摘成小朵备用；枸杞子用温水泡发至回软。

2. 米煮成稀粥，放入银耳、枸杞子同煮至粥黏稠，调入白糖拌匀后即可食用。

药粥解说 银耳有清热生津、润肺止咳、养胃补气之功，适用于高血压、动脉硬化等患者辅助治疗、调养。

健脾益肺 + 延缓衰老

人参枸杞粥

来源 民间方。

原料 人参 5 克，枸杞子 15 克，大米 100 克，冰糖 10 克。

制作

1. 人参切小块；枸杞子泡发洗净；大米泡发。

2. 大米、玉米粒放入锅中，用大火煮沸转小火至米粒完全绽开放入人参、枸杞子熬制成粥，放入冰糖调味，即可盛碗食用。

药粥解说 人参有补元气、抗氧化之效；与枸杞子合煮为粥能补血养颜。长期食用此粥还可以延年益寿。

清热解毒 + 宁心安神

生菜肉丸粥

来源 民间方。

原料 生菜 30 克，猪肉丸子 80 克，香菇、大米、盐、味精、葱、胡椒粉各适量。

制作

1. 生菜洗净，切丝；香菇洗净，对切；大米淘洗干净，泡好；猪肉丸子切小块。

2. 入水适量，下入大米煮沸，放香菇、猪肉丸子、姜末，煮至肉丸变熟，改小火放入生菜煮至粥成，加盐、味精、胡椒粉调味，撒上葱花即可。

药粥解说 生菜有清热安神、清肝利胆、养胃之效。与猪肉丸合煮粥，适用于肾虚体弱者。

润肠通便 + 延年益寿

梅肉山楂青菜粥

来源 民间方。

原料 乌梅、山楂各 20 克，青菜 10 克，大米 100 克。

制作

1. 大米洗净，用清水浸泡；山楂洗净；青菜洗净后切丝。

2. 锅置火上，注入清水，放入大米大火煮沸后转小火煮至七成熟，放入山楂、乌梅稍煮，放入冰糖煮至融化，撒上青菜丝稍煮即可。

药粥解说 乌梅能软化血管而预防老化，山楂可健胃消食、降脂降压、强心散淤、防癌抗癌。

生滚花蟹粥

来源 民间方。

原料 花蟹1只，大米50克，葱、姜、盐、味精、胡椒粉、料酒各适量。

制作

1. 花蟹宰杀，洗净斩件，用盐、料酒稍腌；大米淘洗干净泡发；葱切花；姜切丝。

2. 锅中注水适量烧开，放入大米煮至软烂，加

入蟹件、姜丝煮开，调入盐、味精、胡椒粉煮至入味，撒上葱花。

药粥解说 螃蟹与生姜合煮成粥有补骨添髓、养筋活血、延年益寿的功效。

螃蟹豆腐粥

来源 民间方。

原料 螃蟹、豆腐、白米饭、盐、味精、香油、胡椒粉、葱各适量。

制作

1. 螃蟹洗净后蒸熟，挑出蟹肉；豆腐洗净，沥干水分后研碎，葱洗净切葱花。

2. 锅置火上，放入清水，烧沸后倒入白米饭，

煮至七成熟，放入蟹肉、豆腐熬煮至粥将成，加盐、味精、香油、胡椒粉调匀后，撒上葱花，即可盛碗食用。

药粥解说 此粥能延年益寿。

香菇双蛋粥

来源 民间方。

原料 香菇、虾米少许，皮蛋、鸡蛋各1个，大米100克。

制作

1. 大米淘洗干净，用清水浸泡30分钟；鸡蛋煮熟后切丁；皮蛋去壳，洗净切丁；香菇择洗干净，切末；虾米洗净。

2. 锅置火上入水，放入大米煮至五成熟，下入

皮蛋、鸡蛋、香菇末、虾米煮至粥成，加入盐、胡椒粉调匀，撒上葱花即可。

药粥解说 此粥可以保护心血管系统，防止动脉硬化。

香菇鸡翅大米粥

来源 民间方。

原料 香菇15克，鸡翅200克，大米60克，盐6克，葱花适量。

制作

1. 香菇泡发切块；大米洗净后泡水30分钟；鸡翅洗净切块。

2. 锅置火上，入水适量，放入大米大火煮沸后转小火煮至五成熟，加入鸡翅、香菇同煮至

鸡肉烂熟，粥呈浓稠状时，加入盐调味，撒上葱花稍煮片刻，即可盛碗食用。

药粥解说 鸡翅富含胶原蛋白，可强腰健胃、护肤抗衰。

疗虚损＋补正气

补虚正气粥

来源 《圣济总录》。

原料 炙黄芪30克，人参3克，粳米100克，白糖适量。

制作

1. 将黄芪、人参煎煮，煎出浓汁后将汁取出，再加冷水煎煮并取汁。
2. 将两次的药汁合并后再分两份，早晚各服用一份，同粳米煮粥，调入白糖即可。

药粥解说 黄芪可补气长阳；人参大补元气；二味合用，同粳米煮粥，补气的功效更佳。

润肠通便＋延缓衰老

罗汉果糙米粥

来源 经验方。

原料 罗汉果2个，糙米180克，盐3克。

制作

1. 罗汉果、糙米均洗净。
2. 锅中加入适量清水煮开，加入糙米以小火煮至极烂。
3. 加入罗汉果继续煮5分钟，最后调入盐。

药粥解说 此粥不仅清淡可口，还有润肠通便、清除肠道多余油脂的功效，经常食用具有延年益寿的功效。

消脂降压＋乌发养颜

山楂玉米粥

来源 民间方。

原料 大米100克，山楂片20克，胡萝卜丁、玉米粒各少许，砂糖5克。

制作

1. 大米淘净泡发；胡萝卜丁、玉米粒洗净备用；山楂片洗净并切成细丝。
2. 锅置火上，注入清水适量，放入大米大火煮沸后转小火煮至八成熟。
3. 再放入胡萝卜丁、玉米粒、山楂丝煮至粥将成时，加砂糖调匀即可。

补精益髓＋益寿延年

六味地黄粥

来源 民间方。

原料 熟地、淮山药各15克，山茱萸、牡丹皮、茯苓、泽泻、冰糖各10克，大米100克。

制作

1. 各药分别洗净，一起入锅，加水煎煮30分钟，去渣取浓汁。
2. 大米淘净泡发，下入锅中，大火烧开，转用小火慢熬成粥，下入煲好的药汁和冰糖，熬融即可食用。

药粥解说 六味共熬粥可补精益髓，延年益寿。

抗癌止痛＋增强免疫

莪术粥

来源 民间方。

原料 鱼腥草30克，知母、莪术各15克，三棱9克，大米100克。

制作

1. 所有的药材用纱布包好备用。
2. 纱布入瓦锅中，加适量的水煎煮，取汁备用。
3. 药汁与洗净泡发的大米一同煮成粥。

药粥解说 鱼腥草可增进机体免疫；莪术可行气破血、消积止痛。故此粥有行气破血、抗癌止痛的功效。

补肾益精＋延年益寿

海参芦荟粥

来源 经验方。

原料 芦荟5克，海参15克，枸杞10克，大米50克，芹菜、盐、味精、香油各适量。

制作

1. 大米淘洗泡发；海参泡发后洗净切小块；芦荟去皮洗净切小块，芹菜洗净切丁。
2. 锅置火上，放入大米，加适量清水，大火煮沸后转小火煮至粥八成熟。
3. 放入海参、芦荟、枸杞煮至米粒开花，调入盐、味精、香油，撒入芹菜。

健脾养胃 + 甘润益阴

珠玉二宝粥

来源 《医学衷中参西录》。

原料 生山药、生薏米各 50 克,柿霜饼 20 克。

制作

1. 山药、薏米两味捣成粗粒,加水大火煮沸后转小火煮至烂熟。
2. 柿霜饼切碎,调入融化。

药粥解说 山药能补脾益肺,适合脾胃虚弱的老年人服用。薏米能健脾祛湿;柿霜饼能润肺生津、止咳化痰。山药、薏米、柿霜饼合煮为粥,能甘润益阴,延年益寿。

健胃消食 + 延缓衰老

芒果山楂粥

来源 民间方。

原料 芒果 100 克,山楂片 50 克,糯米 100 克,红糖 4 克。

制作

1. 糯米洗净泡水 2 小时备用。
2. 山楂片切碎,与糯米一起熬煮成粥。
3. 芒果去皮,果肉切成块状,放进粥里搅拌,撒上适量红糖调味。

药粥解说 四者合煮成粥可延缓细胞衰老、预防老年痴呆。

健胃消食 + 延年益寿

火龙果粥

来源 民间方。

原料 火龙果 350 克,大米、小米各 100 克,西红柿 50 克,冰糖 20 克。

制作

1. 火龙果去皮切小丁;大米、小米分别淘净;西红柿去皮切成小丁。
2. 锅内加清水,下小米烧开后,下大米、冰糖、改用小火熬成粥,撒上火龙果、西红柿丁即可。

药粥解说 此粥能改善老年人烦热口渴、食欲不振等症。

滋阴润肺 + 生津止汗

天门冬粥

来源 《饮食辨录》。

原料 天门冬 20 克,粳米 100 克,冰糖适量。

制作

1. 天门冬水煎,去渣取汁。
2. 汁同粳米煮粥。
3. 粥将熟时调入少许冰糖。

药粥解说 天门冬能补肾,可用来辅助治疗阴虚发热、咳嗽咯血、消渴、便秘等。天门冬与粳米合煮为粥,有滋阴除烦、生津止汗、延年益寿的功效。

清热止渴 + 防癌抗癌

西米猕猴桃粥

来源 民间方。

原料 猕猴桃 2 个,西米 50 克,白糖适量。

制作

1. 猕猴桃冲洗干净,去皮,去瓤切粒。
2. 西米用温水浸泡发好。
3. 锅内放入清水,大火烧开,加入猕猴桃、西米,先用大火煮沸。
4. 改用小火略煮,最后加入白糖调味。

药粥解说 两者合熬为粥,能解热、止渴、通淋、抗癌。

防治便秘 + 清肠益寿

玉米红豆粥

来源 民间方。

原料 玉米、红豆、豌豆各适量,大米 90 克,盐 3 克。

制作

1. 玉米、豌豆洗净;红豆、大米洗净泡发。
2. 锅内加适量清水,放入大米、玉米、豌豆、红豆煮至米粒绽开后。
3. 用小火煮至粥成,调入盐入味即可。

药粥解说 此粥有开胃益智、降低血脂、防癌抗癌的功效。

明目增视

眼睛是心灵之窗，我们通过它来看这个美丽的世界。但每天的学习、工作、生活中不良的用眼习惯，以及随着年龄增长而导致的器官老化等都会影响我们的视力。

☺食材推荐

菊花	枸杞	青豆	芡实
菠菜	荠菜	南瓜	猪肝

症状表现

☑ **视物模糊**   ☑ **眼睛干涩**   ☑ **头昏痛**   ☑ **白内障**   ☑ **青光眼**   ☑ **视网膜剥脱**

疾病解读

营养摄入不均衡、用眼过度、异物进入、肝脏、肾脏等内部器官出现问题或衰老退化都会引起眼睛不适或视力骤降。

调理指南

保护眼睛、防止视力伤害、减缓眼疲劳，除了光线适宜、保证休息和做眼保健操之外，还要给眼睛补充营养。眼疲劳者要注意饮食和营养的平衡，平时多吃些粗粮、蔬菜、豆类、水果等含有维生素、蛋白质和纤维素的食物。

家庭小百科

缓解眼疲劳按摩法

1. 按压额头法。双手各三个手指从额头中央，向左右太阳穴的方向转动搓揉，再用力按压太阳穴，可用指尖施力。如此眼底部会有舒服的感觉。重复做 3~5 次。
2. 按压眉间法。拇指腹部贴在眉毛根部下方凹处，轻轻按压或转动。重复做 3 次。眼睛看远处，眼球朝右——上——左——下的方向转动，头部不可晃动。

最佳药材•决明子

【别名】草决明、羊明、还瞳子。

【性味】味甘、性微寒、无毒。

【归经】归肝、肾、大肠经。

【功效】明目清肝、祛湿益肾、润肠通便。

【禁忌】脾胃虚寒、体质虚弱、大便溏泄等病症患者切记少食。孕妇应忌食。

【挑选】优质的决明子绿棕色或咖啡色，呈不规则的多边、长圆柱形、质地坚硬不易破碎，摸上去很光滑，看着很有光泽。

猪肝南瓜粥

来源 民间方。

原料 猪肝、南瓜、大米、盐、料酒、味精、香油、葱花各适量。

制作

1. 南瓜洗净去皮切块；猪肝洗净切片；大米淘净泡发，浸泡30分钟。

2. 锅中注水，下入大米，下入南瓜，大火烧开转中火熬煮粥将熟时，下入猪肝，加盐、料酒、味精，猪肝熟透时淋入香油，撒上葱花。

食用禁忌 患有高血压的人忌服。

用法用量 每日温热服用1次。

药粥解说 猪肝可改善贫血、目眩、目干涩、夜盲及目赤等症，与南瓜合熬为粥，能补肝明目、补益脾胃。

猪肝青豆粥

来源 民间方。

原料 猪肝100克，青豆60克，大米80克，枸杞20克，盐、鸡精、香油、葱花适量。

制作

1. 青豆去壳，洗净；猪肝洗净，切片；大米淘净泡好；枸杞洗净。

2. 大米入锅、加水，大火烧沸，下入青豆、枸杞，转中火熬至米粒开花，下入猪肝，慢熬成粥，调入盐、鸡精，淋香油，撒上葱花。

药粥解说 猪肝是天然的补血妙品，可用于改善视力模糊、两目干涩、夜盲及目赤等症，与南瓜合熬为粥，能补肝明目、补益脾胃。

猪肝菠菜粥

来源 民间方。

原料 猪肝100克，菠菜50克，大米80克，盐、鸡精、葱花各适量。

制作

1. 菠菜洗净切碎；猪肝洗净切片；大米淘洗干净泡发。

2. 大米下入锅中，加适量清水，大火烧沸，转中火熬至米粒散开。

3. 下入猪肝，慢熬成粥，最后下入菠菜拌匀，调入盐、鸡精，撒上葱花。

药粥解说 菠菜能润燥滑肠、清热除烦、促进生长发育、增强抗病能力。

补肾益气 + 祛风明目

枸杞羊肉粥

来源 《饮膳正要》。

原料 枸杞叶 250 克，羊腰 1 个，羊肉 100 克，葱白、粳米、细盐各适量。

制作

1. 羊腰剖洗干净，去内膜切细；羊肉洗净切碎；枸杞叶煎汁去渣。
2. 汁同羊腰、羊肉、葱白、粳米一起煮粥，粥成后调入盐即可。

药粥解说 此粥有祛风明目、补精血、疗肺虚的功效。

益肝明目 + 清热消肿

夜来香花粥

来源 经验方。

原料 鲜夜来香花 10 克，粳米 50 克。

制作

1. 粳米淘洗干净，泡发，放入砂锅中用清水浸泡 30 分钟，置火上煮粥。
2. 粥将熟时放入夜来香花。

药粥解说 夜来香能强筋壮骨、祛风除湿；粳米能益精强志、补中益气、健脾养胃。两者合煮成粥，有清热解毒、增肝明目、清心除烦、降血脂等功效，可治疗风湿性关节炎、高脂血症。

延年益寿 + 聪耳明目

杞实粥

来源 《眼科秘诀》。

原料 芡实 20 克，枸杞子 10 克，粳米 100 克。

制作

1. 芡实、枸杞子、粳米各自用开水泡透，去水，放置一夜。
2. 水烧开，下芡实煮四五沸，然后下枸杞子煮四沸，再下大米，共煮成粥。

药粥解说 芡实有补脾益肾之效；枸杞有养血明目之效。二味合煮为粥，能养肝护目，改善肝肾不足之症。

清肝明目 + 降压通肠

菊花决明粥

来源 民间方。

原料 菊花、决明子各 10 克，糙米 100 克，冰糖适量。

制作

1. 菊花洗净；决明子加水煮滚后，转小火煎煮，取汁备用。
2. 糙米洗净入锅，加入药汁、菊花以大火煮滚，转小火熬煮成粥，加入冰糖稍煮即可。

药粥解说 二味与糙米合熬为粥，能共奏明目增视之效。

养肝明目 + 滋阴补血

桂圆藕片粥

来源 民间方。

原料 藕、大米各 100 克，桂圆肉 50 克，白糖适量。

制作

1. 桂圆肉清洗一遍；藕洗净切成薄片。
2. 大米洗净泡发，在深底锅内放入桂圆肉、藕、大米，加水煮开，米、藕熟烂后调入白糖。

药粥解说 桂圆有开胃益脾、养血安神、助阳益气、补虚增智的功效。藕有消淤清热、除烦解渴、养胃滋阴、益血、止泻、止血、化痰的功效。

清热明目 + 利肝和中

荠菜粥

来源 《本草纲目》。

原料 粳米 50 克，荠菜 100 克。

制作

1. 荠菜择洗干净，切成碎末；粳米淘洗干净，用水浸泡 30 分钟。
2. 锅置火上，入水适量，下入粳米熬煮成粥，撒入荠菜末，稍煮片刻即可。

药粥解说 荠菜有清热止血、清肝明目、利尿消肿的功效，此粥可用来辅助治疗由肝火上炎所致的目赤、目痛、水肿、慢性肾炎等症。

护肝强身

中医认为"肝主藏血"，即肝脏有贮藏、收摄血液，调节血量之功。人的精神活动也与肝疏泄功能有关。肝功能正常，人体就能较好地协调自身的精神、情志活动。

☺ 食材推荐

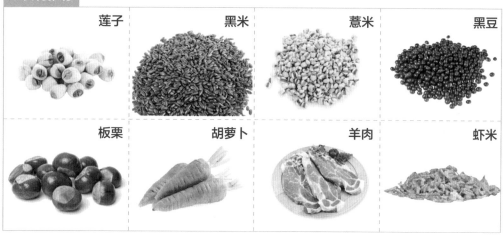

| 莲子 | 黑米 | 薏米 | 黑豆 |
| 板栗 | 胡萝卜 | 羊肉 | 虾米 |

症状表现

☑ 眼干眼涩　　☑ 视物不明　　☑ 眩晕　　☑ 耳鸣　　☑ 面色苍白　　☑ 萎黄　　☑ 多梦

疾病解读

　　肝的病症，有虚实之别。虚证常表现为血亏及阴伤；实证多见气郁火盛以及寒邪、湿热和各种病毒等的侵犯。此外，因为用药不当、不良的饮食及生活习惯等，也会影响肝的代谢功能。

调理指南

　　慢性肝病患者可进食较多蛋白质，但病情反复或加重者，应限制蛋白质的摄入量，慎食过高热量饮食及过量的糖，以免导致脂肪肝的发生及并发糖尿病。肝病患者应忌酒。

家庭小百科

养肝护肝小窍门

1. 保持良好的心态。对肝病患者来讲，保持豁达开朗的良好心态，是保护肝脏气血冲和、不受伤害的大卫生观，此乃护肝之首。

2. 充足的睡眠。晚上 11 时到凌晨 3 时是人体的"美容时间"，肝脏在此时正清理身体内的垃圾以及有毒物质。

3. 适当运动。精神、肉体一起修养最好，每日清晨或傍晚适当运动，每次不超 30 分钟。

最佳药材·柴胡

【别名】地熏、茈胡、山菜、茹草、柴草。

【性味】味苦、性微寒、无毒。

【归经】归肝、胆经。

【功效】疏肝解郁、健脾和胃。

【禁忌】肝阳上亢，阴虚火旺及气机上逆者禁用或慎用。

【挑选】柴胡表面皱纹纵向排列，质地坚硬，富有韧劲，不易折断。断裂面显纤维性，木部黄白色。

刺五加粥

来源 民间方。

原料 大米 80 克，白糖 3 克，刺五加适量。

制作

1. 取大米洗净泡发备用。

2. 锅中加入适量清水、大米、刺五加同煮。

3. 粥将熟时调入白糖，稍煮即可。

食用禁忌 高血压、动脉硬化、神经衰弱、阴虚火旺者忌服用。

用法用量 温热服用。

药粥解说 刺五加可辅助治疗病毒性肝炎、风湿痹痛、筋骨痿软、体虚乏力、水肿、脚气等症。大米有补中益气、益精强志、和五脏的功效。刺五加、大米合熬为粥，有补中、益精、强意志的功效。

补中益气 + 润肠通便

天冬米粥

来源 民间方。

原料 大米 100 克，白糖 3 克，天冬、葱各 5 克。

制作

1. 取大米洗净泡发备用。

2. 锅置火上，加入适量清水，放入天冬、大米，共熬煮。

3. 粥将熟时调入白糖、葱，稍煮即可。

药粥解说 天冬有润肺滋阴、生津止渴、润肠通便的功效。大米有补中益气、健脾养胃、益精强志、和五脏、通血脉、聪耳明目、止烦、止渴等功效。天冬、大米、白糖、葱合熬为粥，有疏肝理气的功效，适用于肝炎等患者食用。

补肝益肾 + 固精缩尿

覆盆子米粥

来源 民间方。

原料 大米 100 克，覆盆子适量，盐 2 克。

制作

1. 取大米并将其洗净。

2. 覆盆子洗净，放入锅中，入水适量，大火煮沸后转小火煎煮 15 分钟，取汁与大米同煮。

3. 粥将熟时调入盐即可。

药粥解说 覆盆子别名为覆盆、黑刺莓等，其含有机酸、糖类及少量维生素 C，有补肝益肾、固精缩尿、明目等功效，可用于肝炎、须发早白等症；大米有补中益气、健脾养胃的功效，合熬为粥，适用于慢性肝病患者食用。

红枣首乌芝麻粥

来源 民间方。

原料 大米100克，红枣20克，何首乌、红糖各10克，黑芝麻少量。

制作

1. 大米洗净泡发；锅入清水、大米，熬粥。
2. 何首乌洗净煮后取汁。
3. 粥煮沸后加入红枣、黑芝麻、何首乌汁。粥将熟时调入红糖即可。

食用禁忌 不宜冷服。

用法用量 每日1次。

药粥解说 红枣有健脾和胃、保护肝脏、滋补身体的功效。何首乌可治疗瘰疬疮痛、风疹瘙痒、肠燥便秘、高脂血症等症。其合熬为粥，可疏肝理气、保护肝脏。

疏肝气 + 抗氧化

鹿茸大米粥

来源 民间方。

原料 大米100克，鹿茸5克，盐2克，葱花、姜末各适量。

制作

1. 大米洗净泡发备用。
2. 锅中加入清水、大米、鹿茸，共熬粥。
3. 粥将熟时调入盐、葱花、姜末，稍煮即可。

药粥解说 鹿茸可以提高机体的抗氧化能力，其所含的多胺是促进蛋白质合成的有效成分，可使血压降低、心脏收缩振幅变小、心律减慢、外周血管扩张，适用于肝炎等症。此粥尤其适合老年人食用。

润肺清心 + 滋养补益

百合桂圆薏米粥

来源 民间方。

原料 薏米100克，百合、桂圆肉各25克，白糖5克，葱花少量。

制作

1. 薏米洗净，浸泡。
2. 锅中加入水、百合、桂圆肉与薏米，同煮粥。
3. 粥将熟时加入白糖，葱花煮沸即可。

药粥解说 百合具有润肺清心的作用。桂圆具有滋养补益的效用，对于失眠、心悸等症有作用。薏米具有除湿、利尿、改善人体新陈代谢的作用。三者合煮成粥，适合各类人群，尤其是肝炎患者食用。

黄花菜瘦肉枸杞粥

来源 民间方。

原料 大米80克，瘦猪肉、干黄花菜、枸杞、盐、味精、葱花各适量。

制作

1. 取大米洗净泡发；猪肉切末备用。
2. 锅中加入水、大米、猪肉、干黄花菜，大火煮沸后转小火熬煮至粥将成时。
3. 加入枸杞、盐、味精、葱花，煮沸后，即可盛碗食用。

用法用量 需温热食用。每日1次。

药粥解说 枸杞不仅有润肺止咳、保护肝肾的作用，还可降低血脂、血糖。猪肉中可以滋阴、润燥、补虚养血，对热病伤津、便秘、咳嗽等病症有食疗的作用。

保护肝脏＋养血安神

红枣玉米萝卜粥

来源 经验方。

原料 红枣、玉米、胡萝卜、桂圆肉各适量，大米90克，白糖适量。

制作

1. 红枣、玉米、大米分别洗净备用；胡萝卜洗净切块。
2. 锅中注入适量清水，放入大米、红枣、玉米、桂圆肉、胡萝卜块，共熬粥。
3. 小火煮至粥呈浓稠状时，调入白糖入味即可。

药粥解说 红枣健脾和胃、养血安神，玉米调中和胃，桂圆补益心脾、养血宁神，三者合煮成粥可辅助治疗肝炎等症。

抗脂肪肝＋疏肝理气

泽泻枸杞粥

来源 民间方。

原料 大米80克，泽泻、枸杞各适量，盐1克。

制作

1. 大米淘洗干净，用水浸泡30分钟；枸杞洗净备用。
2. 泽泻洗净，放入砂锅，煎煮后去渣取汁备用。
3. 砂锅置火上，入水适量，下入大米，兑入药汁大火煮沸后转小火熬煮至粥成，加盐调味，撒上枸杞稍煮即可。

药粥解说 泽泻、枸杞子、大米合熬为粥，有疏肝理气的功效。此粥适合各类人群，尤其是老年人食用。

猪腰黑米花生粥

来源 民间方。

原料 黑米30克，猪腰50克，花生米、薏米、红豆、绿豆各20克，盐3克，葱花5克。

制作

1. 黑米洗净，泡发；猪腰洗净，切片；花生米、薏米、红豆、绿豆分别洗净泡发。
2. 锅入适量清水，加入猪腰、黑米，共熬煮粥。
3. 粥煮沸后加入花生米、薏米、红豆、绿豆、盐、葱花，煮至米熟时即可。

食用禁忌 血脂高、胆固醇高者忌用。

用法用量 每日1次。

药粥解说 猪腰有健肾补腰、和肾理气之功效。花生有润肺化痰、理气化痰、通乳、降压止血之功效。

保肝脏 + 防衰老

板栗花生猪腰粥

来源 民间方。

原料 糯米80克，猪腰50克，板栗45克，花生30克，盐3克，鸡精1克，葱花少量。

制作

1. 糯米洗净泡发，板栗、花生均淘洗净；猪腰洗净切片。
2. 锅中注入适量清水，加入猪腰、板栗、花生、糯米，共熬煮粥。
3. 粥将熟时，加入盐、鸡精、葱花，稍煮即可。

药粥解说 板栗不仅可以治疗动脉硬化、高血压、心脏病等心血管疾病，还能防衰老。糯米、猪腰、板栗、花生米合熬为粥，有疏肝理气的功效。

滋补虚损 + 养肝护肝

鸡蛋枸杞猪肝粥

来源 民间方。

原料 大米80克，猪肝100克，鸡蛋、枸杞、盐、葱花、麻油各适量。

制作

1. 大米洗净泡发；猪肝洗净切块。
2. 锅中注入适量清水，加入猪肝、枸杞、鸡蛋、大米，共煮至粥将熟时加入盐、枸杞、葱花、麻油，稍煮即可。

药粥解说 鸡蛋适宜体质虚弱、营养不良、贫血、女性产后病后以及老年人食用。猪肝可用于血虚萎黄、水肿、脚气、夜盲、目赤等症。几者合煮成粥有滋补虚损、养护五脏之效。

通利肠胃 + 清热解毒

白菜薏米粥

来源 民间方。

原料 大米、薏米各40克，芹菜、白菜各适量，盐2克。

制作

1. 大米淘洗干净，用水浸泡30分钟。
2. 锅中注入适量清水，加入薏米、芹菜、白菜、大米，共煮至粥将熟时加入盐，稍煮即可。

药粥解说 白菜有补肝、通利肠胃、清热解毒、利尿养胃的功效。薏米适合风湿性关节痛、尿路感染、白带过多者食用。此粥适用于肝炎患者食用。

补肝明目 + 去湿除风

胡萝卜薏米粥

来源 民间方。

原料 胡萝卜丁30克，薏米30克，大米80克，白糖3克。

制作

1. 将大米、薏米淘洗干净泡发，大火煮沸后转小火煮至米粒开花。
2. 加入胡萝卜丁同煮至浓稠，加入冰糖即可。

药粥解说 胡萝卜营养丰富，对人体有保健功效，可以健脾化滞，降血糖。三者合熬为粥，有补肝明目的功效，也可辅助治疗肝炎等症。

疏肝理气 + 祛风除湿

黑豆玉米粥

来源 民间方。

原料 大米70克，黑豆、玉米各30克，白糖3克。

制作

1. 大米淘洗2次，泡发。
2. 将黑豆、玉米淘净泡发放入锅中，与大米同煮粥，加入白糖煮沸即可。

药粥解说 黑豆具有祛风除湿、调中下气、活血解毒、利尿明目等功效。玉米能降低血脂，对于高脂血症、动脉硬化、心脏病的患者有助益。两者合煮成粥，可延缓人体衰老、预防脑功能退化。

疏肝理气 + 健脾化滞

胡萝卜山药大米粥

来源 经验方。

原料 胡萝卜20克，山药30克，大米100克，盐3克，味精2克。

制作

1. 将大米洗净泡发，大火煮至米粒开花，加入洗净切块的山药、切丁胡萝卜，改小火煮粥，加盐，味精调味。

药粥解说 胡萝卜含较多营养物质，对人体有保健功能，可治消化不良、久痢、咳嗽、眼疾。山药具有健脾补肺、益胃补肾、延年益寿的功效，对脾胃虚弱、肺气虚燥等证有辅助食疗作用。

开胃益中 + 暖脾暖肝

黑米黑豆莲子粥

来源 民间方。

原料 糯米 40 克，燕麦、黑米各 30 克，黑豆、红豆各 20 克，莲子 15 克，白糖 5 克。

制作

1. 将糯米、燕麦、黑米、黑豆、红豆、莲子分别洗净之后泡发，一起放入锅中熬煮成粥，再加入白糖，待其煮沸之后，即可食用。

药粥解说 此粥有开胃益中、暖脾暖肝、明目活血、滑涩补精之效，对少年白发、女性产后虚弱、病后体虚以及肾虚均有很好的补养作用。

健脾和中 + 消暑清热

眉豆大米粥

来源 民间方。

原料 大米 80 克，眉豆 30 克，红糖 10 克，葱花 3 克。

制作

1. 先取大米洗净泡发，再放入锅中熬煮。
2. 将眉豆放入锅中，与大米同煮成粥。
3. 加入红糖、葱花，待其煮沸即可食用。

药粥解说 此粥适用于脾胃虚弱、便溏腹泻以及夏季暑湿引起的呕吐腹泻、胸闷等病症。经常食用有利于保护心脑血管、调节血压、养护脾胃。

润肠通便 + 润肤美容

腰果糯米甜粥

来源 民间方。

原料 糯米 80 克，腰果 20 克，白糖 3 克，葱花 8 克。

制作

1. 糯米洗净泡发，用清水浸泡 4 小时。
2. 糯米与腰果放入锅中同煮成粥，加入白糖、葱花，待其煮沸后即可食用。

药粥解说 腰果含有丰富的维生素 A，对保护血管、防治心血管疾病大有益处。腰果还富含油脂，可以润肠通便、润肤美容、延缓衰老。此粥适宜慢性肝炎、风湿性关节炎、尿结石者食用。

滋补肝肾 + 润肺通便

莲子糯米蜂蜜粥

来源 民间方。

原料 糯米 100 克，枸杞 5 克，莲子 30 克，蜂蜜少量。

制作

1. 糯米洗净泡发，用清水浸泡 4 小时。
2. 糯米与枸杞、莲子一起放入锅中，同煮成粥，加入蜂蜜，待其煮沸后，即可食用。

药粥解说 蜂蜜可润肺通便、软化血管。枸杞既可作为坚果食用，又是一味功效显著的中药材。莲子可帮助机体进行蛋白质、脂肪、糖类代谢，维持酸碱平衡，对精子的形成也有重要作用。

羊骨杜仲粥

来源 民间方。

原料 大米80克，羊骨250克，杜仲60克，料酒、生抽、盐、味精、葱白、姜末、葱花适量。

制作

1. 大米洗净泡发熬煮。
2. 杜仲洗净煮后取汁，羊骨用料酒、生抽腌制后切好一起加入粥中。
3. 加入盐、味精、葱白、葱花、姜末，煮沸，即可盛碗食用。

食用禁忌 阴虚火旺者忌服用。

用法用量 每日1次。

药粥解说 杜仲富含木脂素、维生素C、杜仲胶等。用于肾虚腰痛、筋骨无力、妊娠漏血、胎动不安、高血压等症。羊骨有补肾、益气、强壮骨骼等效用。

鹌鹑瘦肉粥

来源 民间方。

原料 大米80克，鹌鹑1只，猪肉80克，料酒、盐、味精、姜丝、胡椒粉、葱花、香油适量。

制作

1. 大米淘洗干净泡发，鹌鹑煮熟加入料酒腌渍片刻，与大米同煮成粥。
2. 加入猪肉、盐、味精、姜丝、胡椒粉、葱花至沸即可。

食用禁忌 一般人群均可食用。

用法用量 温热服用。每日1次。

药粥解说 鹌鹑含有高蛋白、低脂肪、低胆固醇、多种无机盐、卵磷脂、激素和多种人体必需的氨基酸。有补五脏、益精血、温肾助阳、增力气、壮筋骨、防治高血压及动脉硬化等功效，对于贫血、头晕、高血压等疗效较佳。

补血健脾 + 养肝明目

猪肝黄豆粥

来源 民间方。

原料 大米80克，猪肝、黄豆各100克，姜丝、盐、鸡精各适量。

制作

1. 大米洗净泡发，放入锅中熬煮。
2. 将猪肝洗净、切块，与黄豆一起放入锅中，与大米同煮成粥，加入姜丝、盐、鸡精，待其煮沸即可食用。

药粥解说 黄豆中丰富的不饱和脂肪酸能促进体内胆固醇代谢，降低血清中总胆固醇含量，防止脂质在肝脏和动脉壁沉积。

健胃止泻 + 强健骨骼

猪骨黄豆粥

来源 民间方。

原料 大米、黄豆、猪骨各适量，盐4克，味精、姜丝、生抽、葱花各适量。

制作

1. 大米洗净泡发熬煮；猪骨洗净、生抽腌制。
2. 加入黄豆、生抽腌好的猪骨与大米同煮成粥。
3. 加入盐、味精、姜丝、葱花，煮沸即可食用。

药粥解说 黄豆有通便、助消化之效，与猪骨合煮成粥，适用于动脉硬化、高血压、冠心病、高脂血症、糖尿病、营养不良、腰酸体虚等病患者。

疏肝理气 + 降低血脂

虾米包菜粥

来源 民间方。

原料 大米100克，包菜、小虾米各20克，盐、味精、姜丝、胡椒各适量。

制作

1. 大米洗净，用水浸泡30分钟。
2. 包菜、小虾米洗净，包菜切碎，与大米一起下入锅中，加水适量，熬煮成粥，加入盐、味精、姜丝、胡椒，煮沸即可。

药粥解说 虾米可帮助消化，降低血脂、胆固醇，保护心血管系统，补充钙质等。包菜适宜胃及十二指肠溃疡、糖尿病、易骨折的老年人食用。

补中益气 + 滋阴养胃

猪肉香菇粥

来源 民间方。

原料 大米80克，猪肉、香菇各100克，葱白、生姜各5克，盐、味精各2克，麻油适量。

制作

1. 大米洗净，用水浸泡30分钟。
2. 香菇、猪肉洗净切丁，与大米一起下入锅中，加水适量，大火煮沸后转小火熬煮成粥。
3. 加葱白、生姜、盐、味精、麻油，煮沸即可。

药粥解说 香菇高蛋白、低脂肪，具有保护肝脏的功效，此粥营养丰富，其中维生素 B_1、蛋白质、锌等含量较高，是人们最常食用的养生粥品。

美味蟹肉粥

来源 民间方。

原料 大米100克，蟹1只，盐、味精、姜末、白醋、酱油、葱花各适量。

制作

1. 取大米洗净泡发煮粥。
2. 蟹洗净后蒸熟，挑出蟹肉，与大米同煮成粥。
3. 再加入盐、味精、姜末、白醋、酱油、葱花煮沸即可。

用法用量 温热服用。每日1次。

药粥解说 蟹肉中含有丰富的营养物质，具有清热解毒、散结、补骨添髓、养筋活血、通经络、利关节、滋肝阴、充胃液之功效，对于淤血、损伤、黄疸、腰腿酸疼和风湿性关节炎等疾病有一定的食疗效果。

润燥滑肠 + 润滑关节

山药黑芝麻粥

来源 民间方。

原料 粳米60克，山药30克，黑芝麻、冰糖90克，绿豆芽、枸杞、牛奶各适量。

制作

1. 粳米洗净，用水浸泡30分钟；山药去皮洗净，切小块；黑芝麻、豆芽、枸杞洗净备用。
2. 山药、黑芝麻、绿豆芽与粳米一同煮粥，加入冰糖、枸杞、牛奶煮沸即可。

药粥解说 山药有提高免疫力、预防高血压、降低胆固醇、利尿、润滑关节的功效。芝麻富含蛋白质、铁、钙、磷、芝麻酚等，其有补肝益肾、强身的作用，并有润燥滑肠、通乳的作用。

清热散结 + 通脉滋阴

蟹肉香菜粥

来源 民间方。

原料 蟹150克，香米500克，鸡蛋1个，香菜15克，姜汁、葱汁各15毫升，盐5克，白胡椒粉6克，香油15毫升。

制作

1. 取香米洗净，放入锅中，加水熬煮成粥；蟹蒸熟取肉。
2. 蟹肉、鸡蛋放入锅中，加入香菜、姜汁、葱汁、盐、白胡椒粉，煮开淋上麻油即可食用。

药粥解说 螃蟹的可食部分中75%为人体所需的优质蛋白质，具有清热散结、通脉滋阴、补肝肾、生精髓、壮筋骨之功效。

健脾补肝 + 降低胆固醇

板栗枸杞粥

来源 民间方。

原料 大米 60 克，板栗 100 克，枸杞 25 克，冰糖 10 克。

制作

1. 大米洗净泡发备用。
2. 锅中加入清水、板栗、枸杞、大米，共煮成粥。
3. 粥将熟时加入冰糖即可。

药粥解说 板栗有预防癌症、降低胆固醇、健脾补肝等作用。枸杞适宜肝肾阴虚、血虚、慢性肝炎者。经常食用此粥，可辅助治疗肝炎等症。

有益脾胃 + 平喘镇咳

商陆粥

来源 《肘后备急方》。

原料 粳米 100 克，商陆 5 克。

制作

1. 商陆用水煎汁，去渣。
2. 汁中加入粳米煮粥。

药粥解说 商陆有祛痰平喘、镇咳抗菌等功效，胃气虚弱的人不可食用，如果水肿膨胀的人需要服用时需配粳米，这样才能养护中气、扶正利水。两者煮粥可用来治疗肝硬化腹水、慢性肾炎水肿等症。

清热利湿 + 保护肝脏

茵陈粥

来源 《粥谱》。

原料 粳米 100 克，茵陈 30~60 克，白糖适量。

制作

1. 取粳米洗净泡发煮粥。
2. 茵陈洗净煎后取汁，与粳米同煮成粥。
3. 待粥将熟时，加入白糖煮沸即可。

药粥解说 茵陈具有清热利湿、利胆、退黄、保护肝脏、解毒的作用。主治黄疸、湿疮瘙痒等症。粳米有补气功效，两者合煮成粥，适用于胆囊、肝脏不佳患者。

疏肝理气 + 降糖降脂

枸杞南瓜大米粥

来源 民间方。

原料 大米 50 克，南瓜 60 克，枸杞 30 克，冰糖适量。

制作

1. 大米洗净泡发备用。
2. 锅中加入清水、大米，共煮成粥，煮沸后加入南瓜、枸杞，粥将熟时调入冰糖，稍煮后即可盛碗食用。

药粥解说 此粥可防治糖尿病、降低血糖，抵御致癌物质，促进生长发育，防治妊娠水肿。

清热利湿 + 保护肝脏

黑米花生粥

来源 民间方。

原料 大米 20 克，黑米 100 克，熟花生米、白糖、黑芝麻各适量。

制作

1. 大米淘洗干净，用水浸泡 30 分钟。
2. 黑米淘洗干净，浸泡后与大米同煮成粥，加入花生米、黑芝麻、白糖即可。

药粥解说 此粥具有理气化痰、利肾去水、降压止血之功效，可用于治疗因阴虚阳亢而导致的高血压。

除湿排毒 + 温中利肠

蒲公英粥

来源 《粥谱》。

原料 粳米 10 克，蒲公英 35 克。

制作

1. 蒲公英洗净，放砂锅中入水适量，煎后取汁。
2. 粳米淘洗干净，用水浸泡 30 分钟，放入砂锅中入水适量，兑入药汁熬煮成粥即可。

药粥解说 蒲公英含有维生素 A、B 族维生素、维生素 C 等。主治疗疮肿毒、乳痈瘰疬、肺痈肠痈、热淋涩痛等症。阳虚外寒、脾胃虚弱者忌用。有除湿排毒、利尿等效。此粥治疗、保健皆可。

健脾利水 + 保护肝脏

茯苓红枣粥

来源 《本草纲目》。

原料 粳米100克，茯苓粉30克，红枣10枚，红糖适量。

制作

1. 取粳米红枣洗净同煮粥。
2. 加茯苓粉及红糖煮沸即可。

药粥解说 茯苓有健脾利水、和胃益气等作用。主治痰饮眩悸、心神不安、惊悸失眠、水肿尿少、脾虚食少及便溏者。阴虚而无湿热、虚寒滑精者忌服用。常服此粥可以预防疾病。

滋肾润肺 + 补肝明目

枸杞鸡肾粥

来源 民间方。

原料 粳米100克，枸杞30克，陈皮1片，鲜鸡腰1个，盐、生姜各适量。

制作

1. 取粳米洗净泡发煮粥，枸杞、鸡腰、生姜洗净切好后与粳米同煮成粥。
2. 入盐、陈皮煮沸即可。

药粥解说 枸杞有滋肾润肺、补肝明目的作用。多用于治疗肝肾阴亏、腰膝酸软、头晕目眩、目昏多泪、虚劳咳嗽、消渴、遗精等症。

清热解毒 + 降低血压

悦肝粥

来源 经验方。

原料 粳米200克，甘草3克，柴胡6克，牛膝、麦芽各10克，党参、丹参各15克，虎杖30克，白糖适量。

制作

1. 将诸药材泡后洗净煎煮取汁与粳米同煮，将熟时加入白糖即可。

药粥解说 丹参能增加冠脉流量，扩张周围血管，改善心肌缺血状况。主治月经不调、痛经、疮痛、失眠等。

清热解毒 + 保护肝脏

栀子仁粥

来源 《太平圣惠方》。

原料 粳米50克，栀子10克，冰糖适量。

制作

1. 粳米洗净泡发熬煮，栀子洗净碾碎，取末。
2. 待粥将熟时加入栀子末煮沸，加入冰糖融化后即可。

药粥解说 栀子不仅有清热解毒、保护肝脏、抑菌止痛等作用，还有健胃的作用。粳米有益精强志、补中益气的功效，两者合煮成粥对于治疗肝胆功能不佳的患者具有很好的效果。

补气养血 + 保护肝脏

双耳粥

来源 经验方。

原料 粳米50克，黑、白木耳各5克，大枣5个，冰糖适量。

制作

1. 粳米、大枣、黑白木耳洗净泡发，一同煮粥，加入冰糖煮沸即可。

药粥解说 银耳是一种含膳食纤维丰富的减肥食品，它可帮助胃肠蠕动，加速脂肪的分解，能提高肝脏解毒能力，保护肝脏功能，此粥适合肝炎患者食用。

疏肝解郁 + 健脾和胃

柴胡疏肝粥

来源 传统方。

原料 粳米200克，甘草、麦芽各2克，柴胡、陈皮各6克，川芎、香附子、枳壳、白芍各5克，冰糖适量。

制作

1. 上述药材洗净泡制后煎汁，去渣取汁，与粳米一同煮成粥。
2. 加入冰糖煮沸后即可。

药粥解说 此粥可辅助治疗头晕、胁腹痛、血虚萎黄、月经不调、自汗盗汗、抑郁症等。

健胃利脾

中医认为，脾胃五行属土，属于中焦，共同承担着化生气血的重任，脾胃同为"气血生化之源"，后天之本。人体的气血是由脾胃将食物转化而来的。

☺食材推荐

西蓝花	香菇	菠菜	莴笋
萝卜	芦荟	玉米	牛奶

症状表现

☑ 恶心　　☑ 呕吐　　☑ 食欲不振　　☑ 气短乏力　　☑ 头晕　　☑ 大便溏泄

疾病解读

多因饮食失调、过食生冷、劳倦过度、久病或忧思伤脾等所致，进冷食、硬食、辛辣或其他刺激性食物会引发症状加重。急慢性胃炎、消化道溃疡、胃痉挛、胃神经官能症、胃黏膜脱垂症等也会出现胃痛的症状。

调理指南

脾胃不佳者应注意休息、锻炼，生活规律，保持精神愉快、乐观。精神抑郁、低沉，顾虑重重，往往会加重病情。饮食要定时定量、少食多餐。

家庭小百科

保养脾胃养生按摩法

1. 双手叠加，以肚脐为中心按顺时针、逆时针方向摩揉腹部各 10 遍。

2. 双手叠加，以一手掌心放在肚脐，微微颤动腹部 1~3 分钟，频率为每分钟 120~180 次。

3. 双手叩打带脉 3~5 分钟，即双手握拳，叩打腰部两侧，以自身耐受为度。

4. 点揉中脘位于肚脐上方 4 指处，内关穴位于腕掌侧，腕横纹中央上约两拇指处，各 3 分钟。

最佳药材·小茴香

【别名】茴香子、怀香、香丝菜。

【性味】味辛、性温、无毒。

【归经】归肝、肾、脾、胃经。

【功效】温肾暖肝、行气和胃、温阳散寒。

【禁忌】阴虚火旺、肺、胃有热及热毒盛者应禁用。有过敏反应者应禁用。

【挑选】质量好的小茴香，颜色偏土黄色或者黄绿色，形状像稻谷状，粒大而长，质地饱满。

西蓝花香菇粥

来源 民间方。

原料 西蓝花35克，鲜香菇、胡萝卜各20克，大米100克，盐2克，味精1克。

制作

1. 大米洗净泡发；西蓝花洗净，撕成小朵；胡萝卜洗净，切成小块；香菇泡发洗净，切条。

2. 锅置火上，注入清水，放入大米用大火煮至米粒绽开后，放入西蓝花、胡萝卜、香菇。

3. 改用小火煮至粥成后，加入盐、味精调味，即可食用。

食用禁忌 需温热服用。

用法用量 每日1次。

药粥解说 香菇能提高机体免疫力、延缓衰老。西蓝花含有维生素C、胡萝卜素等营养成分，有增加抗病能力的功效。此粥能温中和胃、缓解胃痛症状。

香菇葱花粥

来源 经验方。

原料 鲜香菇15克，大米100克，盐3克，葱少许。

制作

1. 大米淘洗干净，泡发；香菇泡发洗净切丝；葱洗净切花。

2. 锅置火上，注入清水，放入大米，用大火煮至米粒开花。

3. 放入香菇，用小火煮至粥成闻见香味后，加入盐调味，撒上葱花即可。

食用禁忌 需温热服用。

用法用量 每日可当早餐食用。

药粥解说 香菇其味鲜美，香气沁人，有增强机体免疫力、延缓衰老、增加食欲的功效。大米有补中益气、健脾养胃的功效。香菇、葱花、大米合熬为粥，有温中和胃的功效，可缓解胃痛。

开胃消食+调理中气

牛奶玉米粥

来源 经验方。

原料 玉米粉80克，牛奶120克，枸杞少许，白糖5克。

制作

1. 枸杞洗净备用。
2. 锅置火上，倒入牛奶煮至沸后，缓缓倒入玉米粉，搅拌至半凝固。

3. 放入枸杞，用小火煮至粥呈浓稠状，调入白糖入味即可食用。

药粥解说 此粥有开胃消食、调理中气之效。适宜胃痛、肠胃病患者食用。

增强食欲+消除胃痛

萝卜芦荟粥

来源 民间方。

原料 胡萝卜少许，芦荟、罗汉果各适量，大米100克，白糖6克。

制作

1. 大米洗净泡发；芦荟洗净，切成小丁；胡萝卜洗净切块；罗汉果洗净打碎，熬取汁液。
2. 锅置火上，入水适量，下大米煮沸，加芦荟、胡萝卜，淋入罗汉果汁，用小火煮至粥成，调入白糖即可。

药粥解说 此粥有促消化、增强食欲之效，适用于缓解胃痛、头痛等症。

调理肠胃+清热利尿

春笋西葫芦粥

来源 经验方。

原料 春笋、西葫芦各适量，糯米110克，盐3克，味精1克，葱少许。

制作

1. 糯米洗净泡发；春笋去皮洗净切丝；西葫芦洗净切丝；葱洗净切花。
2. 锅置火上，注入清水后，放入糯米用大火煮至米粒绽开，放入春笋、西葫芦。

3. 改用小火煮至粥浓稠时，加入盐、味精入味，撒上葱花即可。

药粥解说 此粥对糖尿病、水肿腹胀以及胃痛等症具有辅助治疗作用。

开胃消食+消除胃痛

芦荟菠菜萝卜粥

来源 民间方。

原料 大米100克，芦荟、菠菜各适量，胡萝卜少许，盐3克。

制作

1. 大米洗净泡发；芦荟洗净，切小片；菠菜洗净切断；胡萝卜洗净切小块。
2. 锅置火上，注入水后，放入大米煮至米粒开花，放入芦荟、菠菜、胡萝卜。

3. 改用小火煮至粥成闻见香味时，调入盐入味，即可食用。

药粥解说 此粥有开胃消食、养胃之效。适用于痔疮、便秘、胃痛等症。

补肾益精

中医认为，肾藏精，主生殖，为先天之本。又主水、纳气、多虚证。而在西医当中，肾脏是人体重要的排泄器官，主要功能是形成尿并排出代谢废物。

☺食材推荐

百合	杏仁	薏米	山药
金银花	韭菜	鸭肉	羊肉

症状表现

☑ 形体虚弱　　☑ 头晕耳鸣　　☑ 健忘失眠　　☑ 腰酸腿软　　☑ 咽干口噪

疾病解读

劳损过度、久病不愈、禀赋薄弱、房事不节、饮食不规律、过量服用中草药、饮水过少、经常憋尿等都可引起肾脏不适。

调理指南

肾脏不适者慎食含钾高的食物。含钾量高的不吃，中等量的少吃，最好是在大量水中浸泡30分钟后再煮，把汤弃之，再食用，水果宜每天少量，不宜过多。含磷高的食物有麦片、黄豆、冬菇、紫菜、奶粉、肉松、鱿鱼干、动物内脏等也不宜多吃。

家庭小百科

补肾健身操

端坐，两腿自然分开，与肩同宽，双手屈肘侧举，手指伸向上，与两耳平。然后，双手上举，以两肋部感觉有所牵动为度，随后复原。可连续做 3~5 次为一遍，每日可酌情做 3~5 遍。做动作前，全身宜放松。双手上举时吸气，复原时呼气，且力不宜过大、过猛。这种动作可活动筋骨、畅达经脉，同时使气归于丹田，对年老、体弱、气短者有缓解作用。

最佳药材·山药

【别名】薯蓣、山芋、药蛋。

【性味】味甘、性平、无毒。

【归经】归肺、脾、肾经。

【功效】健脾补肺、益胃补肾、固肾益精。

【禁忌】感冒不宜食用山药。山药收敛作用强，故大便燥结、胃肠积滞者不宜食用。

【挑选】要选大小相同、拿起来很重、须毛多，切开时，横切面肉质呈雪白色，带有黏液，外皮没有破损的山药。

补精益肾 + 利尿护肾

猪腰枸杞大米粥

来源 民间方。

原料 大米、猪腰、枸杞、白茅根、盐、鸡精、葱花各适量。

制作

1. 取大米淘洗干净，用水浸泡 30 分钟，捞出沥干水分；猪腰洗净切片。

2. 锅置火上，入水适量，放入大米大火煮沸后转小火熬煮至粥八成熟时，加入猪腰、枸杞、白茅根、大米同煮成粥，加入盐、鸡精、葱花，煮沸即可。

食用禁忌 血脂胆固醇高者忌服用。

用法用量 每日 1 次。

药粥解说 猪腰有理肾气、疏肝脏、通膀胱等功效，适宜肾虚之人腰酸腰痛、遗精、盗汗者食用。白茅根有清热、利尿、凉血、止血之功效，适用于吐血、尿血、热淋、黄疸、胃热呕哕、咳嗽等症。

补益脾胃 + 补脑益智

鸭粥

来源 《肘后备急方》。

原料 粳米 100 克，葱白段 5 克，雄鸭一只。

制作

1. 雄鸭处理干净，入沸水汆烫去血水，鸭肉切成细丝，入锅中煮至极烂。

2. 粳米淘洗干净，放入砂锅中，入水适量，先浸泡 30 分钟后，兑入鸭汤适量。

3. 放入葱白段、鸭丝，大火煮沸后转小火熬煮至粥成即可。

食用禁忌 阴虚脾弱和大便泄泻者忌服用。

用法用量 每日 2 次。

药粥解说 鸭肉有滋五脏之阴、清虚劳之热、补血行水、养胃生津、止咳息惊等功效，可用于营养不良、水肿、低热、虚弱等症；粳米有益精强志、补中益气的功效，两者合煮成粥，可用来辅助治疗低热、血晕头痛、肾炎水肿等症。

补肾益精 + 健脾补气

杞精山药粥

来源 经验方。

原料 枸杞 15 克，黄精 20 克，山药 30 克，粳米 100 克，白糖适量。

制作

1. 黄精、山药分别洗净，山药去皮，与黄精一起切片备用；粳米淘洗干净，用水浸泡 30 分钟，捞出沥干水分；枸杞洗净，润透，备用。

2. 锅置火上，入水适量，放入粳米大火煮沸后转小火熬煮至粥八成熟时，放入黄精、山药片、枸杞，继续用小火熬煮至粥黏稠。

3. 加入白砂糖调味后，即可盛碗食用。

食用禁忌 脾胃虚弱、火气大者慎食。

用法用量 温热服用，每日 1 次。

药粥解说 山药有提高免疫力、预防高血压、降低胆固醇、利尿、润滑关节的功效。此方用于肝肾精血不足、脾气虚弱者，症见头昏耳鸣、健忘、消瘦少食等。

补肝肾 + 益精血

胡桃枸杞粥

来源 经验方。

原料 胡桃仁 25 克，枸杞 15 克，葡萄干 15 克，黑芝麻 10 克，粳米 100 克，白糖适量。

制作

1. 桃仁洗净，润透，捣烂备用；粳米淘洗干净，用水浸泡 30 分钟，捞出沥干水分；枸杞洗净，润透，备用。

2. 锅置火上，入水适量，放入粳米大火煮沸后转小火熬煮至粥八成熟时，

3. 放入胡桃仁、枸杞、葡萄干、黑芝麻继续用小火熬煮至粥黏稠。

4. 加入白砂糖调味后，即可盛碗食用。

食用禁忌 诸无所忌。

用法用量 每日 1 次，连续服用。

药粥解说 枸杞能调整糖代谢、增强肌体免疫力，还能防止血管动脉硬化，保护胃黏膜，促进生长发育，此方用于肝肾两虚、精血不足者。

呵护健康的日常好习惯

不在疲劳时喝咖啡、抽烟	尽量不要在身体特别疲劳时喝咖啡或抽烟来提神，否则会对心血管系统造成无法挽回的损伤，心悸、心慌就是严重的症状表现。尤其不要在疲劳时既喝咖啡又抽烟，否则不仅对身体的伤害是翻倍的，咖啡的独特香味和成分还会加重你对香烟的渴望。
临睡前不洗热水澡	体温太高也会抑制大脑褪黑激素的分泌，影响睡眠质量。因此，临睡前才洗热水澡绝不明智。聪明的做法是，在睡前 90 分钟沐浴，这样等到临睡时，体温刚好降到最适宜睡眠的温度。如果迫不得已在临睡前洗澡，就在最后用冷水冷敷一下额头，也有助于体温迅速降低。
要用温水洗脸	一定要用温水洗脸，千万别图省事用凉水，否则毛孔受到刺激突然收缩，其中的油污就不能被及时清除，会导致粉刺。也不要用太热的水，否则面部皮肤会迅速扩张，之后就容易早生皱纹。
中午也要刷牙	坚持每天早晚刷牙，睡眠时口腔内细菌的繁殖速度其实只是白天时的 60%。换句话说，白天口腔也需要护理，中午也要刷牙，但不要在餐后立即刷牙，最好安排在餐后 30 分钟，这样能防止损伤牙釉质。尤其是吃完薯条或薯片后，更要注意刷牙护理。
手机不要放在床边	不要把手机放在床边，更准确地说是不要把手机放在头部周围。因为即使是手机待机指示灯微弱的闪烁光也会阻止大脑进入深睡眠，并且影响大脑褪黑激素的分泌，从而直接导致睡足了时辰却仍然疲惫不堪。
饭后不要立即吃水果	现在到餐厅消费，总能在餐后享受到一盘或精美或低劣的水果。但如果消化功能健全、健康，就应该立即放弃这份馈赠。因为正餐从被吃到嘴里到消化结束，需要至少 2 个小时。那么之后立即吃进的水果会停滞在胃里，以至于还没来得及被消化就在胃里发酵了。接下来胃里会产生不少气体，会引起胃胀。
租房前先消毒	如果是租房族，那么一定要小心了。因为"二手房"是大部分疾病传播的源泉，尤其在病毒最易传播的春季。在中国，几乎没有业主会在出租房屋前对房屋进行消毒，而螨虫、流感病毒、乙肝病毒、霉菌等都能在常温下存活很久。尤其墙壁、床铺、衣柜、马桶、洗手池这些地方，都要仔细消毒，至于空调、洗衣机、饮水机更要请专人来消毒。

每天限量喝水	香港中文大学陈楠医生说：每天喝水不是越多越好。人的身体是一个平衡的系统，肾脏每小时只能排出 800~1000 毫升水量。1 小时内喝水超过 1000 毫升，可能会导致低钠血症。
不要在健身房健身	这里指的是空气流动性不好的健身房。因为这样的健身房中充斥着他人呼出的废气、排出的毒素，而在运动状态下，最易吸收进这些废气和毒素，不仅起不到健身作用，反而让身体遭殃。所以，要么选择空气流动性良好的健身房，要么干脆在户外运动，尤其是绿植茂盛的公园，那并不是老爷爷、老奶奶的健身专用地。
要经常补充钙	缺钙的恶果绝不仅仅是腿抽筋，健忘、走神、失眠也都是缺钙的副产物。因为充足的钙能抑制脑神经的异常兴奋，缺钙则会影响脑神经元的正常代谢。为大脑补钙的最佳食物是豆类食物，如黄豆、豆腐等，但豆奶的效果并不好，因为豆奶中含有的少量乳糖会影响钙在大脑神经元中的作用。
要学会控制坏情绪	坏情绪是比强力病毒更可怕的传染源。80% 的疾病其实都是被精神波动激发的，尤其是消化道疾病和皮肤疾病，很容易就会因为坏情绪而出现暴食、腹泻或皮肤过敏等症状。
养成不赖床的好习惯	人体内的生物钟每 90 分钟循环一次。如果早上自然醒来，就不要再继续赖床，因为继续入睡会重新进入一个 90 分钟的睡眠循环，所以赖床 30 分钟或 40 分钟醒来后，反而会变得无精打采，甚至还会头晕恶心。
不放弃食物中的脂肪	首先，食物中的脂肪并不会全部转化为身上的脂肪；其次，食物中的脂肪对于人体保持正常的生理活动至关重要，人体每天所需的 25%~35% 的能量来自于脂肪。最后，适当地摄入脂肪，反而可以产生饱腹感，防止饮食过度。
扔掉排毒药丸	上火了？长粉刺了？服用那些排毒祛火药丸的效果并不明显，并且因为刺激肠道，反而可能会加重人体内的营养失衡。其实，从营养学角度来说，最有效的降火方法是暂时放弃饮酒和喝咖啡，多喝水并且少吃含有脂肪的食物。
服药期间一定要禁酒	新西兰物理治疗师史密斯说：吃药期间一定要禁酒，哪怕吃的只是简单的感冒药、维生素，哪怕喝的只是最温和的香槟、红酒。因为酒精不仅会影响药效，还会将药物的副作用放大数倍，更有可能与药物相互反应生成毒物。

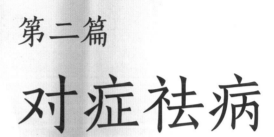

第二篇
对症祛病

　　不同疾病饮食宜忌也不一样，要"辨病施食"。食物作用于某种疾病除其所含的营养成分和微量元素，更主要的是食物所属的不同性味。正如《内经素问·六节脏象论》里说："天食人以五气，地食人以五味。"五味养五脏，酸入肝，苦入心，甘入脾，辛入肺，咸入肾。

感冒

普通感冒又称急性上呼吸道感染，简称上感，是包括鼻腔、咽或喉部急性炎症的总称。广义的上感包括普通感冒、病毒性咽炎、喉炎、扁桃体炎等。

☺食材推荐

| 葱白 | 生姜 | 荆芥 | 大蒜 |
| 洋葱 | 小白菜 | 香菇 | 豆腐 |

症状表现

☑ 鼻塞　　☑ 打喷嚏　　☑ 流鼻涕　　☑ 咳嗽　　☑ 喉咙发痒　　☑ 全身不适

疾病解读

感冒是因风邪侵袭人体而引起的疾病，全年均可发病，尤以春季多见。西医学的上呼吸道感染属中医的感冒范畴。西医学认为，人体受凉、淋雨、过度疲劳等为感冒的诱发因素。

调理指南

风寒感冒宜选用白芷、桑叶、葱白、姜、花椒等散寒发汗；风热感冒应选用石膏、菊花、金银花、枇杷等清热解表；暑湿性感冒患者应选择藿香、砂仁等；流感患者宜选择板蓝根、柴胡等。

家庭小百科

如何预防感冒？

1. 避免诱因。避免受凉、淋雨、过度疲劳；避免与感冒患者接触，避免脏手接触口、眼、鼻。
2. 增强体质。坚持适度的户外运动，提高机体免疫力与耐寒能力是预防本病的主要方法。
3. 免疫调节药物和疫苗。对于经常、反复发生本病以及老年免疫力低下的患者，可酌情应用免疫增强剂。目前除流感病毒外，尚没有针对其他病毒的疫苗。

最佳药材·薄荷

【别名】人丹草、婆荷、升阳菜、卜薄、香荷叶。

【性味】味辛、性凉、无毒。

【归经】归肺、肝经。

【功效】疏散风热、清利头目、辛能发散。

【禁忌】薄荷发汗耗气，多服损肺伤心，故体虚多汗者不宜使用。

【挑选】晒干的薄荷茎呈方柱形，颜色为黄褐色带紫或绿色，购买时以身长无根、叶多色绿、气味浓为佳。

山药扁豆粥

来源 《中国益寿食谱》。

原料 鲜山药30克，白扁豆15克，粳米30克。

制作

1. 粳米、扁豆淘洗干净，浸泡30分钟后，加水共煮至八成熟。
2. 山药去皮洗净，捣成泥状加入煮成稀。
3. 调入适量白糖即可盛碗食用。

食用禁忌 不宜食用未煮熟的扁豆，易中毒。

用法用量 温热服用，每日2次。

药粥解说 山药有促进白细胞吞噬的功效。扁豆有刺激骨髓造血、提升白细胞数的功效。几物合熬为粥，有增强人体免疫力和补益脾胃的功效，适宜风寒引起的感冒患者服用。

芋头香菇粥

来源 经验方。

原料 芋头35克，猪肉、香菇、虾米、盐、鸡精、芹菜、米各适量。

制作

1. 香菇用清水洗净泥沙，切片；猪肉洗净，切末；芋头洗净，去皮，切小块；芹菜洗净切粒。虾米用水稍泡洗净，捞出。大米淘净，泡好。
2. 锅中注水，放入大米烧开，改中火，下入其余备好的原材料。
3. 粥成时加盐、鸡精调味，撒入芹菜粒即可。

药粥解说 此粥可以辅助治疗风寒引起的感冒等症。

小白菜萝卜粥

来源 经验方。

原料 小白菜30克，胡萝卜、大米、盐、味精、香油各适量。

制作

1. 小白菜洗净，切丝；胡萝卜洗净，切小块；大米淘洗干净，用水浸泡30分钟。
2. 锅置火上，入水适量，放入大米，用大火煮沸后转小火熬煮至米粒绽开。
3. 放入胡萝卜、小白菜，用小火煮至粥成时，放入盐、味精，滴入香油即可食用。

药粥解说 此粥能辅助治疗风寒引起的鼻塞、咳嗽等症。

空心菜粥

来源 经验方。

原料 空心菜 15 克，大米 100 克，盐 2 克。

制作

1. 大米洗净，泡发；空心菜洗净，切圈。

2. 锅置火上，入水适量，放入大米，用大火煮至米粒开花，放入空心菜，转小火煮至粥成，调入盐入味，即可食用。

食用禁忌 诸无所忌。

用法用量 每日温热服用 1 次

药粥解说 空心菜，有清热凉血、利尿、清热解毒、利湿止血等功效。大米是人类的主食之一，含有蛋白质、脂肪、维生素 B_1、维生素 A、维生素 E 及多种矿物质。大米与空心菜合熬为粥，有驱痛解毒的功效。

健脾益肾＋强化体力

南瓜红豆粥

来源 经验方。

原料 白糖 3 克，红豆、南瓜各 50 克，大米 100 克。

制作

1. 大米、红豆均泡发，淘洗洗净；南瓜去皮洗净，切成小块。

2. 锅置火上入水，放入大米、红豆、南瓜，用大火煮沸后转小火煮至粥成，调入白糖即可食用。

药粥解说 红豆有补血利尿、健脾益肾、增强抵抗力等功效。南瓜有保护胃黏膜、助消化的功效。此粥香甜可口，能散寒，增强抵抗力。

和胃健脾＋延缓衰老

豆腐菠菜玉米粥

来源 经验方。

原料 玉米粉 90 克，菠菜 10 克，豆腐 30 克，盐 2 克，味精 1 克，麻油 5 克。

制作

1. 菠菜择洗干净；豆腐洗净，切块。

2. 锅置火上，入水适量，大火烧沸后，放入玉米粉搅匀。

3. 放入菠菜、豆腐煮至粥成，调入盐、味精，滴入麻油即可。

药粥解说 菠菜富含胡萝卜素，可以促进生长发育，增强抗病力，促进新陈代谢，此粥辅助可治疗风寒引起的头痛等症。

散寒通阳 + 发汗祛风

葱豉粥

来源 《太平圣惠方》。

原料 粳米 50 克,豆豉 30 克,葱白、油、盐、香油、胡椒粉、姜末各适量。

制作

1. 取粳米洗净熬煮,葱白洗净切后加入粥中。
2. 豆豉洗净油煎后取汁加入粥中,粥将熟时中加入盐、香油、胡椒粉、姜末,稍煮即可。

药粥解说 葱白有散寒通阳,发汗祛风之效用。豆豉能解肌发表,可治寒热头痛头痛,心烦,虚烦不眠等症。此粥服用后易发汗,发汗勿见风。

健脾和胃 + 发汗解表

葱白粥

来源 《济生秘览》。

原料 粳米 50 克,葱白 2~3 根,醋少量。

制作

1. 取粳米洗净泡发熬煮。
2. 待粳米将熟时,把切成段的葱白放入粥中。
3. 煮沸后加入醋即可。

药粥解说 葱白有发汗解表、散寒祛风、通阳解毒的功效。粳米有健脾和胃、补中益气、除烦渴、止泻的功效。两者合煮成粥,可辅助治疗风寒引起的感冒等症。

防风 + 治疗感冒

防风粥

来源 《千金月令》。

原料 粳米 50 克,防风 10 克,葱白适量。

制作

1. 取粳米洗净泡发熬煮。
2. 防风,葱白洗净煎后取汁加入粥中。
3. 待粥煮沸即可。

药粥解说 防风根可用于感冒头痛、风疹瘙痒、破伤风等症。粳米可用于老年人体虚、高热等症。粳米与防风相配可发挥防风之药效,能治疗感冒等症。

解表祛风 + 透疹消疮

荆芥粥

来源 《饮膳正要》。

原料 粳米 100 克,豆豉 30 克,荆芥、薄荷各 10 克。

制作

1. 粳米淘洗干净泡发,放入砂锅熬煮成粥。
2. 荆芥、薄荷、豆豉洗净煮后取药汁备用。
3. 待粳米将熟时,加入药汁煮沸即可。

药粥解说 荆芥可解表祛风、透疹消疮。薄荷叶可用于感冒发热、头痛等症。豆豉可解表、除烦、发郁热。

散寒止痛 + 消炎解毒

荜茇粥

来源 《食医心鉴》。

原料 粳米 60 克,荜茇、胡椒、肉桂各 1 克。

制作

1. 取粳米洗净泡发熬煮。
2. 胡椒,肉桂,荜茇磨粉。
3. 待粥将熟时加入粉末至煮沸即可。

药粥解说 荜茇有散寒,止痛,开胃等作用。胡椒有消炎、解毒等作用。肉桂有散寒、止痛等作用。此粥有散寒的功效,三者合煮成粥,适宜感冒患者食用。

发散风寒 + 宣通鼻窍

辛夷粥

来源 经验方。

原料 粳米 100 克,辛夷 15 克,白糖少量。

制作

1. 取粳米洗净泡发熬煮。
2. 辛夷洗净煮后取汁。
3. 待粳米粥将熟时,加入辛夷汁、白糖,煮沸即可盛碗食用。

药粥解说 辛夷有降压、发散风寒、宣通鼻窍之功效,可用于风寒感冒、鼻渊、鼻塞不通等症。此粥治疗感冒、鼻塞效果显著。

驱散风热 + 清利头目

菊花粥

来源 《慈山粥谱》。

原料 粳米50克，干菊花20克，冰糖适量。

制作

1. 取粳米洗净熬煮。

2. 菊花洗净研磨后取粉。

3. 待粳米将熟时，加入菊花粉及冰糖煮沸即可。

药粥解说 菊花可用来辅助治疗老年人常见的动脉硬化、高血压、冠心病、脑出血、脑血栓等心脑血管系统的疾病。此粥有散风热、清利头目的功效。

驱寒解肌 + 通阳解毒

淡豆豉粥

来源 《太平圣惠方》。

原料 粳米50克，淡豆豉20克，葱白茎5根，生姜4片。

制作

1. 取粳米洗净煮粥。

2. 淡豆豉、葱白茎、生姜洗净切好煎后取汁。

3. 待粳米将熟时，加入淡豆豉、葱白茎、生姜汁煮沸即可。

药粥解说 三者合煮成粥可辅助治疗胃痛、咳嗽、头痛等症。

清热解毒 + 抵抗病毒

双花粥

来源 经验方。

原料 粳米30克，金银花30克。

制作

1. 取粳米洗净熬煮。

2. 金银花洗净煎后取汁。

3. 待粳米将熟时，加入金银花汁，煮沸即可。

药粥解说 金银花含可用于辅助治疗呼吸道感染、肺炎、冠心病、高脂血症等症。金银花与粳米熬为粥，可用于辅助治疗风热引起的感冒、咽喉痛等症。

健脾养胃 + 发散风寒

神仙发散粥

来源 《食物疗病常识》。

原料 糯米50克，葱白5根，生姜5克，醋适量。

制作

1. 取糯米淘洗干净，放入砂锅熬煮成粥。

2. 生姜、葱白洗净切碎后加入粥中同煮。

3. 待粥将熟时，加入醋煮沸即可。

药粥解说 糯米有补中益气、止泻、健脾养胃、止虚汗、安神益心的功效。葱白可发汗解表、散寒祛风。本粥三药合用，发散风寒效力较强，适合治疗风寒感冒。

解表散寒 + 温胃止呕

生姜粥

来源 《饮食辨录》。

原料 粳米100克，葱白2根，生姜10克，大枣、醋各适量。

制作

1. 取粳米大枣洗净熬煮。

2. 生姜洗净切后煎过取汁。

3. 待粳米大枣将熟时，加入生姜汁、葱白、醋，稍煮即可。

药粥解说 生姜有解表散寒之效，可辅助治疗风寒感冒。

益气解表 + 化痰止咳

黄芪姜枣粥

来源 民间方。

原料 黄芪20克，大枣10克，粳米30克，生姜3~4片。

制作

1. 黄芪洗净切片；大枣、生姜洗净；粳米淘净。

2. 锅中放入水、大枣、黄芪、生姜、粳米熬煮，待米烂开花即可。

药粥解说 大枣益气补血，生姜有散寒解表、降逆止呕、化痰止咳的功效，此粥可辅助治疗风寒感冒、恶寒发热、头痛鼻塞等症。

解肌退热 + 透疹解毒

石膏葛根粥

来源 经验方。

原料 粳米、鲜葛根各 100 克，生石膏 45 克，淡豆豉 6 克，生姜 3 片，葱白 3 根。

制作

1. 取粳米淘洗干净，用水浸泡 30 分钟，放入砂锅熬煮成粥。
2. 生石膏、鲜葛根、生姜、淡豆豉洗净，放入锅中大火煮沸后转小火煎煮 15 分钟后取汁。
3. 待粳米将熟时，加入以上药汁和葱白煮沸即可盛碗食用。

食用禁忌 不宜长久服用。

用法用量 温热服用。

药粥解说 葛根有升阳止泻、解肌退热、透疹解毒、除烦止渴之功效。石膏有解热消炎的作用。豆豉能解肌发表。石膏、粳米、鲜葛根合煮粥有利于治疗感冒。

清热解烦 + 生津利尿

竹叶粥

来源 《食医心鉴》。

原料 粳米 100 克，鲜竹叶 30 克，石膏 45 克，砂糖适量。

制作

1. 取粳米淘洗干净，用水浸泡 30 分钟，放入砂锅熬煮成粥。
2. 石膏、竹叶洗净，放入锅中大火煮沸后转小火煎煮 15 分钟后取汁。
3. 待粳米将熟时，加入以上药汁和白砂糖煮沸即可盛碗食用。

食用禁忌 阴虚胃寒者忌服用。

用法用量 每日 2~3 次。

药粥解说 竹叶有清热解烦、生津利尿的作用，可辅助治疗胸中疾热、咳逆上气、吐血、热毒、热病烦咳等病症。生石膏可清热发汗，两者合煮成粥，有利于感冒患者恢复治疗。

解肌退热 + 透发麻疹

石膏豆豉粥

来源 《千家食疗妙方》。

原料 粳米 100 克，生石膏 50 克，葛根 20 克，荆芥、生姜各 5 克，淡豆豉、麻黄各 1 克，葱白 3 根。

制作

1. 粳米淘洗干净，用水浸泡 30 分钟备用。
2. 生石膏、葛根、淡豆豉、荆芥、麻黄、生姜洗净煮后取汁。
3. 砂锅置火上，入水适量，下入粳米大火煮沸后转小火熬煮至粥成，加入药汁和葱白煮沸，即可盛碗食用。

食用禁忌 忌煎过久。

用法用量 温热服用。

药粥解说 葛根有升阳止泻、解肌退热、透疹解毒、除烦止渴之功效。石膏有解热消炎的作用。豆豉能解肌发表。荆芥有解热止痛的作用。四者合煮成粥适宜感冒患者食用。

疏散风热 + 清利头目

薄荷粥

来源 民间方。

原料 干薄荷 30 克，粳米 80 克，冰糖适量。

制作

1. 粳米淘洗干净，用水浸泡 30 分钟备用。
2. 薄荷洗净，放入砂锅中，加水适量，大火煮沸后转小火煎煮 15 分钟，去渣留汁，复加水取汁，如此反复三次，将三次药汁合并备用。
3. 砂锅置火上，入水适量，下入粳米大火煮沸后转小火熬煮至粥成，兑入药汁，放入冰糖，煮至融化即可。

食用禁忌 忌服用过多，过久。

用法用量 温热服用。

药粥解说 薄荷有疏散风热、清利头目、利咽、透疹、疏肝解郁的功效，适宜外感风热、头痛目赤等症。粳米富含蛋白质、糖类等营养成分，与薄荷合煮成粥，可以用来辅助治疗由风热引起的感冒。

咳嗽

咳嗽是呼吸系统疾病最常见的症状之一，是人体的一种保护性措施，对机体是有益的，但长期频繁的剧烈咳嗽，会影响工作、休息，甚至引起喉痛，属病理现象。

☺食材推荐

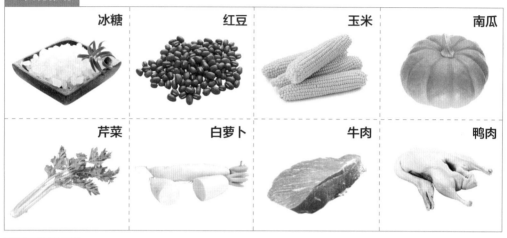

| 冰糖 | 红豆 | 玉米 | 南瓜 |
| 芹菜 | 白萝卜 | 牛肉 | 鸭肉 |

症状表现

☑ **咽痛有痰**　　☑ **气粗**　　☑ **咳嗽频剧**　　☑ **头晕**　　☑ **面色暗淡**

疾病解读

当呼吸道黏膜受到异物、炎症、分泌物或过敏性因素等刺激时，即反射性地引起咳嗽，有助于排除自外界侵入呼吸道的异物或分泌物，消除呼吸道刺激因子。呼吸道感染、支气管扩张、肺炎、咽喉炎等会引起咳嗽。

调理指南

在饮食上应补充营养与水分。保证足够的水分摄入，选择高蛋白、高营养、清淡易消化的流食、半流食；补充高维生素饮食，特别是果蔬食品。

家庭小百科

对症按摩巧治咳嗽

咳嗽痰黄：按鱼际穴，拇指立起用指尖用力点按，会出现明显的酸胀感；按少商穴，拇指桡侧指甲角旁 0.1 寸处，掐之可泄肺中之热。咳嗽痰白：按摩大椎穴，即颈后最突起的高骨下方就是大椎穴。用手掌搓热颈后的大椎穴，以皮肤发热发红为度，帮助振奋阳气，抗御外邪。最好洗热水澡时多冲冲这个穴位，或用热气腾腾的毛巾闷捂片刻，也可抵御寒气的侵袭。

最佳药材·枇杷叶

- 【别名】巴叶、芦橘叶。
- 【性味】味苦、性微寒、无毒。
- 【归经】归肺、胃经。
- 【功效】化痰止咳、和胃止呕。
- 【禁忌】微寒呕吐及肺感风寒咳嗽者禁用。孕妇不可久用。
- 【挑选】枇杷叶长椭圆形或倒卵形，边缘上部有疏锯齿。表面灰绿色、黄棕色或红棕色，背面淡灰色或棕绿色，密被黄色茸毛。

枇杷叶冰糖粥

来源 《老老恒言》。

原料 枇杷叶适量，大米100克，冰糖4克。

制作

1. 大米洗净，泡发30分钟后捞出沥干水分。枇杷叶刷洗干净，切成细丝。

2. 锅置火上，倒入清水，放入大米，以大火煮至米粒开花。

3. 再加入枇杷叶丝，以小火煮至粥呈浓稠状，下入冰糖煮至融化，即可。

食用禁忌 寒凉者忌服用。

用法用量 温热服用，早晚各1次。

药粥解说 此粥辅助治疗咳嗽、肺热咳喘、咯血、胃热呕吐等症效果显著。

健脾生津 + 祛湿益气

红豆枇杷粥

来源 民间方。

原料 红豆80克，枇杷叶15克，大米100克，盐2克。

制作

1. 大米泡发洗净。枇杷叶刷洗净绒毛，切丝。红豆泡发洗净。

2. 锅置火上，倒入清水，放入大米、红豆，以大火煮至米粒开花。

3. 下入枇杷叶，再转小火煮至粥呈浓稠状，调入盐拌匀即可。

药粥解说 红豆有健脾生津、祛湿益气的功效。与枇杷、大米合熬为粥，润肺止咳的功效更佳。

滋肾润肺 + 补肝明目

枸杞牛肉粥

来源 民间方。

原料 牛肉100克，枸杞50克，大米80克，姜丝、盐、鸡精各适量。

制作

1. 大米淘净，浸泡30分钟。牛肉洗净，切片。枸杞洗净。

2. 大米、枸杞入锅，加适量清水，大火烧沸，下牛肉、姜丝。

3. 转小火熬煮成粥，加盐、鸡精调味，稍煮，即可盛碗食用。

药粥解说 此粥能辅助治疗风寒引起的鼻塞、咳嗽等症。

对症祛病篇

牛肉南瓜粥

来源 民间方。

原料 牛肉120克，南瓜100克，大米、盐、味精、生抽、葱花各适量。

制作

1. 南瓜洗净，去皮，切丁；大米淘净，泡好；牛肉洗净，切片，用盐、味精、生抽腌制。
2. 锅中注水，放入大米、南瓜，大火烧沸，转中火熬煮至米粒软散。
3. 下入牛肉片，转小火待粥熬出香味，加盐调味，撒上葱花即可。

食用禁忌 患有皮肤病者不宜食用。

用法用量 每日服用1次。

药粥解说 此粥有补中养胃、润肺止咳、强健筋骨的功效。

鸭肉玉米粥

来源 民间方。

原料 红枣、鸭肉、玉米、大米、料酒、鲜汤、姜末、油、盐、麻油、葱花各适量。

制作

1. 红枣洗净，去核，切块；大米、玉米淘净泡好。鸭肉洗净；切块，用料酒腌渍片刻。
2. 锅入油烧热，入鸭肉过油，倒入鲜汤，加大米、玉米，大火煮沸，下入红枣、姜末熬煮。
3. 改小火，待粥熬出香味，加盐调味，淋麻油，撒上葱花即可。

药粥解说 此粥可用于营养不良、水肿、低热、虚弱等症。

鸭腿萝卜粥

来源 民间方。

原料 鸭腿肉150克，胡萝卜、大米、鲜汤、盐、油、麻油、味精、葱花各适量。

制作

1. 胡萝卜洗净，切丁；大米淘净，浸泡30分钟后捞出沥干水分；鸭腿肉洗净，切块。
2. 油锅烧热，下入鸭腿肉过油，倒入鲜汤，放入大米，大火煮沸，转中火熬煮。
3. 下入胡萝卜，改小火慢熬成粥，加盐、味精调味，淋麻油，撒入葱花即可。

药粥解说 此粥有明目、加强肠蠕动、增强免疫力的功效。

鲫鱼玉米粥

来源 经验方。

原料 大米 80 克，鲫鱼、玉米粒、盐、味精、葱白丝、葱花、麻油、香醋各适量。

制作

1. 大米淘净，泡发；鲫鱼洗净后切小片，用料酒腌渍。玉米粒洗净备用。
2. 锅置火上，放入大米，加水煮至五成熟。
3. 加鱼肉、玉米、姜丝煮至米开花，加盐、味精、麻油、香醋调匀，入葱白丝、葱花便可。

食用禁忌 消化不良者慎用。

用法用量 每日早晚温热服用。

药粥解说 此粥有益肺宁心、清湿热、利肝胆的功效。可用来辅助治疗咳嗽等症。

健脾止咳 + 祛湿益气

青鱼芹菜粥

来源 民间方。

原料 大米、青鱼肉、芹菜、盐、味精、料酒、香油、枸杞、姜丝各适量。

制作

1. 大米淘净，放入清水中浸泡；青鱼肉洗净，用料酒腌渍；芹菜洗净切好。
2. 锅置火上，注入清水，放入大米煮至五成熟。
3. 放入鱼肉、姜丝、枸杞煮至粥将成，放入芹菜稍煮后加盐、味精、香油调匀便可。

药粥解说 芹菜有利咽喉、养精益气、补血健脾、降压镇静等功效，青鱼可益气补虚，枸杞滋阴生津。几者合煮成粥，可增强人体抵抗力，治疗虚咳。

润肺化痰 + 清喉补气

花生粥

来源 《粥谱》。

原料 粳米 100 克，花生仁 30 克，红枣 10 枚，白砂糖少许。

制作

1. 粳米淘洗干净，放入清水中浸泡 30 分钟；大枣洗净润透，去核；花生仁洗净碾碎。
2. 锅置火上，入水适量，放入粳米、大枣大火煮沸后转小火熬煮至九成熟时，加入花生末稍煮片刻，加入白砂糖调味即可。

药粥解说 此粥有健脾和胃、益气生津、润肺止咳的功效，还可用于辅助治疗因阴虚阳亢而导致的高血压。

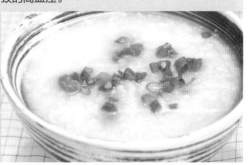

滋阴消肿 + 化痰润肺

贝母粥

来源 《资生录》。

原料 粳米 30 克，贝母粉 5 克，冰糖适量。

制作

1. 取粳米淘洗干净，放入清水中浸泡后熬煮。
2. 贝母洗净磨粉加入粥中。
3. 待粥将熟时，加入冰糖即可。

药粥解说 川贝母止咳化痰润肺功效最强。川贝母富含贝母碱、去氢贝母碱及多种生物碱等成分，具有润肺止咳化痰的作用。此粥可辅助治疗肺气肿等症。

止咳化痰 + 清热解毒

真君粥

来源 《山家清供》。

原料 粳米 50 克，成熟杏子 5 枚，冰糖适量。

制作

1. 取粳米淘洗干净，放入清水中浸泡 30 分钟。
2. 杏子洗净煮后去核，加入粳米中煮粥。
3. 待粳米将熟时，加入冰糖即可。

药粥解说 杏的果肉中含胡萝卜素和维生素较多，其中尤以维生素 C 和维生素 A 的含量最高。此外，还含有钙、磷、铁等无机物。此粥有润肺止咳的功效。

滋阴润燥 + 解酒消毒

蔗浆粥

来源 《采珍集》。

原料 粳米 50 克，甘蔗 500 克。

制作

1. 取粳米洗净熬煮。
2. 甘蔗洗净碾碎后取汁。
3. 待粥将熟时，加入甘蔗汁煮沸即可。

药粥解说 甘蔗可辅助治热病津伤、心烦口渴、反胃呕吐、肺燥咳嗽、大便燥结、醉酒等病症。与粳米合煮成粥不仅味道甘甜，还可解酒毒，具有很好的保健效用。

润肺止咳 + 减轻疲劳

松子粥

来源 民间方。

原料 粳米 180 克，松子 90 克，盐 4 克。

制作

1. 取粳米淘洗干净，放入清水中浸泡后煮粥。
2. 水沸后加入松子。
3. 粥将熟时加入盐，稍煮即可。

药粥解说 松子含有丰富的维生素 E 和铁质，因而不仅可以润肺止咳、减轻疲劳，还能延缓细胞老化、保持青春美丽、改善贫血等。此粥有润肺止咳之效。

降气消痰 + 和胃润肠

苏子粥

来源 《本草纲目》。

原料 粳米 50 克，苏子 5 克，红糖适量。

制作

1. 粳米淘洗干净，放入清水中浸泡 30 分钟；苏子碎泥备用。
2. 苏子碎、粳米加入红糖一起下锅煮成粥即可。

药粥解说 苏子可降气消痰、和胃润肠，用于咳嗽气喘、肠燥便秘、妊娠呕吐、胎动不安等症。此粥具有保健作用，口感甜蜜。尤其适宜老人和小孩服用。

润肺化痰 + 清热止咳

柿饼粥

来源 《随息居饮食谱》。

原料 粳米 50 克，柿饼 2~3 个。

制作

1. 粳米淘洗干净，放入清水中浸泡 30 分钟。
2. 柿饼切碎与粳米一同下入锅中，入水适量，大火煮沸后转小火熬煮成粥即可。

药粥解说 柿饼具有润肺化痰、健脾等功效。柿饼中含有丰富的营养物质。有降压止血、清热止咳等作用。粳米含蛋白质、糖类等营养成分，两者合煮粥可用于腹泻、便血等症。

哮喘

哮喘是一种慢性支气管疾病，病者的气管因为发炎而肿胀，呼吸管道变狭窄，因而导致呼吸困难，哮喘分为内源性哮喘和外源性哮喘。

☺食材推荐

| 核桃 | 莲子 | 白果 | 山药 |
| 白菜 | 西红柿 | 葡萄 | 瘦肉 |

症状表现

☑ **胸闷窒息**　　☑ **咳嗽**　　☑ **气促困难**　　☑ **呼气延长**　　☑ **伴有喘鸣**

疾病解读

哮喘病的发病原因很多，猫狗的皮垢、真菌等过敏源的侵入、微生物感染、过度疲劳、情绪波动大、气候寒冷导致呼吸道感染、天气突然变化或气压降低都可能导致哮喘病发作。

调理指南

哮喘患者宜选用麻黄、桔梗、紫菀、陈皮、佛手、香附、木香等能松弛气管平滑肌的药材。平时保持房间安静和整洁，居室内禁放花草、地毯等；生活中要避免刺激性气体，烟雾，灰尘和油烟等。

家庭小百科

哮喘急性发作怎么办？

1. 首先使病人安静下来，鼓励多饮温水，并轻拍背部，以利痰液咯出。

2. 给病人吸氧，用湿化瓶湿化氧气后再吸。

3. 使用平喘气雾剂，短期内不宜应用过多，以免引起心动过速等副作用。

4. 过敏因素引起的哮喘，可用抗过敏药物，同时积极寻找过敏源，避免吸入、接触或食用，从而防止哮喘复发。

最佳药材·半夏

【别名】地文、羊眼半夏、蝎子草、麻芋果、三步跳。

【性味】味辛、性温、有毒。

【归经】归脾、胃、肺经。

【功效】镇咳止喘、燥湿化痰、降逆止呕。

【禁忌】血症及阴虚燥咳、伤津口渴者忌用。半夏要遵循医嘱食用，以免中毒。

【挑选】优质半夏呈扁球形，暗黄色或褐色，表面粗糙、质硬而脆、气芳香浓郁。

核桃乌鸡粥

来源 经验方。

原料 乌鸡肉 200 克,核桃、大米、枸杞、姜末、鲜汤、油、盐、葱花各适量。

制作

1. 核桃去壳,取肉;大米淘洗干净,泡发;枸杞子洗净;乌鸡肉洗净,切块。

2. 锅烧热,爆香姜末,下入乌鸡肉过油,倒入鲜汤,下大米烧沸,下核桃肉和枸杞,熬煮。

3. 小火将粥焖煮好,调入盐调味,撒上葱花即可。

用法用量 需温热服用。早晚各 1 次。

药粥解说 乌鸡有滋阴、补肾、养血、益精、养肝、退热、补虚的作用。能调节人体免疫功能和抗衰老。乌鸡、核桃、大米合熬为粥,有润肺平喘的功效。

莲子葡萄萝卜粥

来源 经验方。

原料 莲子、葡萄各 25 克,胡萝卜丁少许,大米 100 克,白糖 5 克,葱花少许。

制作

1. 大米、莲子洗干净,放入清水中浸泡;胡萝卜丁洗净;葡萄去皮,去核,洗净。

2. 锅置火上,放入大米、莲子煮至七成熟。

3. 放入葡萄、胡萝卜丁煮至粥将成,加白糖撒上葱花便可。

药粥解说 莲子是常见的滋补之品,有很好的滋补作用。莲子中的钙、磷和钾含量非常丰富,有养心安神的功效,尤宜中年人食用。

瘦肉豌豆粥

来源 经验方。

原料 瘦肉、豌豆、大米、盐、鸡精、葱花、姜末、料酒、酱油、色拉油各适量。

制作

1. 豌豆洗净;瘦肉洗净,剁成末;大米用清水淘洗干净,用水浸泡 30 分钟,入锅,加清水烧开,改中火,放姜末、豌豆煮至米粒开花。

2. 放入猪肉熬至粥浓稠,加调料、葱花即可。

药粥解说 猪肉滋阴润燥、补虚养血,对热病伤津、便秘、咳嗽等病症有食疗的作用。豌豆有补中益气、利小便的功效。其合熬为粥,可治疗咳嗽、气喘等症。

山药冬菇瘦肉粥

来源 民间方。

原料 山药、冬菇、猪肉各100克，大米80克，
盐3克，味精1克，葱花5克。

制作

1. 冬菇泡发，切片；山药洗净，去皮切成块；猪
   肉洗净，切末；大米淘净，浸泡30分钟后，捞
   出沥干水分。

2. 锅中注水，下入大米、山药，大火烧开至粥冒
   气泡时，下入猪肉、冬菇煮至猪肉变熟。

3. 再改小火将粥熬好，调入盐、味精调味，撒上
   葱花即可。

药粥解说 此粥有补肾养血、滋阴润燥的功效，
对食欲不振、热病伤津、咳嗽、气喘等病有食疗
作用。

滋阴养血 + 补肾平喘

白果瘦肉粥

来源 民间方。

原料 白果20克，瘦肉50克，玉米粒、红枣、
大米、盐、味精、葱花各少许。

制作

1. 玉米粒洗净；瘦肉洗净，切丝；红枣洗净；
   大米淘净，泡好；白果去外壳，取心。

2. 锅中注水，下入大米、玉米、白果、红枣，
   大火烧开，改中火，下入猪肉煮至猪肉变熟。

3. 改小火熬煮成粥，加盐、味精、葱花即可。

药粥解说 白果可敛肺气、定喘咳；瘦肉有滋
阴润燥、补肾养血的功效，其合熬为粥，有润肺
平喘的功效。

润肺化痰 + 清喉补气

黑豆瘦肉粥

来源 民间方。

原料 大米、黑豆、猪瘦肉、皮蛋、盐、味
精、胡椒粉、香油、葱花各适量。

制作

1. 大米、黑豆洗净，放入清水中浸泡；猪瘦肉
   洗净切片；皮蛋去壳，洗净切丁。

2. 锅置火上，注入清水，放入大米、黑豆煮至
   五成熟，再放入猪肉、皮蛋煮至粥将成，加盐、
   味精、胡椒粉、香油调匀，撒上葱花即可。

药粥解说 此粥有祛风除湿、调中下气、活血、
解毒、利尿、明目等功效，对热病伤津、咳嗽等
病有食疗作用。

对症祛病篇

香菇白菜肉粥

来源 民间方。

原料 香菇 20 克，白菜、猪肉、枸杞、米、盐、味精、色拉油各适量。

制作

1. 香菇用清水洗净，对切；白菜洗净，切碎；猪肉洗净，切末；大米淘净泡好；枸杞洗净。
2. 锅中注水，下入大米，大火烧开，改中火，下入猪肉、香菇、白菜、枸杞煮至猪肉变熟。
3. 小火将粥熬好，调入盐、味精及少许色拉油调味即可。

药粥解说 香菇有补肝肾、健脾胃、益智安神的功效。白菜能润肠、排毒、预防肠癌。经常食用此粥能润肺平喘。

润肠排毒 + 润肺平喘

瘦肉西红柿粥

来源 民间方。

原料 西红柿 100 克，瘦肉 100 克，大米 80 克，盐、味精、葱花、香油各少许。

制作

1. 西红柿洗净，切成小块；猪瘦肉洗净切丝；大米淘净，泡 30 分钟。
2. 锅中放入大米，加适量清水，大火烧开，改用中火，下入猪肉，煮至猪肉变熟。
3. 改小火，放入西红柿，慢煮成粥，下入盐、味精调味，淋上香油，撒上葱花即可。

药粥解说 三者合熬为粥，有止咳、润肺平喘的功效。

温中益气 + 补精填髓

白菜鸡肉粥

来源 民间方。

原料 鸡肉 120 克，白菜 50 克，大米粥、料酒、油、鸡高汤、盐、葱花各适量。

制作

1. 鸡肉洗净切丁，料酒腌渍；白菜洗净，切丝。
2. 锅中加油烧热，下入鸡肉丁炒至发白后，再加入白菜炒熟，加盐调味。
3. 将大米粥倒入锅中，再加入鸡汤一起煮沸，下入炒好的鸡肉和白菜，加盐搅匀，撒上葱花即可食用。

药粥解说 此粥有通利肠胃、清热解毒、止咳化痰的功效。

润肺平喘 + 滑肠通便

杏仁粥

来源 《食医心鉴》。

原料 粳米 60 克，杏仁 20 克。

制作

1. 粳米淘洗干净，用清水浸泡 30~60 分钟后捞出沥水，备用。

2. 杏仁洗净，润透，放入锅中，加水适量，大火煮沸后转小火煎煮 15 分钟，滤去渣留杏仁汁备用。

3. 净锅置火上，入清水适量，下入粳米，兑入杏仁汁，大火煮沸后转小火熬煮至粥黏稠，即可盛碗食用。

食用禁忌 阴虚、大便溏泻者忌用。

用法用量 温热服用，早晚各 1 次。

药粥解说 杏仁，适用于干咳无痰、肺虚久咳及便秘者，因伤风感冒引起的多痰、咳嗽气喘、大便燥结者。

润肺止咳 + 醒酒降燥

蔗浆蜜粥

来源 《采珍集》。

原料 粳米 50 克，甘蔗 500 克，蜂蜜适量。

制作

1. 粳米淘洗干净，用清水浸泡 30 分钟，捞出沥水分，备用。

2. 甘蔗洗净，去皮，切成小块，放入榨汁机中榨取甘蔗汁备用。

3. 锅置火上，入水适量，下入粳米，大火煮沸后转小火熬煮至粥黏稠，兑入甘蔗汁，小火稍煮片刻。

4. 待粥稍凉后，调入蜂蜜拌匀，即可盛碗食用。

食用禁忌 糖尿病者忌服用。

用法用量 温热服用。

药粥解说 甘蔗可治热病津伤、心烦口渴、反胃呕吐、肺燥咳嗽、大便燥结、醉酒等病症。甘蔗与粳米合煮成粥不仅味道甘甜，还可解酒毒，具有很好的保健食用。

润肺健脾 + 燥热化痰

半夏山药粥

来源 《药性论》。

原料 山药干 40 克，大米 30 克，半夏 20 克。

制作

1. 取半夏洗净，润透，放入锅中置火上，加清水适量，大火煮沸后转小火煎煮 15 分钟，滤去渣留汁备用。

2. 大米淘净，用清水浸泡 30 分钟后捞出沥水，备用；山药干洗净，碾成粉。

3. 锅置火上，入水适量，下入大米，兑入药汁、山药粉，大火煮沸后转小火熬煮至粥黏稠，即可盛碗食用。

食用禁忌 孕妇慎服。

用法用量 温热服用，早晚各 1 次。

药粥解说 半夏有益脾胃气、消肿散结、除胸中痰涎的功效。山药与半夏结合可起到润肺健脾，燥热化痰。

和肾理气 + 润肺化痰

石菖蒲猪腰粥

来源 《圣济总录》。

原料 粳米 50 克，石菖蒲 25 克，猪腰 1 枚，葱白适量。

制作

1. 取粳米淘洗干净，用清水浸泡 30 分钟，捞出沥干水分，备用；猪腰、葱白洗净切好；石菖蒲洗净煎后取汁。

2. 锅置火上，入水适量，下入粳米、猪腰、葱白熬煮成粥。

3. 待粥将熟时，加入石菖蒲汁一同煮沸即可。

食用禁忌 血虚、多汗者忌服用。

用法用量 温热服用，每日 2 次。

药粥解说 猪腰有健肾补腰、和肾理气之功效。粳米有补中益气、健脾和胃、止泻痢的功效。猪腰与粳米、石菖蒲合煮成粥，可和肾理气、润肺化痰，还可辅助治疗神志不清、热病神昏、癫痫等症。

腹泻

腹泻是一种常见症状，是指排便次数明显超过平日习惯的频率，粪质稀薄，水分增加，每日排便量超过200克，或含未消化食物或脓血、黏液。

☺食材推荐

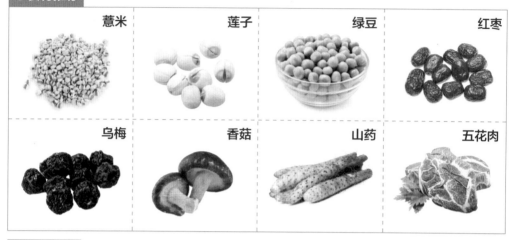

薏米	莲子	绿豆	红枣
乌梅	香菇	山药	五花肉

症状表现

☑ **腹痛**   ☑ **腹泻**   ☑ **呕吐**   ☑ **发热**   ☑ **头晕**   ☑ **面色苍白**   ☑ **肛门不适**   ☑ **大便失禁**

疾病解读

腹泻的病因多为细菌感染，人们在食用了被大肠杆菌、沙门菌、志贺氏菌等细菌污染的食品，或饮用了被细菌污染的饮料后就可能发生肠炎或菌痢，会出现不同程度的腹痛、腹泻、呕吐、里急后重、发热等症状。此外，着凉也会引起腹泻。

调理指南

腹泻患者应及时补充水分，最好喝一些糖水和盐水，避免身体里离子失衡。还要补充维生素。注意 B 族维生素和维生素 C 的补充。

家庭小百科

小儿腹泻避开哪些误区？

1. 给腹泻的宝宝滥用抗生素。抗生素药物使用不当会杀死肠道中的正常菌群，引起菌群紊乱，加重腹泻。

2. 给腹泻的宝宝禁食。禁食会加重脱水和酸中毒，并且进食太少，宝宝处于饥饿状态，会增加肠壁消化液的分泌也加重腹泻。

3. 给腹泻的宝宝喂富含蛋白质的食物。这类食品能引起肠道蠕动增强而致胀气，并加剧腹泻。

最佳药材 • *车前草*

【别名】当道、牛遗、车轮菜、地衣。

【性味】味甘、性寒、无毒。

【归经】归肝、肾、肺、小肠经。

【功效】降压止泻、清热利尿、抗菌消炎。

【禁忌】凡内伤劳倦，阳气下陷，肾虚精滑及内无湿热者慎服。

【挑选】优质车前草干燥、无杂质，叶呈绿色而卷曲，展开后呈椭圆形，花茎顶部留有花骨朵，气味淡，味苦而带黏液性。

红枣薏米粥

来源 民间方。

原料 红枣、薏米各 20 克，大米 70 克，白糖 3 克，葱 5 克。

制作

1. 大米、薏米均洗净泡发；红枣洗净，去核，切成小块；葱洗净，切成花。
2. 锅置火上，倒入清水，放入大米、薏米，以大火煮开。
3. 加红枣煮至粥成，撒葱花，调入白糖即可。

食用禁忌 孕妇忌食。

用法用量 每日温热服用 1 次。

药粥解说 红枣有健脾胃、补气养血的功效。薏米利尿、消水肿，两者与大米合熬为粥，有补脾止泻的功效。

利尿消肿 + 健脾止泻

山药薏米白菜粥

来源 民间方。

原料 山药、薏米各 20 克，白菜 30 克，大米 70 克，盐 2 克。

制作

1. 大米、薏米均淘洗干净泡发；山药洗净；白菜洗净，切丝。
2. 锅置火上，倒入清水，放入大米、薏米、山药，以大火煮开，加入白菜煮至浓稠状，调入盐拌匀即可盛碗食用。

药粥解说 山药含有淀粉酶、多酚氧化酶、维生素 C 等营养成分，适用于慢性肾炎、长期腹泻者食用。

清热解毒 + 消暑止渴

薏米绿豆粥

来源 经验方。

原料 大米 60 克，薏米 40 克，玉米粒、绿豆各 30 克，盐 2 克。

制作

1. 大米、薏米、绿豆均洗净泡发；玉米粒洗净。
2. 锅置火上，倒入适量清水，放入大米、薏米、绿豆，以大火煮至开花。
3. 加入玉米粒转小火熬煮至浓稠状，调入盐拌匀即可盛碗食用。

药粥解说 玉米在所有主食中，其营养价值和保健作用是最高的。长期食用此粥，能辅助治疗腹泻等症。

黄花瘦肉粥

来源 经验方。

原料 干黄花菜50克,瘦猪肉、大米、盐、味精、姜末、葱花各适量。

制作

1. 猪肉洗净,切丝;干黄花菜用温水泡发,切成小段;大米淘净,浸泡30分钟后捞出沥干水分。

2. 锅中注水,下入大米,大火烧开,改中火,下入猪肉、黄花菜、姜末,煮至猪肉变熟。

3. 小火将粥熬好,调入盐、味精调味,撒上葱花即可。

食用禁忌 需温热服用。

用法用量 每日1次。

药粥解说 黄花菜有清热利尿、解毒消肿的功效。瘦肉有补肾养血、滋阴润燥的功效。两者合煮成粥滋补养胃的功效更佳。

家常鸡腿粥

来源 民间方。

原料 大米80克,鸡腿肉200克,料酒5毫升,盐3克,胡椒粉2克,葱花3克。

制作

1. 大米淘净泡发;鸡腿肉洗干净,切成小块,用料酒腌渍片刻。

2. 锅中加入适量清水,下入大米以大火煮沸,放入腌好的鸡腿,中火熬煮至米粒软散。

3. 改小火,待粥熬出香味时,加盐、胡椒粉调味,放入葱花即可。

食用禁忌 胆囊炎患者忌食。

用法用量 每日温热服用1次。

药粥解说 鸡肉含有补脾益气、养血补肾的功效。鸡肉与有补中益气、健脾养胃、益精强志功效的大米合熬为粥,可以滋养身体,适用于腹泻等症。

鸡腿瘦肉粥

来源 经验方。

原料 鸡腿肉、猪肉、大米、姜丝、盐、味精、葱花、麻油各适量。

制作

1. 猪肉洗净，切片；大米淘洗干净，泡好；鸡腿肉洗净，切小块。

2. 锅中注水，下入大米，大火煮沸，放入鸡腿肉、猪肉、姜丝，中火熬煮至米粒软散。

3. 小火将粥熬煮至浓稠，调入盐、味精调味，淋麻油，撒入葱花即可。

食用禁忌 胆囊炎患者忌食。

用法用量 每日温热服用1次。

药粥解说 鸡肉有补脾益气、养血补肾的功效；猪肉有补肾养血、滋阴润燥的功效。两者合煮成粥适宜腹泻患者食用。

香菇鸡腿粥

来源 民间方。

原料 鲜香菇、鸡腿肉、大米、姜丝、葱花、盐、油、胡椒粉各适量。

制作

1. 鲜香菇洗净，切成细丝；大米淘净泡发；鸡腿肉洗净，切块，再下入油锅中过油后，盛出备用。

2. 砂锅中加入清水，下入大米，大火煮沸，放入香菇、姜丝，中火熬煮至米粒开花。

3. 再加入炒好的鸡腿肉，熬煮成粥，调入盐、胡椒粉调味，撒上葱花即可。

食用禁忌 胆囊炎患者忌食。

用法用量 每日食用1次。

药粥解说 香菇有提高机体免疫力、延缓衰老等功效。香菇与有补脾益气、养血补肾功效的鸡腿肉合熬为粥，有提高免疫力、止泻的功效。

温热脾胃 + 散寒祛湿

附子粥

来源 《太平圣惠经》。

原料 粳米 50 克，制附子、干姜各 3 克，葱白 5 克，红糖适量。

制作

1. 制附子、干姜洗净煎后取汁。
2. 粳米淘净，用水浸泡 30 分钟，与葱白、红糖、药汁同煮成粥即可。

药粥解说 制附子有散寒祛湿、健脾益肾等作用。此粥用于寒湿引起的痢疾、脘腹疼痛等症。干姜有和中暖胃的作用。孕妇禁食。

止泻健脾 + 帮助消化

金樱子粥

来源 《饮食辨录》。

原料 粳米 100 克，金樱子 15 克。

制作

1. 粳米淘洗干净，浸泡 30 分钟，备用。
2. 金樱子洗净，润透，放入锅中，加水适量，大火煮沸后转小火煎煮 15 分钟，滤去渣留汁，药汁与粳米同煮成粥即可。

药粥解说 金樱子能促进胃液分泌、帮助消化，且对肠黏膜有收敛作用，能减少分泌，抑止腹泻。此粥虽疗效显著，但不宜长期服用。

开胃涩肠 + 消炎止痢

乌梅粥

来源 《圣济总录》。

原料 粳米 50 克，乌梅 15 克，冰糖适量。

制作

1. 取粳米淘洗干净，放入清水中浸泡 30 分钟，放入锅中熬煮。
2. 乌梅洗净煮后取汁，汁同粳米一起煮。
3. 待粥将熟时，加入冰糖煮沸即可。

药粥解说 乌梅有生津止渴、开胃涩肠、消炎止痢之效，适宜虚热口渴、胃酸缺乏、消化不良、慢性痢疾肠炎、胆道蛔虫者以及肝病患者食用。

温中下气 + 散寒除湿

椒面粥

来源 《普济方》。

原料 白面粉 100 克，生姜 3 片，蜀椒 5 克。

制作

1. 蜀椒洗净，晾干磨成粉；面粉置碗中注入水搅成面糊，备用。
2. 锅置火上入水煮沸，放入生姜，淋入面糊搅匀煮沸，撒上椒粉即可。

药粥解说 辣椒不仅能增强人的体力，缓解疲劳；还有温中下气、散寒除湿的作用。此粥对脾胃虚寒腹泻者有极好的效果。

温胃散寒 + 补益气血

大枣粥

来源 《圣济总录》。

原料 大枣 30 克，粳米 100 克，冰糖适量。

制作

1. 取粳米淘洗干净，放入清水中浸泡 30 分钟，备用；大枣洗净，润透，去核，与粳米共煮至熟烂成粥。
2. 粥熟后调入冰糖即可。

药粥解说 大枣有补益气血、保肝、增加肌力、催眠、降压的功效，它不仅能提高免疫力、延长寿命，还能治疗气血津液不足、补脾和胃。

止泻抗菌 + 清热利尿

车前叶粥

来源 《圣济总录》。

原料 粳米 50 克，葱白 3 克，新鲜车前叶 30 克。

制作

1. 先取粳米洗净熬煮。
2. 车前叶，葱白洗净切好煮后取汁。
3. 加入药汁与粳米同煮粥即可。

药粥解说 车前叶有止泻、抗菌、消炎等作用。粳米有助于肠胃蠕动。两者结合治疗肠道症状效果极佳。车前叶还可以治疗慢性气管炎、高血压等症。

痢疾

痢疾古称肠辟、滞下，为急性肠道传染病之一。以腹痛腹泻、里急后重、排白脓、血便等为主要证候。日夜数次至数十次不等，多发于夏秋季节。

☺食材推荐

| 苋菜 | 豆芽 | 黄瓜 | 山药 |
| 杨桃 | 红薯 | 小米 | 绿豆 |

对症祛病篇

症状表现

☑ **发热**　　☑ **腹痛**　　☑ **里急后重**　　☑ **大便脓血**

疾病解读

痢疾主要是由饮食不节或误食不洁之物，伤及脾胃，湿热疫毒趁机入侵、壅滞肠胃、熏灼脉络，致使气血凝滞化脓而发病。

调理指南

痢疾急性发病阶段应给予清淡的流质或半流质饮食；病情稳定的时候，可食用些营养丰富、易于消化的半流质食物；患病期间要补充淡盐水，以维持体内电解质的平衡。急性发病阶段应忌食油腻、辛辣食物；恢复期间不要暴饮暴食。

家庭小百科

痢疾如何预防？

1. 保持所在之处及食物器皿清洁，并把垃圾妥为弃置，烹调食物时要穿着清洁、可洗涤的围裙，戴上帽子。
2. 保持双手清洁，经常修剪指甲，进食或处理食物前，应用肥皂及清水洗净双手。
3. 食物清洗煮透，饮用水也应煮沸后饮用。
4. 感染此病者及无症状的带菌者均不应烹调食物和照顾儿童。

最佳药材·大蒜

【别名】蒜头、大蒜头、胡蒜、独蒜、独头蒜。

【性味】温，辛、甘。入脾、胃、肺经。

【归经】归肝、胃、大肠经。

【功效】行气消积，杀虫解毒。用于感冒、菌痢、阿米巴痢疾、肠炎、饮食积滞、痈肿疮疡。

【禁忌】阴虚火旺者，以及目疾、口齿、喉、舌诸患和时行病后均忌食。

【挑选】应选个头大、瓣少、整齐、分量重，蒜瓣不发芽、无臭味、干燥者为好。

山药黑豆粥

来源 经验方。

原料 大米60克，山药、黑豆、玉米粒各适量，薏米30克，盐2克，葱8克。

制作

1. 大米、薏米、黑豆均洗净泡发；山药、玉米粒均洗净，再将山药切成小丁；葱洗净，切花。
2. 锅置火上，倒入清水，放入大米、薏米、黑豆、玉米粒，以大火煮至开花。
3. 加入山药丁煮至浓稠状，调入盐拌匀，撒上葱花即可。

药粥解说 黑豆有祛风除湿、调中下气、活血、解毒、利尿、明目等功效。山药与黑豆同煮粥，有养胃护胃、防治痢疾的作用。

抗菌止泻 + 消炎消肿

绿豆苋菜枸杞粥

来源 经验方。

原料 大米、绿豆各40克，苋菜30克，枸杞5克，冰糖10克。

制作

1. 大米、绿豆均泡发洗净；苋菜洗净，切碎；枸杞洗净，备用。
2. 锅置火上，倒入清水，放入大米、绿豆、枸杞煮至开花。
3. 待煮至浓稠状时，加入苋菜、冰糖稍煮即可。

药粥解说 苋菜具有解毒清热、抗菌止泻、消炎消肿等功效。绿豆、苋菜、枸杞三者同煮粥，有增强人体免疫、消炎止痛、防治痢疾的作用。

温中益气 + 补精填髓

豆芽豆腐粥

来源 民间方。

原料 大米100，黄豆芽15克，豆腐30克，盐2克，香油5毫升，葱少许。

制作

1. 豆腐洗净，切块；黄豆芽洗净；大米淘洗干净泡发；葱洗净，切花。
2. 锅置火上，注水后放入大米，用大火煮至米粒完全绽开，放入黄豆芽、豆腐，改用小火煮至粥成，调入盐、香油入味，撒上葱花即可。

药粥解说 豆腐含有蛋白质、碳水化合物、维生素和矿物质等。此粥具有温中补气、防治痢疾的功效。

黄瓜芦荟大米粥

来源 经验方。

原料 黄瓜、芦荟各 20 克，大米 80 克，盐 2 克，葱少许。

制作

1. 大米洗净，泡发；芦荟洗净，切成小粒备用；黄瓜洗净，切成小块；葱洗净，切花。
2. 锅置火上注入水，放入大米煮至米粒熟烂后，放入芦荟、黄瓜。
3. 用小火煮至粥成时，调盐、葱花即可。

食用禁忌 腹痛、肺寒咳嗽者慎食。

用法用量 温热服用，每日 1 次。

药粥解说 常食黄瓜有增强免疫力、养颜护肤的功效。此粥有调理胃肠的作用。

防治痢疾 + 健脾和胃

杨桃西米粥

来源 民间方。

原料 杨桃、胡萝卜各 30 克，西米 70 克，白糖 4 克。

制作

1. 西米洗净泡发；杨桃、胡萝卜均洗净，切丁。
2. 锅置火上，倒入清水，放入西米煮开。
3. 加入杨桃、胡萝卜同煮至浓稠状，调入白糖拌匀即可食用。

药粥解说 杨桃中所含的大量糖类及维生素、有机酸等，是人体生命活动的重要物质，常食之，可补充机体营养，增强机体的抗病能力。与西米合煮成粥具有清热止渴，具抗癌、补养功用。

健脾和中 + 除湿止泻

红薯小米粥

来源 经验方。

原料 红薯 20 克，小米 90 克，白糖 4 克。

制作

1. 红薯去皮洗净，切小块；小米洗净泡发。
2. 锅置火上，注入清水，放入小米，用大火煮至米粒绽开。
3. 放入红薯，用小火煮至粥浓稠时，调入白糖入味即可。

药粥解说 红薯的蛋白质含量高，可弥补大米、白面中的营养缺失，经常食用，使人身体健康，延年益寿，红薯所含的膳食纤维也比较多，对促进胃肠蠕动和防治痢疾非常有益。

高脂血症

高脂血症是血脂异常的通称，如果符合以下一项或几项，就患有高脂血症：总胆固醇、甘油三酯过高；低密度脂蛋白胆固醇过高；高密度脂蛋白胆固醇过低。

☺ 食材推荐

| 南瓜 | 白萝卜 | 洋葱 | 山药 |
| 木耳 | 山楂 | 玉米 | 燕麦 |

症状表现

☑ **头晕**　　☑ **头痛**　　☑ **胸闷**　　☑ **心痛**　　☑ **乏力**

疾病解读

高脂血症和饮食习惯密切相关，因偏食、暴饮暴食造成的肥胖，饮食不规律或嗜酒成癖，是引发高脂血症的重要因素。长期精神紧张，导致内分泌代谢紊乱，天长日久形成高脂血症。

调理指南

患有高脂血症的患者主食应以粗粮为主，如小米、玉米、燕麦、豆类等；平时生活中也应避免过度紧张。因为情绪紧张、过度兴奋，可以引起血中胆固醇及甘油三酯含量增高。

家庭小百科

降脂药何时吃效果好？

他汀类降脂药物正确的用法是空腹服用，一般在饭后 3~4 个小时或饭前 30 分钟服用效果最好。患者担心引起胃肠不良反应，害怕空腹服药会出现恶心、呕吐等不适，往往选择吃饭时或饭后服用，认为这样更安全。其实，他汀类药物副作用较轻，多数患者可以耐受。与之相反，吃饭时或饭后服用他汀类药物，虽能防止或减轻恶心等症状，但极可能会导致腹痛、腹泻等不良反应。

最佳药材·山楂

- 【别名】山楂红、红果、胭脂果、棠棣。
- 【性味】味甘、性温、无毒。
- 【归经】归脾、胃、肝经。
- 【功效】消食健胃、活血化淤、降压降脂。
- 【禁忌】孕妇、儿童、胃酸分泌过多者、病后体虚及患牙病者不宜食用。
- 【挑选】好的山楂果皮亮红、表皮上多有点，果点密而粗糙的酸，小而光滑的甜。有虫眼的不宜选购。

红枣双米粥

来源 民间方。

原料 红枣、桂圆干各适量，黑米 70 克，薏米 30 克，白糖适量。

制作

1. 黑米、薏米均淘洗干净，用清水浸泡 1 小时；桂圆干洗净，用清水浸泡 30 分钟；红枣洗净，润透，去核，切片。
2. 锅置火上，倒入清水适量，放入黑米、薏米大火煮开。
3. 加入桂圆干、红枣片同煮至浓稠状，调入白糖，即可盛碗食用。

食用禁忌 湿热内盛者忌食。

用法用量 温热服用，早晚各 1 次。

药粥解说 红枣富含维生素 C，可有效降低血中的胆固醇，软化血管；薏米可降低血液中的胆固醇，能有效预防高血压、高脂血症、脑卒中。

红枣莲子大米粥

来源 经验方。

原料 红枣、莲子各 20 克，大米 100 克，白糖 5 克。

制作

1. 大米、莲子分别洗净，用清水浸泡 30 分钟；红枣洗净，润透去核。
2. 锅置火上，放入大米、莲子，加适量清水煮至八成熟。
3. 放入红枣煮至米粒开花，加白糖稍煮便可。

食用禁忌 便秘、消化不良、腹胀者忌用。

用法用量 每日 1 次。

药粥解说 莲子中含有丰富的营养成分，有养心安神，益脾补肾等功效。红枣有降低血压、软化血管的作用，因此红枣是高血压、高脂血症患者的保健食品。红枣、莲子、大米三者熬煮成粥具有降低血脂的功效。

燕麦南瓜豌豆粥

来源 民间方。

原料 燕麦 40 克，南瓜、豌豆各 30 克，大米 50 克，白糖 4 克。

制作

1. 大米、燕麦均洗净泡发；南瓜去皮洗净，切丁；豌豆洗净。

2. 锅置火上，倒入清水，放入大米、南瓜、豌豆、燕麦煮开，待煮至浓稠状时，调入白糖拌匀即可。

食用禁忌 诸无所忌。

用法用量 温热服用，每日1次。

药粥解说 燕麦富含皂苷素的作物，可以调节人体的胃肠功能，降低胆固醇。经常食用此粥，可有效防治高脂血症、高血压和心脑血管疾病。

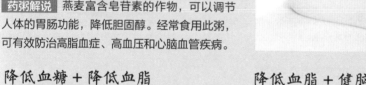

降低血糖 + 降低血脂

白萝卜山药粥

来源 民间方。

原料 白萝卜 20 克，山药 30 克，青菜少许，大米 90 克，盐 3 克。

制作

1. 山药去皮洗净切块；白萝卜洗净切块；大米泡发洗净；青菜洗净，切碎。

2. 锅置火上，注入清水，放入大米，用大火煮至米粒开花。

3. 放入山药、白萝卜，用小火煮至粥浓稠时，再下入青菜，煮至菜熟后，加盐调味即可食用。

药粥解说 此粥适合糖尿病、高脂血症、肥胖症患者食用。

降低血脂 + 健脑益智

豆腐山药粥

来源 经验方。

原料 大米 90 克，山药 30 克，豆腐 40 克，盐、味精、香油、葱各少许。

制作

1. 大米淘洗干净，泡发，山药去皮洗净，切块；豆腐洗净，切块；葱洗净切花。

2. 锅置火上，注入水后，放入大米用大火煮至米粒开花。

3. 放入山药、豆腐，改用小火煮至粥成，放入盐、味精、香油入味，撒上葱花即可。

药粥解说 此粥对降低血压和降低血脂有很大的帮助。

芝麻麦仁粥

来源 经验方。

原料 黑芝麻20克，麦仁80克，白糖3克。

制作

1. 麦仁泡发洗净；黑芝麻洗净。

2. 锅置火上，倒入清水，放入麦仁煮开。

3. 加入黑芝麻同煮至浓稠状，调入白糖拌匀即可。

食用禁忌 患有慢性肠炎、便溏腹泻、阳痿、遗精等病症的人慎服。

用法用量 温热服用，可当早餐来食用。

药粥解说 芝麻含有丰富的亚油酸和膳食纤维，具有调节胆固醇、降低血脂的作用。因此本粥含有亚油酸等不饱和脂肪酸，可降低胆固醇，降低血脂，防止动脉硬化。

対症祛病篇

滋阴补肾 + 降低血脂

虾仁干贝粥

来源 民间方。

原料 大米100克，虾仁、干贝各20克，盐3克，香菜、葱花、酱油各适量。

制作

1. 大米、虾仁、干贝洗净泡发。

2. 锅中注适量水，加入虾仁、干贝、大米，同煮。

3. 粥成时，加入盐、香菜、葱花、酱油，煮沸即可。

药粥解说 虾仁有预防高血压及心肌梗死等效用。干贝有滋阴补肾、降低血脂等功效。干贝还可预防癌症。大米有补中益气、健脾养胃、益精强志的功效。三者合煮粥口味极佳，是很好的保健食品。

益气补血 + 健脾和胃

菠菜山楂粥

来源 民间方。

原料 菠菜25克，山楂20克，大米100克，冰糖5克。

制作

1. 先取大米淘洗干净后用清水浸泡30分钟，山楂洗净，备用；菠菜择洗干净，切断。

2. 砂锅置火上，加入山楂、大米大火煮沸后转小火熬煮至粥黏稠，加入菠菜、冰糖煮沸即可。

药粥解说 菠菜有促进人体的新陈代谢之效。山楂可健胃消食、行气散淤。此粥适宜饮食积滞、脘腹胀痛、泄泻痢疾、血淤痛经、经闭、产后腹痛、恶露不尽、疝气或睾丸肿痛、高脂血患者食用。

润肠通便＋降低血脂

萝卜包菜酸奶粥

来源 民间方。

原料 大米70克，胡萝卜、包菜各适量，酸奶10克，盐3克，面粉20克。

制作

1. 大米洗净泡发；胡萝卜、包菜分别洗净切碎。
2. 锅入水，加入面粉与大米同煮至粥将熟时，加入胡萝卜、包菜、酸奶、盐煮沸即可。

药粥解说 酸奶有刺激胃酸分泌、提高食欲、增强胃肠的消化功能。胡萝卜有润肠通便、降低血脂之效。此粥可用来辅助治疗十二指肠溃疡。

消脂降压＋防癌抗癌

洋葱大蒜粥

来源 民间方。

原料 大米90克，洋葱、大蒜各15克，盐2克，味精1克，葱、姜少量。

制作

1. 大米洗净泡发；大蒜、洋葱分别洗净切碎。
2. 锅中入水，加入大米、大蒜、洋葱，同煮至粥将熟时，加入盐、味精、葱、姜，煮沸即可。

药粥解说 洋葱可以降血脂，防治动脉硬化。它含有一种叫硒的抗氧化剂，有助于人体产生大量的谷胱甘肽，能让癌症发生率大大下降。

益气养血＋治疗失眠

桂圆胡萝卜大米粥

来源 民间方。

原料 大米100克，桂圆、胡萝卜各适量，白糖15克。

制作

1. 大米淘洗干净，泡发；桂圆去壳洗净；胡萝卜洗净切碎。
2. 锅置火上，注入水适量，加入桂圆、胡萝卜、大米，同煮成粥，粥将熟时，加入白糖调味，即可盛碗食用。

药粥解说 桂圆可益气养血，缓解失眠、心悸等症。胡萝卜有健脾和胃、补肝明目之效，此粥对胃肠不适、便秘等症有食疗作用。

润肠通便＋降低血脂

肉末紫菜豌豆粥

来源 民间方。

原料 大米100克，猪肉50克，胡萝卜、豌豆、紫菜各20克，盐、鸡精各适量。

制作

1. 大米淘洗干净，泡发；胡萝卜洗净切块；猪肉洗净切末。
2. 锅中注水，加入胡萝卜、猪肉、紫菜、豌豆、大米，同煮，粥熟时加入盐、鸡精调味，即可盛碗食用。

药粥解说 猪肉可滋阴润燥、保持皮肤弹性。胡萝卜有润肠通便、降低血脂等功效。豌豆中含有丰富的营养物质，可增强人体免疫力。

止咳益肺 + 降低血脂

猪肺青豆粥

来源 民间方。

原料 大米、猪肺、青豆、胡萝卜、姜丝、盐、鸡精、香油各适量。

制作

1. 大米洗净泡发，猪肺、青豆、胡萝卜分别洗净切碎。

2. 锅中入水适量，加入大米煮沸，加入青豆、猪肺、胡萝卜，同煮至粥将熟时加入姜丝、盐、鸡精、香油，煮沸即可。

药粥解说 猪肺止咳益肺。青豆可预防心血管疾病。此粥可降低血液中的胆固醇。

降脂降压 + 滋阴补肾

鸡肉香菇干贝粥

来源 民间方。

原料 大米80克，熟鸡肉150克，香菇60克，干贝50克，盐3克，香菜适量。

制作

1. 大米、香菇、干贝分别洗净。

2. 锅中注入适量清水，加入香菇、干贝、大米，同煮，粥将熟时加入切好的熟鸡肉、盐、香菜煮沸，即可。

药粥解说 香菇有降低血脂、延缓衰老、提高免疫力之效。干贝可滋阴补肾、降低血脂。故此粥适合各类人群，尤其是男性食用。

益气养血 + 柔筋利骨

鲳鱼豆腐粥

来源 民间方。

原料 大米、鲳鱼、豆腐、盐、味精、香菜叶、葱花、香油、料酒各适量。

制作

1. 大米洗净，鲳鱼洗净切好后用料酒腌制。

2. 锅中注入适量清水，加入大米、鲳鱼，同煮。

3. 粥将熟加入豆腐、香菜叶、盐、味精、葱花、姜丝、香油煮沸即可。

药粥解说 鲳鱼肉质鲜嫩，营养丰富，具有益气养血、柔筋利骨、降低胆固醇的功效，对高脂血、高胆固醇的人来说是一种不错的鱼类食品。

消脂明目 + 保护肝脏

大米决明子粥

来源 民间方。

原料 大米100克，决明子适量，盐2克，葱末8克。

制作

1. 大米、决明子均洗净；决明子煮水去渣留汁。

2. 锅中注入清水，加入大米、决明子汁同煮。

3. 粥将熟时加入切好的熟鸡肉、盐、香菜稍煮片刻，即可盛碗食用。

药粥解说 决明子含有大量的化学成分，可以抗菌，降低血脂，保护肝脏，有明目养生的作用。此粥适合各类人群，尤其是老年人食用。

益气补虚 + 化痰清燥

豆浆粥

来源 《本草纲目拾遗》。

原料 粳米 50 克，豆浆汁 500 克，盐适量。

制作

1. 粳米淘净，用清水浸泡 30 分钟后捞出沥水，备用。
2. 砂锅置火上入水，兑入豆浆汁，下入粳米大火煮沸后转小火熬煮至粥黏稠，加盐调味，即可盛碗食用。

食用禁忌 胃寒脾虚者忌服用。

用法用量 温热服用，每日 2 次。

药粥解说 粳米有补中益气、健脾和胃的功效；豆浆有化痰清燥等作用。豆浆中含有丰富的营养物质。既可以延缓衰老，又可以美容养颜。常喝此粥具有保健的效果，且易于消化吸收。豆浆是防治高脂血症、高血压、动脉硬化、缺铁性贫血、气喘等疾病的理想食品。

润肺 + 补气血

山楂木耳粥

来源 《经验方》。

原料 粳米 50 克，木耳 5 克，山楂 30 克，白砂糖适量。

制作

1. 粳米淘净，用清水浸泡 30 分钟后捞出沥水，备用；木耳用水泡发，撕成小朵，备用；山楂洗净，切片。
2. 砂锅置火上，入水适量，下入粳米、山楂片、木耳，大火煮沸后转小火熬煮至粥黏稠，加入白砂糖调味即可。

食用禁忌 孕妇慎食。

用法用量 温热服用，每日 2~3 次。

药粥解说 山楂有消食、调节血脂血压等功效。木耳有润肺、补气血等功效。粳米有补中益气、健脾和胃的功效。此粥不仅有治疗的作用，还具有保健的疗效。

除湿清热 + 保护肝脏

泽泻粥

来源 民间方。

原料 粳米 50 克，泽泻 20 克，糖适量。

制作

1. 粳米淘净，用清水浸泡 30 分钟后捞出沥水，备用。
2. 取泽泻洗净，润透，放入锅中置火上，加清水适量，大火煮沸后转小火煎煮 15 分钟，滤去渣留汁备用。
3. 锅置火上，入水适量，下入粳米，兑入药汁，大火煮沸后转小火熬煮至粥黏稠，加入糖煮沸即可。

食用禁忌 阴虚者忌服用。

用法用量 每日 1~2 次。

药粥解说 泽泻有除湿清热、保护肝脏、利尿等效用。粳米能补气，也有助于发挥泽泻的药效，两者合煮成粥，具有降血脂、利尿、预防心血管疾病的作用。

美容养颜 + 滋阴降脂

白木耳粥

来源 《食医心境》。

原料 粳米 100 克，薤白 5 克，白木耳 20 克。

制作

1. 粳米淘净，用清水浸泡 30 分钟后捞出沥水，备用；白木耳、薤白洗净，白木耳用水泡发，撕成小朵，备用。
2. 砂锅置火上，入水适量，放入粳米、白木耳、薤白，大火煮沸后转小火熬煮至粥黏稠，即可盛碗食用。

食用禁忌 发热病人不宜多食。

用法用量 温热服用。每日 1 次。

药粥解说 薤白含有大蒜辣素，其主要成分为硫化丙烯，具有降脂作用，且性味辛温，能温阳散结，可用来治疗高胆固醇和高脂血症。薤白还有抑菌、消炎等功效。粳米有补气的作用。白木耳有滋阴、美容、养颜、保健的功效。三者合煮成粥，不仅有降脂之效，还可养颜美容。

三七首乌粥

来源 《大众医学》。

原料 粳米100克，三七5克，制何首乌40克，大枣2~3颗，冰糖适量。

制作

1. 粳米洗净泡发；三七、何首乌洗净煎后取汁。
2. 锅中注入适量清水，放入粳米、药汁同煮。
3. 粥将熟时加入大枣，冰糖同煮沸即可。

药粥解说 何首乌有养肝益肾、防治脱发、降低血脂等效用。此粥不仅具有治疗作用，还有保健功效。

玉米须荷叶粥

来源 民间方。

原料 大米80克，玉米须、荷叶各适量，盐2克。

制作

1. 大米淘洗干净，用水浸泡30分钟；玉米须、鲜荷叶洗净。
2. 三者同煮成粥后，加入盐调味，煮沸即可。

药粥解说 玉米须有清热、利尿、降低血压血脂、利胆等作用。荷叶有清热解暑、止血的作用。此外荷叶还可以起到降血压、降血脂的效用。对于女性来讲，荷叶有瘦身的功效。

双色大米粥

来源 民间方。

原料 大米70克，黑豆、豌豆各25克，浮萍适量，盐2克。

制作

1. 大米、黑豆、豌豆均洗净泡发；浮萍洗净煮后取汁。
2. 锅中注入适量清水，加入大米、黑豆、豌豆和浮萍汁，同煮。

药粥解说 黑豆有补肾、健脾、清热解毒、软化血管、降低血脂的功效。

梅肉山楂青菜甜粥

来源 民间方。

原料 大米100克，乌梅、山楂各20克，青菜10克，冰糖5克。

制作

1. 大米洗净泡发；乌梅、山楂、青菜分别洗净切碎备用。
2. 锅中注入适量清水，加入大米、乌梅、山楂、青菜，粥将熟时加入冰糖煮沸即可。

药粥解说 山楂可消食健脾、降低血脂。青菜有降低血脂、润肠通便等作用。

竹荪笋丝粥

来源 民间方。

原料 莴笋100克，大米、鸡蛋液各80克，竹荪30克，盐3克，味精、葱花、枸杞各适量。

制作

1. 大米淘洗干净，用清水浸泡30分钟后，置火上熬煮成粥。
2. 莴笋、竹荪均洗净切好，放入大米粥中稍煮片刻，淋入鸡蛋液煮沸。
3. 加入盐、味精、葱花、枸杞子，煮沸即可。

萝卜粥

来源 《本草纲目》。

原料 白米50克，大白萝卜1个。

制作

1. 大米淘洗干净，用清水浸泡30分钟，备用；萝卜洗净切块。
2. 锅中注入适量清水，加入大米、萝卜，煮至米烂开花即可。

药粥解说 萝卜含有丰富的营养物质。可以降低血压、软化血管、保护视力。与大米合煮成粥，保健作用更佳。

高血压

为静息状态下动脉收缩压和舒张压增高的病症，常伴有心、脑、肾、视网膜等器官功能性或者器质性改变以及脂肪和糖代谢紊乱等现象。

☺食材推荐

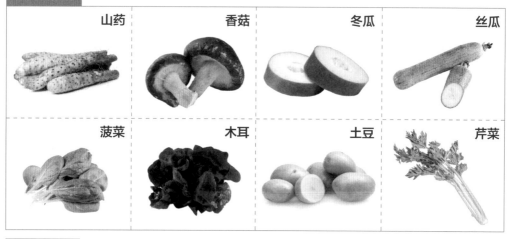

山药	香菇	冬瓜	丝瓜
菠菜	木耳	土豆	芹菜

症状表现

☑ 头晕	☑ 头痛	☑ 心悸	☑ 烦躁	☑ 失眠	☑ 恶心	☑ 呕吐	☑ 耳鸣

疾病解读

高血压可分为原发性高血压症和继发性高血压症。高血压的发生不仅与遗传因素有关，还与后天的环境、饮食、药物等因素使高级神经中枢调节血压功能紊乱所引起。

调理指南

血压高低是由前列腺素来调节，若前列腺素受到氧自由基的损害而降低活力就会出现高血压，故通过清除氧自由基可适当预防和改善高血压症状。还可通过防止血液黏稠来改善高血压症状。

家庭小百科

高血压应注意 4 大元凶

1. 吸烟和过量饮酒。吸烟与心肌梗死、中风明显相关，过量饮酒易诱发高血压等症。
2. 不运动。3/4 的人因肥胖导致高血压。
3. 认为"油多不坏菜"，且天天都很"咸"。油多使血脂升高、动脉硬化、体重增加，会导致肥胖；盐是公认的"秘密杀手"。
4. 常生无名之火。这是中年人常发生的问题。火气大、心动过速(>80 次/分)，易导致血压升高。

最佳药材·葛根

【别名】葛薯、粉葛、野葛、野葛藤、葛条。

【性味】味甘辛、性凉、无毒。

【归经】归脾、胃经。

【功效】抗癌降压、解热消炎、提高免疫。

【禁忌】葛根性凉，故胃寒者应谨慎食用，低血压和心脏过缓的患者应谨慎食用。

【挑选】选购葛根时以块大、质紧实、粉性足者为佳。好的葛根除去外皮后呈黄白色或淡黄色，质坚硬而重，纤维性弱。

干贝鸭粥

来源 民间方。

原料 大米120克，鸭肉80克，干贝120克，盐3克，味精1克，香菜、枸杞、香油各少量。

制作

1. 取大米洗净泡发备用。
2. 过油好的鸭肉与大米一同煮粥。
3. 粥将熟时加入干贝、盐、味精、香菜、枸杞、香油，煮沸即可。

食用禁忌 阴虚痰热者忌服用。

用法用量 每日1次。

药粥解说 干贝、鸭肉、大米合熬为粥有降血压的功效。适用于高血压、高脂血症、动脉硬化、冠心病患者食用。

润肺止咳＋清热解毒

槐花大米粥

来源 民间方。

原料 大米80克，白糖3克，槐花适量。

制作

1. 大米淘洗干净，用水浸泡30分钟，备用。
2. 槐花洗净后放锅中煎煮后取汁。
3. 槐花汁加入大米中同煮成粥，加白糖调味，即可盛碗食用。

药粥解说 槐花有保持毛细血管的正常抵抗力、凉血止血、清肝泻火、降血压、润肺止咳、清热解毒、预防中风的功效。大米、白糖、槐花合熬为粥，其不仅香甜可口，还有降血压的功效，可用于高血压、高脂血症等症。

降压降脂＋润肠通便

燕麦核桃仁粥

来源 民间方。

原料 燕麦50克，白糖3克，核桃仁、玉米粒、鲜奶各适量。

制作

1. 燕麦与核桃仁、玉米粒冲洗干净，放入锅中，兑入鲜奶，大火煮沸后转小火熬煮成粥，加入白糖煮沸即可。

药粥解说 燕麦含有亚油酸、蛋白质、脂肪、人体必需的八种氨基酸、维生素E及钙、磷、铁等营养成分，有降低血压、血脂，润肠通便等功效。脂肪肝、糖尿病、水肿、习惯性便秘、高血压、高脂血症、动脉硬化等患者宜服用。

红枣杏仁粥

来源 民间方。

原料 大米100克，红枣15克，杏仁10克，盐2克。

制作

1. 大米淘洗干净，用水浸泡30分钟；红枣，杏仁洗净润透。
2. 锅置火上入水，三者同煮成粥，加盐煮沸即可。

食用禁忌 阴虚痰热者忌服用。

用法用量 温热食用。每日1次。

药粥解说 红枣有补脾和胃、益气生津、调营卫、解毒药的功效。常用于治疗胃虚食少、脾弱便溏、气血不足、心悸怔忡等病症。杏仁有祛痰、止咳、平喘、润肠的效用。此粥具有降血压的功效。

降压宁心 + 开胃益智

玉米核桃粥

来源 经验方。

原料 核桃仁20克，玉米粒30克，大米80克，葱适量。

制作

1. 大米泡发；玉米粒、核桃仁洗净；葱洗净切花。
2. 大米与玉米一同煮开。
3. 加入核桃仁同煮至浓稠状，调入白糖拌匀，撒上葱花即可。

药粥解说 玉米富含蛋白质、脂肪、维生素、纤维素及多糖等，能开胃益智、宁心活血、增强记忆力。核桃仁能温肺定喘、润肠通便。玉米与核桃合煮为粥能降血压，延缓人体衰老。

理气健脾 + 燥湿化痰

陈皮黄芪粥

来源 民间方。

原料 大米100克，陈皮末15克，生黄芪20克，白糖10克，山楂适量。

制作

1. 取大米洗净泡发备用。
2. 锅中加陈皮末、生黄芪、山楂、大米同煮粥。
3. 待粥将熟时加入白糖，稍煮即可。

药粥解说 陈皮有理气健脾、燥湿化痰的功效。黄芪有补中益气、敛汗固表、托毒敛疮之功效。山楂有强心、降血脂、降血压的功效。陈皮、黄芪、山楂、大米合熬为粥，有益于扩张血管、持久降血压。

防癌抗癌＋延年益寿

山药山楂黄豆粥

来源 民间方。

原料 大米90克，山药30克，盐2克，味精、黄豆、山楂、豌豆各适量。

制作

1. 大米、黄豆淘净，用水浸泡30分钟，备用。
2. 锅中入山药、山楂、豌豆、大米、水，共熬至粥将熟时加入盐，味精，稍煮即可。

药粥解说 常食豆制品不仅可以防肠癌、胃癌，还可以防止老年斑、老年夜盲症、高血压、增强老人记忆力，是延年益寿、抗衰老的最佳食品。

清热明目＋利尿通淋

田螺芹菜咸蛋粥

来源 民间方。

原料 大米80克，田螺30克，咸鸭蛋1个，芹菜少量，盐2克，料酒、香油、胡椒粉、葱花各适量。

制作

1. 大米洗净泡发备用；田螺洗净炒后备用。
2. 锅中注入适量清水，加入咸鸭蛋、芹菜、田螺、大米，同煮至粥将熟时加入盐、料酒、香油、胡椒粉、葱花，稍煮即可。

药粥解说 田螺主治中耳炎、全身水肿、湿热黄疸、胃痛反酸等症。与大米合熬为粥，能共奏降压之效。

降压降脂＋降胆固醇

鳕鱼蘑菇粥

来源 民间方。

原料 大米80克，鳕鱼肉50克，蘑菇、青豆各20克，枸杞子、盐、姜、香油各适量。

制作

1. 大米洗净泡发，鳕鱼用盐腌制与大米同煮粥。
2. 粥将熟时加入洗好的香菇、青豆、枸杞、盐、姜、香油，煮沸即可。

药粥解说 鳕鱼有降血压、降胆固醇、易于被人体吸收等优点，可用于跌打损伤、糖尿病等症。合熬为粥不仅味美可口，还可用于降血压。

降低血脂＋保护肝脏

香菇枸杞养生粥

来源 民间方。

原料 粳米80克，枸杞10克，红枣、水发香菇各20克，盐2克。

制作

1. 粳米淘洗干净，泡发，备用；枸杞、红枣、香菇均洗净，润透切碎。
2. 锅置火上，入水适量，加入粳米、枸杞、红枣、香菇，大火煮沸后转小火熬煮至粥熟时，加入盐调味，即可盛碗食用。

药粥解说 香菇有益气补虚、健脾和胃、降低血脂、改善食欲的效用，与红枣合熬为粥，有降血压的功效。

对症祛病篇

冬瓜竹笋粥

来源 民间方。

原料 大米 100 克，盐 2 克，葱少量，山药、冬瓜、竹笋各适量。

制作

1. 大米淘净，浸泡 30 分钟，备用；山药、冬瓜、竹笋分别洗净切块备用。

2. 锅中注入适量清水、山药块、冬瓜块、竹笋块、大米，同煮至粥将熟时，加入盐、葱，稍煮片刻，即可盛碗食用。

食用禁忌 脾胃虚弱者忌服用。

用法用量 温热服用。

药粥解说 竹笋有"素菜第一品"等美誉，长期食用还有降血糖、降血压、防止动脉硬化等功效，适用于肥胖者、冠心病、高血压等患者食用。山药、冬瓜、竹笋、大米合熬为粥，有降血压的功效。

黑枣玉米粥

来源 经验方。

原料 玉米、黑枣各 20 克，大米 100 克，白砂糖 6 克。

制作

1. 大米淘洗干净，用清水浸泡 30 分钟，捞出沥干水分，备用；玉米洗净；黑枣去核洗净；葱洗净切花。

2. 锅置火上，注水后，放入大米，用大火煮至米粒绽开，放入黑枣、玉米，用小火煮至粥成，调入白砂糖即成。

食用禁忌 诸无所忌。

用法用量 每日温热食用 1 次。

药粥解说 黑枣有补血的功效。玉米有通便、健胃、降血压、血脂、胆固醇等作用。黑枣、玉米、大米合熬为粥，其香甜可口，有降血压的功效。

清热降压 ＋ 益气补血

菠菜芹菜萝卜粥

来源 经验方。

原料 芹菜、菠菜各 20 克，大米 100 克，胡萝卜少许，盐 2 克，味精 1 克。

制作

1. 芹菜、菠菜洗净，均切碎；胡萝卜洗净切丁。大米淘洗干净，用冷水浸泡 30 分钟备用。

2. 锅置火上，注入清水后，放入大米，用大火煮至米粒绽开，

放胡萝卜、菠菜、芹菜，煮至粥成，调入盐、味精入味即可。

药粥解说 芹菜、菠菜、萝卜合煮成粥，可清热降血压。

健脾化滞 ＋ 凉血清热

黄瓜胡萝卜粥

来源 经验方。

原料 黄瓜、胡萝卜各 15 克，大米 90 克，盐 3 克，味精少许。

制作

1. 大米淘洗干净，用水浸泡 30 分钟，备用；黄瓜、胡萝卜洗净，切成小块。

2. 锅置火上，注入清水，放入大米，大火煮至米粒开花。放入

黄瓜、胡萝卜，改用小火煮至粥成，调入盐、味精入味即可。

药粥解说 胡萝卜与黄瓜、大米合煮成粥有降血压之效。

祛风化痰 ＋ 凉血解毒

丝瓜胡萝卜粥

来源 民间方。

原料 鲜丝瓜 30 克，胡萝卜少许，大米 100 克，白糖 7 克。

制作

1. 丝瓜去皮洗净，切片；胡萝卜洗净，切丁；大米泡发洗净。

2. 锅置火上，注入清水，放入大米，用大火煮至米粒开花，放入丝瓜、胡萝卜，用小火煮

至粥成，放入白糖调味即可食用。

药粥解说 丝瓜能除热利肠、祛风化痰、凉血解毒。胡萝卜能辅助治疗消化不良、咳嗽、久痢、降血压。

清热祛火 ＋ 解毒明目

双瓜萝卜粥

来源 经验方。

原料 黄瓜、苦瓜、胡萝卜各适量，大米 100 克，冰糖 8 克。

制作

1. 大米洗净，泡发 30 分钟；黄瓜、苦瓜洗净，切成小块；胡萝卜洗净，切丁。

2. 锅置火上，注入水，放入大米煮至米粒绽开。

3. 再放入黄瓜、苦瓜、胡萝卜用小火煮至粥成，再下入冰糖，煮

至溶化即可食用。

药粥解说 苦瓜可清热祛火、解毒明目。黄瓜可生津止渴、除烦暑。此粥辅助治疗咳嗽、眼疾、高血压等症。

土豆葱花粥

来源 经验方。

原料 土豆30克,大米100克,盐2克,葱少许。

制作

1. 土豆去皮洗净,切成小块;大米泡发洗净;葱洗净,切花。

2. 锅置火上,注水后,放入大米煮至米粒绽开。

3. 放入土豆,用小火煮至粥成,调入盐,撒上葱花即可。

食用禁忌 不宜过量食用。

用法用量 温热服用,每日1次。

药粥解说 土豆有和胃健脾、预防高血压、降低胆固醇等功效。葱有舒张血管、促进血液循环的作用,此粥有防止高血压、老年痴呆的作用。

降压降脂 + 清淤解毒

木耳大米粥

来源 民间方。

原料 黑木耳20克,大米100克,白糖5克,葱少许。

制作

1. 大米泡发洗净;黑木耳泡发洗净,切丝;葱洗净,切花。

2. 锅置火上,注入清水,放入大米,用大火煮至米粒绽开,放入黑木耳,改用小火煮至粥浓稠时,加入白糖调味,撒上葱花即可。

药粥解说 常吃黑木耳可抑制血小板凝聚,降低血液中胆固醇的含量,对高血压、心脑血管病颇为有益。

降低血脂 + 润肺消痰

杏梨粥

来源 民间方。

原料 杏仁30克,白梨30克,大米90克,白糖5克,葱少许。

制作

1. 大米泡发洗净;白梨去皮洗净,切成小块;杏仁洗净。葱洗净切花。

2. 锅置火上,注入水,放入大米,用大火煮至米粒开花后,加入白梨、杏仁用小火熬至粥浓稠时,加入白糖入味,撒上葱花即可。

药粥解说 杏仁常被人们称为"抗癌之果"。白梨有润肺消痰的功效。合熬为粥,经常食用有降压的功效。

清热解暑 + 降低血压

荷叶粥

来源 《多能鄙事》。

原料 粳米100克，新鲜荷叶1张，冰糖适量。

制作

1. 取粳米淘洗干净，用水浸泡30分钟，备用；鲜荷叶洗净，撕块，放入锅中入水适量，大火煮沸后转小火煎煮15分钟，滤渣取汁，再入水煎煮取汁，两次药汁合并，备用。

2. 净锅置火上，入水适量，下入粳米，兑入药汁，大火煮沸后转小火熬煮成粥，加入冰糖煮融化，即可盛碗食用。

食用禁忌 低血压患者慎食。

用法用量 温热食用。每日1次。

药粥解说 粳米有补中益气、健脾和胃的功效。荷叶有清热解暑、降低血压的作用。此粥不仅可以为高血压者降低血压，还可以适用夏季因暑热产生的病症。

增进食欲 + 润肺降压

松花淡菜粥

来源 《粥谱》。

原料 大米100克，淡菜30克，皮蛋1个，盐、味精各适量。

制作

1. 取大米淘洗干净，用水浸泡30分钟，备用；淡菜洗净切末，皮蛋去皮冲洗后，切丁。

2. 锅置火上，入水适量，下入大米，大火煮沸后转小火熬煮至粥八成熟时，加入淡菜、皮蛋丁小火熬煮至粥成，加入盐、味精煮沸，即可盛碗食用。

食用禁忌 婴幼儿不宜多食。

用法用量 温热服用。早晚各1次。

药粥解说 松花蛋有刺激消化器官、增进食欲、促进营养的消化吸收、中和胃酸，以及润肺、降压之功效。大米有补中益气、健脾和胃的功效。此粥是高血压患者保健调理的药粥。

清肝明目 + 润肠通便

决明子粥

来源 《粥谱》。

原料 粳米50克，菊花5克，决明子15克，冰糖适量。

制作

1. 粳米淘洗干净，用水浸泡30分钟，备用；决明子、菊花洗净，放入锅中入水适量，大火煮沸后转小火煎煮15分钟，滤渣取汁。

2. 锅置火上，入水适量，下入粳米，兑入药汁，大火煮沸后转小火熬煮成粥，加入冰糖煮融化，即可盛碗食用。

食用禁忌 有大便泄泻者忌服用。

用法用量 温热服用，每日1次。

药粥解说 决明子有清肝明目、润肠通便。适用于目赤涩痛、头痛眩晕、目暗不明、大便秘结、风热赤眼、高血压、肝炎、肝硬化腹水等病症。与粳米、菊花合煮成粥，明目养肝、降压降脂功效更佳。

降脂降压 + 明目去肝火

菊苗粥

来源 《遵生八笺》。

原料 粳米60~100克，甘菊苗25克（干品5克），冰糖适量。

制作

1. 粳米淘洗干净，用水浸泡30分钟，备用；甘菊苗洗净，放入锅中入水适量，大火煮沸后转小火煎煮15分钟，滤渣取汁。

3. 锅置火上，入水适量，下入粳米，兑入药汁，大火煮沸后转小火熬煮成粥，加入冰糖煮融化，即可盛碗食用。

食用禁忌 脾胃虚寒者忌服用。

用法用量 温热服用，每日2次。

药粥解说 粳米有益气温中、健脾养胃的功效；菊苗有降低血压、明目、去肝火的作用。两者合煮成粥不仅可以作为降低血压、血脂的辅助食品，也可用于日常身体的保健。尤其适宜中老年高血压患者食用。

润肠通便 + 活血化淤

桃仁粥

来源 民间方。

原料 粳米100克，桃仁20克。

制作

1. 取粳米淘洗干净，泡发，锅中加适量清水将粳米煮粥。
2. 桃仁洗净煮后取汁。
3. 粥将熟时，加入桃仁汁即可食用。

药粥解说 桃仁含有丰富的营养物，有润肠通便、活血化淤的作用。此粥适合各类人群。高血压、糖尿病患者尤其适用。

清热降压 + 促进消化

芹菜粥

来源 《本草纲目》。

原料 粳米50克，鲜芹菜60克。

制作

1. 取粳米淘洗干净，用清水浸泡30分钟；芹菜洗净，切碎备用。
2. 锅中加适量清水、粳米煮粥。
3. 粥将熟时加入芹菜末即可。

药粥解说 芹菜含有大量的粗纤维，有降血压、降血糖、促进排便作用，故血压偏低者少食。此粥对于高血压患者是很好的辅助食疗品。

清热解烦 + 降低血压

葛根粉粥

来源 《太平圣惠方》。

原料 粳米70克，葛根粉25克。

制作

1. 取粳米洗净泡发熬煮。
2. 加入葛根粉洗净与粳米同煮沸即可。

药粥解说 葛根可解肌发表、辛凉透疹、退热生津、止渴止泻、升举阳气。主治麻疹初起、疹出不畅、泄泻、痢疾、高血压、冠心病等症。此粥对于患有高血压、糖尿病者可长期服用。

清心安神 + 增强记忆

莲肉粥

来源 民间方。

原料 粳米50克，莲子粉20克，红糖适量。

制作

1. 粳米淘洗干净，用水浸泡30分钟，与莲子粉、红糖同煮沸即可。

药粥解说 莲子有养心安神的功效。中老年人、脑力劳动者经常食用，可以健脑，增强记忆力，提高工作效率，并能预防老年痴呆，高血压患者长期服用此粥可起到稳定血压之效。

健胃护肝 + 清热除湿

淡菜芹菜鸡蛋粥

来源 民间方。

原料 大米、淡菜、鸡蛋、盐、味精、芹菜、香油、胡椒粉、枸杞各适量。

制作

1. 大米淘洗干净，用水浸泡30分钟，备用；芹菜洗净切碎。
2. 锅中加水、鸡蛋、淡菜、芹菜、大米，同煮。
3. 粥将熟时加入盐、味精、香油、胡椒粉、枸杞，稍煮即可。

药粥解说 此粥适用于高血压患者食用。

清热除烦 + 平肝降压

鸡肉芹菜芝麻粥

来源 民间方。

原料 大米、芹菜、芝麻、鸡肉、鸡蛋清、姜末、盐、葱花各适量。

制作

1. 取大米洗净泡发，备用；芹菜洗净切碎；用鸡蛋清、料酒将鸡肉腌制备用。
2. 大米、鸡肉同煮至粥将熟时加入芹菜、芝麻、姜末、盐、葱花，稍煮即可。

药粥解说 此粥有清热除烦、平肝降压、利水消肿的功效。

冠心病

冠状动脉粥样硬化性心脏病，简称冠心病，可分为隐匿性冠心病、心绞痛型冠心病、心肌梗死型冠心病和猝死型冠心病四种类型。

☺食材推荐

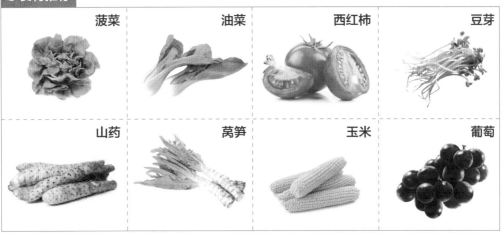

菠菜	油菜	西红柿	豆芽
山药	莴笋	玉米	葡萄

症状表现

☑ **胸痛**　　☑ **发闷**　　☑ **烧灼感**

疾病解读

冠心病是多种疾病因素长期综合作用的结果，不良的生活方式在其中起了非常大的作用。当人精神紧张或激动发怒时容易导致冠心病；肥胖者容易患冠心病；吸烟是引发冠心病的重要因素。

调理指南

自发性心绞痛病人要多注意休息，不宜外出。劳累性心绞痛病人不宜做体力活动，急性发作期应绝对卧床，并应避免情绪激动。恢复期患者不宜长期卧床，应经常进行活动。

家庭小百科

如何预防冠心病？

1. 要预防高血压。要按期进行血压测量，对血压值处于上限的人，应给予生活指导。
2. 积极预防肥胖。供给足够的蛋白质、纤维素和所需的热量，多做户外活动。
3. 控制吸烟。吸烟会对动脉粥样硬化产生有很大促进，要严格控制吸烟的坏习惯。
4. 心理平衡。心理情绪稳定，以对抗所有不利因素的不良影响。

最佳药材 • 薤白

【别名】小根蒜、山蒜、苦蒜、小根蒜、野蒜。

【性味】味辛、苦、性温、无毒。

【归经】归肺、胃、大肠经。

【功效】通阳散结、行气导滞、抗菌消炎。

【禁忌】阴虚发热、气虚者不宜多食。薤白为滑利之品，滞泄者慎用。

【挑选】质地硬、角质样、有蒜臭、味微辣、根块完整、不规则卵圆形、表面黄白色或淡黄棕色、无杂质、无腐烂的为优质品。

枸杞木瓜粥

来源 经验方。

原料 枸杞10克，木瓜50克，糯米100克，
白糖5克，葱花少许。

制作

1. 糯米洗净，用清水浸泡；枸杞洗净；木瓜切开取果肉，切成小块。

2. 锅置火上，放入糯米，加清水煮至八成熟。

3. 放入木瓜、枸杞煮至米烂，加白糖调匀，撒葱花便可。

食用禁忌 此粥忌长久服用。

用法用量 每日2次。

药粥解说 木瓜可理脾和胃、平肝舒筋。枸杞
有养肝补肾、润肺止咳的功效。此粥适宜冠心病
患者食用。

滋阴润燥 + 通利肠胃

菠菜玉米枸杞粥

来源 民间方。

原料 菠菜、玉米粒、枸杞各15克，大米100
克，盐3克，味精1克。

制作

1. 大米泡发洗净；枸杞、玉米粒均洗净；菠菜择去根，洗净，切成碎末。

2. 锅置火上，注入清水后，放入大米、玉米、枸杞用大火煮至米粒开花，再放入菠菜，用小火煮至粥成。

3. 调入盐、味精入味即可。

药粥解说 菠菜对津液不足、肠燥便秘、高血压
等症有一定的疗效。与玉米合煮成粥具有保健作用。

养肝补肾 + 润肺止咳

油菜枸杞粥

来源 经验方。

原料 鲜油菜叶、枸杞各适量，大米100克，
盐2克，味精1克。

制作

1. 油菜叶洗净，切碎；枸杞洗净；大米泡发洗净。

2. 锅置火上，注入清水，放入大米，用大火煮至米粒绽开。

3. 放入油菜叶、枸杞，用小火慢慢煮至粥浓稠时，加入盐、味精调味即可。

药粥解说 油菜可散血消肿，枸杞可改善肝肾
阴亏、腰膝酸软等症，此粥适宜冠心病、高血压
患者食用。

西红柿海带粥

来源 民间方。

原料 西红柿15克，海带清汤适量，米饭一碗，盐3克，葱少许。

制作

1. 西红柿洗净，切丁；葱洗净，切花。

2. 锅置火上，注入海带清汤后，放入米饭煮至沸时。

3. 放入西红柿，用小火煮至粥成，调入盐入味，撒上葱花即可。

食用禁忌 诸无所忌。

用法用量 温热服用，每日2次。

药粥解说 海带中含有大量的多不饱和脂肪酸EPA，能使血液的黏度降低，预防血管硬化疾病。因此，常吃海带能够预防心血管方面的疾病。

降低胆固醇＋增强免疫

木耳枣杞粥

来源 经验方。

原料 黑木耳、红枣、枸杞各15克，糯米80克，盐2克，葱少许。

制作

1. 糯米淘洗干净，用水浸泡2小时；黑木耳泡发洗净，切成细丝；红枣去核洗净，切块；枸杞洗净；葱洗净，切花。

2. 锅置火上，注入适量清水，放入糯米煮至米粒绽开，放入黑木耳、红枣、枸杞，用小火煮至粥成时，调入盐入味，撒上葱花即可。

药粥解说 此粥可抑制血小板凝聚，降低血液中的胆固醇，对冠心病、心脑血管病颇为有益。

清热解毒＋生津止渴

西红柿桂圆粥

来源 民间方。

原料 西红柿、桂圆肉各20克，糯米100克，青菜少许，盐3克。

制作

1. 西红柿洗净，切丁；桂圆肉洗净，泡发，备用。糯米淘洗干净，用水浸泡2小时；青菜择洗干净，切碎。

2. 锅置火上，注入清水，放入糯米、桂圆，用大火煮至绽开，放入西红柿，改用小火煮粥浓稠时，下入青菜稍煮，再加入盐调味即可。

药粥解说 西红柿可生津止渴、健胃消食，此粥对中老年人有保护血管、防止血管硬化的作用。

豆浆玉米粥

来源 民间方。

原料 鲜豆浆 120 克，玉米 10 克，豌豆 15 克，胡萝卜、大米、冰糖、葱各适量。

制作

1. 大米洗净泡发；玉米粒、豌豆均洗净；胡萝卜洗净，切丁；葱洗净，切花。

2. 锅置火上，倒入清水，放入大米煮至开花，再入玉米、豌豆、胡萝卜同煮至熟，注入鲜豆浆，放入冰糖煮至浓稠状，撒上葱花即可。

食用禁忌 现煮现服，忌隔夜服用。

用法用量 温热服用，早晚各 1 次。

药粥解说 豆浆在欧美享有"植物奶"的美誉。经常饮用，对高血压、冠心病、动脉粥样硬化等患者大有益处。

玉米山药粥

来源 民间方。

原料 玉米粒 25 克，山药、黄芪各 20 克，大米 100 克，盐 2 克。

制作

1. 玉米粒洗净；山药去皮洗净，切块；黄芪洗净，切片；大米洗净泡发。

2. 锅置火上，注入清水，放入大米，用大火煮至米粒绽开，放入玉米、山药、黄芪。

3. 改用小火熬煮至粥黏稠，调入盐入味，即可盛碗食用。

食用禁忌 需温热服用。

用法用量 早晚各 1 次。

药粥解说 常喝此粥不仅能提高免疫力、预防高血压，还可以辅助治疗冠心病等症。

木瓜葡萄粥

来源 经验方

原料 木瓜 30 克，葡萄 20 克，大米 100 克，白糖 5 克，葱花少许。

制作

1. 大米淘洗干净，放入清水中浸泡；木瓜切开取果肉，切成小块；葡萄去皮、去核，洗净。

2. 锅置火上，注入清水，放入大米煮至八成熟。

3. 放入木瓜、葡萄煮至米烂，放入白糖稍煮后调匀，撒上葱花便可。

食用禁忌 忌长久食用。

用法用量 每日服用 1 次。

药粥解说 葡萄含有糖类、蛋白质、脂肪等营养成分，可舒筋活血、开脾健胃、助消化。木瓜有理脾和胃、平肝舒筋等功效，对缓解冠心病有一定的功效。

莴笋粥

来源 经验方。

原料 莴笋 20 克，大米 100 克，盐 2 克，味精 1 克，香油 5 毫升，葱少许。

制作

1. 莴笋去皮洗净，切丝；大米洗净泡发；葱洗净，切花。

2. 锅置火上，倒入清水后，放大米用大火煮至米粒绽开。

3. 放入莴笋丝，转小火煮至粥成，调入盐、味精、香油，撒上葱花即可。

食用禁忌 不宜过量服用。

用法用量 每日 1 次。

药粥解说 莴笋能调节体内盐的平衡、增进食欲、刺激消化液分泌、促进胃肠蠕动。对于高血压、心脏病等患者，具有降低血压的效果。

对症祛病篇

润肠通便 + 降低血压

玉米粉粥

来源 《食物疗法》。

原料 粳米、玉米粉各适量。

制作

1. 取粳米淘洗干净，用清水浸泡30分钟，捞出沥水，放入锅中，大火煮沸后转小火熬煮至粥八成熟时。
2. 加入玉米粉同煮粥即可。

药粥解说 玉米含有丰富的纤维素，健胃，润肠通便，能降低血压、血脂、胆固醇。此粥具有保健作用，适合各类人群。

活血解妻 + 补肾健脾

黑豆红糖粥

来源 《粥谱》。

原料 大米60克，黑豆、红糖各30克。

制作

1. 取大米洗净泡发。
2. 黑豆洗净泡软后同大米一起煮粥。
3. 待粥将熟时加入红糖煮沸即可。

药粥解说 黑豆有祛风除湿、调中下气、活血、解毒、利尿、明目等功效，对糖尿病、小便频数等症有一定的疗效。此粥可用于治疗冠心病等症。

滋阴润燥 + 益气养胃

桂圆银耳粥

来源 经验方。

原料 银耳、桂圆肉各适量，大米100克，白糖5克。

制作

1. 大米洗净泡发备用；银耳泡发洗净，撕碎；桂圆肉洗净备用。
2. 锅置火上，放入大米，倒入清水适量，大火煮至米粒开花。
3. 待粥至浓稠状时，放入银耳、桂圆同煮片刻，调入白糖拌匀即可。

通阳散结 + 行气导滞

薤白粥

来源 《普济方》。

原料 粳米100克，薤白20克，葱白5克。

制作

1. 薤白、葱白洗净、切碎；粳米淘洗干净，用清水浸泡30分钟。
2. 与几者合煮成粥即可。

药粥解说 薤白主治胸痹心痛彻背、胸脘痞闷、咳嗽痰多、脘腹疼痛、泻痢后重、白带等症。服用此粥可以舒缓胸闷、心绞痛等症。但此粥不宜长久服用。

补虚益胃 + 帮助消化

豆腐浆粥

来源 《本草纲目拾遗》。

原料 粳米50克，豆浆汁100毫升，盐适量。

制作

1. 取粳米洗净熬煮。
2. 加入豆浆汁与粳米同煮。
3. 待粥将熟时加入盐，煮沸即可。

药粥解说 鲜豆浆富有营养易于消化吸收，经常饮用，对高血压、冠心病、动脉粥样硬化及糖尿病、骨质疏松等患者大有益处。

健脾化滞 + 降脂养心

木瓜大米粥

来源 《太平圣惠方》。

原料 大米80~100克，木瓜适量，盐2克，葱少许。

制作

1. 大米洗净泡发；木瓜去皮去瓤洗净，切小块；葱洗净，切花。
2. 锅置火上，注水烧开后，放入大米，用大火煮至熟后，加入木瓜用小火焖煮。
3. 煮至粥浓稠时，加入盐调味，撒上葱花拌匀，即可食用。

糖尿病

糖尿病是由遗传因素、免疫功能紊乱、微生物感染、精神因素等致病因子作用于机体，导致胰岛功能减退而引发的糖、蛋白质、电解质等一系列代谢紊乱综合征。

☺食材推荐

南瓜	冬瓜	山药	莲子
百合	高粱	小米	豆腐

症状表现

☑ 多饮　☑ 多尿　☑ 多食　☑ 消瘦　☑ 高血糖　☑ 头昏　☑ 乏力

疾病解读

导致糖尿病的原因有很多种，一般分为两种，一种是遗传因素，发病年龄轻，大多 <30 岁，起病突然。第二种是环境因素，大多数都是由不良的生活和饮食习惯造成的。

调理指南

患者要常吃富含矿物质、维生素、膳食纤维的蔬菜。动物内脏和其他胆固醇含量较高的食物应忌食；要谨慎食用水果，如果病情较轻，可在两餐之间或临睡觉前适量食用。

家庭小百科

糖尿病人如何健康过节？

1. 菜肴丰盛，总量控制。面对丰盛的菜肴，糖尿病人应选少油少盐且清淡的食品。

2. 不可多吃饭后多吃药。多吃药不但不会取得理想的效果，副作用也随之加大。

3. 生活规律相对稳定。"饥一顿，饱一顿"容易使血糖波动大，影响人体"生物钟"的规律。

4. 安全出行。如要外出旅游，事前必须到医院进行相关检查，包括空腹血糖、心电图等。

最佳药材 · 玉竹

【别名】铃铛菜、葳蕤。

【性味】味甘、性寒、无毒。

【归经】归肺、胃经。

【功效】滋阴润燥、降糖降压、除烦闷、止渴。

【禁忌】玉竹性寒，脾胃虚弱便溏者应慎用。痰湿气滞者禁止食用。

【挑选】玉竹以枝条粗长、淡黄色、质饱满、半透明状、体重、糖分足者为佳。条细瘦瘦、色深体松、糖分不足者为次。

第二篇 对症祛病　127

对症祛病篇

补脾益肺 + 养血生津

党参百合冰糖粥

来源 民间方。

原料 大米80克，党参、百合、冰糖各适量。

制作

1. 大米淘净，用水浸泡30分钟备用；党参、百合洗净，润透。
2. 锅置火上，入水适量，下入粳米、党参、百合同煮至粥成，加入冰糖调味后即可食用。

药粥解说 党参不仅可补脾益肺、养血生津，还有扩张血管、降低血压血糖之效。百合具有润肺清心、定心安神之效。此粥尤宜老年人服用。

降低血糖 + 帮助消化

肉桂米粥

来源 民间方。

原料 大米100克，肉桂适量，白糖3克，葱花适量。

制作

1. 大米淘洗干净，用水浸泡30分钟备用；肉桂洗净，润透。
2. 锅置火上，入水适量，下入大米、肉桂同煮至粥成，加入白糖、葱花，待其煮沸即可食用。

药粥解说 肉桂能降低血糖血压、帮助消化、祛痰止咳。与大米合煮成粥适用于阳痿、宫冷、心腹冷痛、虚寒吐泻、经闭、痛经患者食用。

散寒止痛 + 健胃消食

大米高良姜粥

来源 民间方。

原料 大米80克，高良姜15克，盐、葱各少许。

制作

1. 取大米淘洗干净，用水浸泡30分钟后放入锅中熬煮。
2. 将洗净切好的高良姜放入锅中，与大米同煮粥，将盐、葱一起放入锅中，煮沸即可。

药粥解说 高良姜可有散寒止痛、健胃消食。此粥适用于脘腹冷痛、胃寒呕吐、嗳气吞酸等症。脾胃寒冷、腹中疼痛者应常服用，尤其是女性。

增进食欲 + 降低血压

枸杞麦冬花生粥

来源 民间方。

原料 大米80克，枸杞、麦冬各适量，花生米30克。

制作

1. 取大米洗净熬煮，加入枸杞，麦冬，花生米与大米同煮成粥即可。

药粥解说 枸杞可润肺止咳、保护肝肾、降低血脂、血糖。枸杞子中含有的丰富维生素，对人体具有良好的保健作用。麦冬滋阴润肺的作用。

花生有健脾和胃、润肺止咳的作用。花生中还含有各种维生素。花生中的微量元素，可帮助软化血管。

龙荔红枣糯米粥

来源 民间方。

原料 桂圆、荔枝各 20 克，红枣 10 克，糯米 100 克，冰糖适量。

制作

1. 将糯米洗净泡发，放入锅中。
2. 桂圆、荔枝去壳取肉，红枣去核，一起放入锅中煮至米粒开花，加冰糖熬融后调匀即可。

药粥解说 桂圆对中老年人而言，具有保护血管、防止血管硬化和脆性的作用。红枣可滋补身体。常食用此粥，对糖尿病有很好的疗效。

莲子山药粥

来源 民间方。

原料 粳米 80 克，山药 20 克，莲子 13 克，玉米 10 克，盐 3 克，葱少量。

制作

1. 取粳米洗净泡发，放入锅中熬煮。
2. 将山药、莲子、玉米放入锅中，与粳米同煮。
3. 加入盐、葱，待其煮沸即可食用。

药粥解说 莲子可养心安神，益脾补肾。对于失眠健忘者很有帮助。玉米有调中和胃、利尿、降血脂、降血压的功效。此粥尤宜女性食用。

南瓜山药粥

来源 民间方。

原料 大米 90 克，南瓜、山药各 30 克，盐 2 克。

制作

1. 取大米淘洗干净，用水浸泡 30 分钟，放入锅中备用；南瓜、山药去皮，洗净切好。
2. 锅置火上，入水适量，下入大米、南瓜、山药，大火煮沸后转小火熬煮成粥，加入盐，待其煮沸即可食用。

药粥解说 南瓜中含有大量丰富的营养物质，有润肠助消化、降低血糖血脂、预防糖尿病等功效。此粥适合各类人群，尤宜老年人食用。

南瓜木耳粥

来源 民间方。

原料 糯米 100 克，南瓜 20 克，黑木耳 15 克，盐 3 克，葱少量。

制作

1. 取糯米洗净泡发，放入锅中熬煮。
2. 将洗净切好的南瓜、黑木耳一起放入锅中，与糯米同煮粥。
3. 加入盐、葱，待其煮沸即可食用。

药粥解说 南瓜可降低血糖、驱虫解毒，可减少粪便中毒素对人体的危害，防止结肠癌的发生，对高血压、糖尿病有预防和辅疗的作用。

对症祛病篇

豆腐南瓜粥

来源 民间方。

原料 大米100克，南瓜、豆腐各30克，盐2克，葱少量。

制作

1. 取大米洗净泡发，放入锅中熬煮。
2. 将洗净切块的南瓜、豆腐一起放入锅中，与大米同煮，加入盐、葱、待其煮沸即可食用。

药粥解说 豆腐有益气、和胃健脾、预防癌症等功效。南瓜有降低血糖血脂、预防糖尿病等功效，合煮成粥有防止血管动脉硬化的功效。

南瓜菠菜粥

来源 民间方。

原料 大米90克，南瓜、菠菜、豌豆各50克，盐3克，味精少量。

制作

1. 取大米洗净泡发熬煮。
2. 将洗净切好的南瓜、菠菜、豌豆，与大米同煮。
3. 加入盐，味精煮沸即可。

药粥解说 此粥能促进生长发育，增强抗病能力，促进人体新陈代谢，延缓衰老。适宜糖尿病人，尤其是2型糖尿病患者食用，有利血糖保持稳定。

香菜胡萝卜粥

来源 民间方。

原料 高粱米80克，胡萝卜30克，香菜5克，盐3克，葱2克。

制作

1. 高粱米淘洗干净，用水浸泡30分钟，备用；胡萝卜洗净，切小块，香菜择洗干净，切段。
2. 锅置火上，入水适量，下入高粱米、胡萝卜块同煮至粥成，加入盐、葱、香菜段煮沸即可。

药粥解说 胡萝卜对于胃肠不适、便秘、营养不良等症状有食疗作用。高粱米有健脾消食、温中和胃的效用。两者合熬为粥，能降低血糖。

高粱胡萝卜粥

来源 民间方。

原料 高粱米80克，胡萝卜30克，盐3克，葱2克。

制作

1. 高粱米淘洗干净，用水浸泡30分钟，备用；胡萝卜洗净，切小块。
2. 锅置火上，入水适量，下入高粱米、胡萝卜块同煮至粥成，加入盐、葱煮沸即可。

药粥解说 此粥有健脾和胃、补肝明目之效，对于胃肠不适、便秘、夜盲症、性功能低下、麻疹、百日咳、小儿营养不良等症状有食疗作用。

补肾养血 + 滋阴润燥

菠菜瘦肉粥

来源 民间方。

原料 菠菜 100 克,瘦猪肉 80 克,大米 80 克,盐 3 克,鸡精 1 克,生姜末 15 克。

制作

1. 菠菜洗净,切碎;猪肉洗净,切丝,用盐稍腌 10 分钟;大米淘净,泡好。

2. 锅中注水,下入大米煮开,加入猪肉、生姜末,

煮至肉变熟,下入菠菜,熬至粥成,调入盐、鸡精调味即可食用。

药粥解说 菠菜、瘦肉、大米合熬为粥,有养血、平肝润燥、降血糖之效。

养肝补肾 + 润肺止咳

枸杞山药瘦肉粥

来源 民间方。

原料 大米 80 克,山药 120 克,猪肉、枸杞、葱花、盐、味精各适量。

制作

1. 取大米淘洗干净,用水浸泡 30 分钟,备用;山药去皮洗净,切块;猪肉洗净,切丁;枸杞洗净,润透。

2. 锅置火上入水,下入四者同煮至粥成,加入盐、味精、葱花即可。

药粥解说 此粥对消渴赢瘦、便秘、燥咳、糖尿病等病症有食疗作用。

利尿通便 + 降低血糖

肉虾米冬笋粥

来源 民间方。

原料 大米 150 克,冬笋 20 克,猪肉、虾米、盐、味精、葱花各适量。

制作

1. 大米洗净,泡发;冬笋洗净,切成块;猪肉洗净切片;虾米洗净。

2. 锅中注入适量清水,加入大米、冬笋共煮粥。

3. 粥将熟时放入瘦肉、虾米、盐、味精、葱花,煮熟即可。

药粥解说 猪肉可以健脾胃,补充人体的胶原蛋白。与冬笋、虾米同煮成粥可预防冠心病、心肌梗死、降低血糖血脂等。

清热解毒 + 降低血压

萝卜干肉末粥

来源 民间方。

原料 大米 60 克,猪肉、萝卜干、姜末、盐、味精、葱花各适量。

制作

1. 大米淘洗干净,用水浸泡 30 分钟,备用;猪肉洗净,切块。

2. 锅中注入适量清水,加入猪肉、萝卜干、大米同煮成粥,加入盐、味精、姜末、葱花,煮沸即可食用。

药粥解说 萝卜有助消化、清热解毒、化痰、降低血压、软化血管、保护视力的功效,与猪肉合熬为粥,可有效降低血糖。

香葱冬瓜粥

来源 民间方。

原料 冬瓜 40 克，大米 100 克，盐、葱少量。

制作

1. 大米淘洗干净，用水浸泡 30 分钟，备用；冬瓜洗净切块。

2. 锅置火上，入水适量，下入大米、冬瓜，大火煮沸后转小火熬煮至粥八成熟时，加入盐、葱稍煮，即可盛碗食用。

药粥解说 冬瓜与大米合熬为粥，具有降血糖、减肥、利水消肿之效。此粥适合各类人群，尤其是女性食用。

豆豉葱姜粥

来源 民间方。

原料 糙米 100 克，黑豆豉、葱、姜各适量，盐 3 克，香油少量。

制作

1. 糙米淘洗干净，用水浸泡 30 分钟；备用。

2. 锅置火上，入清水水适量，下入糙米、黑豆豉、姜，同煮至粥将熟时，加入葱、盐、香油，煮沸，即可。

药粥解说 豆豉可排解烦闷。此粥适用于产后、老年人体虚、高热、久病初愈、婴幼儿消化力减弱、脾胃虚弱、烦渴等症。

生姜猪肚粥

来源 民间方。

原料 生姜 30 克，大米、猪肚、盐、味精、料酒、葱花、香油各适量。

制作

1. 大米洗净泡发；猪肚洗净切好，用料酒腌制；姜洗净切末。

2. 锅中注入适量清水，放入大米、猪肚，同煮。

3. 粥将熟时，加入姜末、盐、味精、葱花、香油煮沸即可。

药粥解说 姜有散寒、助消化之效。猪肚中含有丰富的营养物质，有补虚损、健脾胃之效。此粥适合各类人群，尤其适合女性食用。

冬瓜银杏姜粥

来源 民间方。

原料 大米 100 克，冬瓜 25 克，银杏、姜末、盐、胡椒粉、葱各适量。

制作

1. 大米洗净泡发；冬瓜去皮洗净，切块。

2. 锅中注入适量清水，加入大米、冬瓜、银杏、姜末，同煮。

3. 粥将熟时加入盐、胡椒粉、葱，煮沸即可食用。

药粥解说 冬瓜有除烦解燥、降低血糖、保护肾脏、美容减肥的功效。银杏有延缓衰老、美容养颜、降低血脂血糖、预防心脑血管等作用。

健脾补肺 + 益胃补肾

山药鸡蛋南瓜粥

来源 民间方。

原料 粳米90克，山药30克，鸡蛋黄1个，南瓜20克，盐2克，味精1克。

制作

1. 粳米洗净泡发；山药去皮洗净切块。
2. 锅中注入适量水，加入粳米、山药、鸡蛋黄、南瓜，同煮至粥将熟时加入盐、味精煮沸即可。

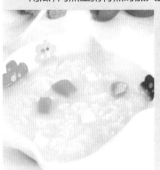

药粥解说 此粥对脾胃虚弱、倦怠无力、食欲不振、肥胖等病症有食疗作用。山药适宜糖尿病腹胀、病后虚弱、慢性肾炎、长期腹泻者食用。

健脾和胃 + 滋阴补虚

山药芝麻小米粥

来源 民间方。

原料 小米70克，山药、黑芝麻各适量，盐2克，葱8克。

制作

1. 小米洗净；山药去皮洗净切块。
2. 锅加入适量清水、山药、黑芝麻、小米，同煮。
3. 粥将熟时加入盐、葱，煮沸即可。

药粥解说 小米含蛋白质、脂肪、铁和维生素等，消化吸收率高，是幼儿的营养食品，可健脾和胃、安眠。是老人、幼儿、孕妇最佳补品。

温中止呕 + 温肺止咳

生姜红枣粥

来源 民间方。

原料 大米100克，红枣30克，生姜10克，盐2克，葱8克。

制作

1. 大米洗净泡发；红枣洗净切片。
2. 锅中注入适量清水，加入红枣、大米大火煮沸后转小火熬煮成粥。
3. 粥将熟时加入生姜、盐、葱，稍煮即可。

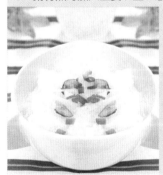

药粥解说 姜可发汗解表、温中止呕、温肺止咳、解毒，大枣有补虚益气、养血安神、健脾养胃等功效。合熬为粥，具有降低血糖的功效。

化痰止咳 + 镇痛消食

生姜辣椒粥

来源 民间方。

原料 大米100克，生姜、红辣椒各20克，盐3克，葱少量。

制作

1. 大米淘洗干净，用水浸泡30分钟，备用。
2. 锅置火上，入清水适量，下入大米、红辣椒、生姜，大火煮沸后转小火熬煮。
3. 粥将熟时加入盐、葱，稍煮即可食用。

药粥解说 生姜具有化痰、止咳的功效，经常服用还可起到强身健体的作用。红辣椒有镇痛、消食、减肥等效用。此粥有降低血糖的功效。

生滚黄鳝粥

来源 民间方。

原料 大米 50 克,黄鳝 100 克,红枣 1 颗,姜 3 克,葱 2 克,盐、鸡精各适量。

制作

1. 大米洗净泡发;黄鳝洗净切段。
2. 锅中注入适量清水,加入大米、黄鳝、红枣、姜,同煮。
3. 粥将熟时加入盐、鸡精,煮沸即可。

食用禁忌 痰多、便秘者忌服用。

用法用量 每日 1 次。

药粥解说 现代医学对黄鳝药用进行了研究,从鳝鱼中提取一种"黄鳝鱼素",再从此鱼素中又分离出黄鳝鱼素 A 和黄鳝鱼素 B,这两种物质具有显著降血糖作用和恢复调节血糖的作用。黄鳝是糖尿病患者较理想的食品。

牛肉菠菜粥

来源 民间方。

原料 大米120克,牛肉80克,菠菜、红枣、姜丝、盐、胡椒粉各适量。

制作

1. 大米、菠菜、红枣分别洗净;大米用水浸泡30 分钟;牛肉洗净切片。
2. 锅中注入适量清水,加入大米、牛肉、菠菜、红枣,同煮。
3. 粥将熟时加入姜丝、盐、胡椒粉,煮沸即可。

食用禁忌 不宜过量服用。

用法用量 每日 1 次。

药粥解说 牛肉有温胃、滋养、益补、强健筋骨等功效。菠菜可以促进人体的新陈代谢,延缓衰老,有润肠通便、帮助消化等作用。大枣有助于补气,对于药效的增强很有帮助。

香菇燕麦粥

来源 民间方。

原料 香菇、白菜各适量，燕麦片60克。

制作

1. 燕麦片洗净泡发；香菇洗净切片；白菜洗净切丝；葱洗净切花。

2. 锅置火上，倒入水，放入燕麦片大火煮开。

3. 加入香菇、白菜同煮至浓稠状，调入盐拌匀，撒上葱花即可。

食用禁忌 香菇为动风食物，顽固性皮肤瘙痒症患者忌食。

用法用量 每日早晚温热服用1次。

药粥解说 香菇能提高机体免疫功能、延缓衰老、降血脂、降胆固醇；燕麦有"天然美容师"之称，有益肝和胃、养颜护肤、降血糖的功效。

羊肉生姜粥

来源 民间方。

原料 大米80克，羊肉100克，生姜、葱花、盐、鸡精、胡椒粉各适量。

制作

1. 大米洗净泡发；羊肉洗净切碎。

2. 锅中注入适量清水，加入大米、羊肉，共煮粥。

3. 粥熟时，加生姜、葱花、盐、鸡精、胡椒粉，稍煮即可。

药粥解说 羊肉有滋补壮阳、益气补血等效用。生姜具有化痰、止咳的功效。经常服用还可起到强身健体的作用。羊肉、生姜、大米合熬为粥有降低血糖之效，适合各类人群，尤其是男性食用。

香葱虾米粥

来源 民间方。

原料 大米100克，小虾米、包菜叶、盐、味精、葱花、香油各适量。

制作

1. 大米洗净泡发；虾米洗净；包菜叶洗净切碎。

2. 锅中入水适量，加入大米、小虾米、包菜叶，同煮。

3. 粥熟时加入盐、味精、葱花、香油，煮沸后即可盛碗食用。

药粥解说 葱对于抑制消灭病菌有十分强的作用。虾米中含有丰富的营养物质，可以补充钙质。此粥适合各类人群，尤其是老年人食用。

滋阴润燥 + 通利肠胃

菠菜粥

来源 《本草纲目》。

原料 粳米100克，连根菠菜50克，盐、味精各适量。

制作

1. 菠菜洗净切碎与洗净泡好的粳米一同煮粥。

2. 粥将熟时加入盐、味精即可。

药粥解说 菠菜对津液不足、胃肠功能失调、口渴思饮、肠燥便秘以及肠结核、痔疮、贫血、便血、糖尿病、高血压等症，均有一定疗效。

清热润肺 + 抗菌消炎

天花粉粥

来源 《千金方》。

原料 粳米100克，天花粉20克。

制作

1. 粳米淘净，用清水浸泡30钟，捞出沥水，放入锅中煮粥。

2. 天花粉煎后取汁与粳米同煮即可。

药粥解说 天花粉对溶血性链珠菌、肺炎双球菌、白喉杆菌有一定的抑制作用，主治热病烦渴、疮疡肿痛等症。适宜糖尿病及肺热咳嗽者。

消食除胀 + 降气化痰

炒莱菔子粥

来源 《千家食疗妙方》。

原料 粳米100克，莱菔子20克。

制作

1. 粳米淘洗干净，用清水浸泡30钟，备用。

2. 莱菔子洗净，炒后与粳米一同煮沸即可。

药粥解说 莱菔子有消食除胀、降气化痰的功效，用于饮食停滞、脘腹胀痛、大便秘结、积滞泻痢、痰壅喘咳等症。莱菔子与粳米同熬为粥，适用于糖尿病等症。

消炎透毒 + 利尿通便

竹笋米粥

来源 《家庭药膳》。

原料 粳米100克，鲜竹笋1个。

制作

1. 粳米淘洗干净，用清水浸泡30分钟，备用。

2. 鲜竹笋洗净切片，与粳米同煮粥即可。

药粥解说 竹笋有消炎、透毒、发豆疹、利九窍、通血脉、化痰涎、消食胀之功效，所含粗纤维对胃肠有促进蠕动的功效。竹笋与粳米合熬为粥，有清热、利尿通便的功效。

杀菌抗炎 + 美容护发

土豆芦荟粥

来源 民间方。

原料 大米90~100克，土豆30克，芦荟10克，盐3克。

制作

1. 大米洗净泡发；土豆洗净切片；芦荟洗净去皮切片。

2. 锅中注入适量清水，加入大米、土豆、芦荟同煮，粥将熟时加入盐即可。

药粥解说 土豆中含有丰富的营养物质，与芦荟、大米合熬为粥，有降血糖的功效。

润肺止咳 + 降低血糖

苹果萝卜牛奶粥

来源 民间方。

原料 大米、牛奶各100克，苹果、胡萝卜各25克，白糖5克，葱花少量。

制作

1. 大米淘洗干净，泡发；苹果洗净切块；胡萝卜洗净切块。

2. 锅中入水适量，加入大米、牛奶、苹果、胡萝卜同煮至熟，加入白糖、葱花，稍煮即可。

药粥解说 苹果、胡萝卜、牛奶合煮成粥有健脾养胃、润肺止咳、养心益气、降血糖等效用。

便秘

便秘是临床常见的复杂症状，而不是一种疾病，主要是指排便次数减少、粪便干结、排便费力、粪便量减少等。上述症状同时存在两种以上时，即为便秘。

☺食材推荐

| 玉米 | 绿豆 | 芝麻 | 苹果 |
| 甜瓜 | 西蓝花 | 莴笋 | 蜂蜜 |

症状表现

☑ **排便间隔时长**　☑ **腹胀**　☑ **腹痛**　☑ **食欲减退**　☑ **失眠**　☑ **烦躁**　☑ **多梦**　☑ **抑郁**

疾病解读

中医认为，便秘的病因为燥热内结，或气滞不行，或气虚传送无力，或血虚肠道干涩，以及阴寒凝结等，并将便秘分为燥热型、津枯型、气虚型、血虚型等多种症状。

调理指南

便秘患者应选择具有润肠通便作用的食物，常吃含粗纤维丰富的各种蔬菜水果，如芝麻、南瓜等。建议患者每天至少喝 6 杯 250 毫升的水，并养成定时排便的习惯。

家庭小百科

如何预防便秘？

1. 避免进食过少或食物太精细、缺乏残渣、对结肠运动的刺激减少。

2. 避免排便习惯受到干扰：由于精神因素、生活规律的改变等未能及时排便时，易引起便秘。

3. 避免滥用泻药：滥用泻药会使肠道的敏感性减弱，形成对某些泻药的依赖性，造成便秘。

4. 合理安排生活和工作，劳逸结合。适当的文体活动，特别是腹肌的锻炼可改善胃肠功能。

最佳药材·松仁

【别名】罗松子、海松子、红松果、松子。

【性味】味甘、性温、无毒。

【归经】归肝、肺、大肠经。

【功效】润肠增液，滑肠通便、健脑益智。

【禁忌】便溏、咳嗽痰多、腹泻者忌用。

【挑选】好的松仁壳颜色浅褐色，有光泽；松子仁颗粒饱满、肉质洁白、大而均匀、干燥；闻起来无油脂腐败的异味，而有干果的香甜味。

大麻仁粥

来源 《济生秘览》。

原料 粳米 50 克，大麻仁 5 克。

制作

1. 取粳米淘洗干净，用水浸泡 30 分钟后放入锅中熬煮成粥。
2. 大麻仁洗净，放净锅中加水煎煮取汁。
3. 待粳米将熟时加入大麻仁汁煮沸即可。

食用禁忌 不宜服用过量。

用法用量 每日 1 次。

药粥解说 大麻仁有润燥、滑肠、通淋、活血的功效，可用来治疗体质虚弱、津血枯少的肠燥便秘、消渴、热淋、痢疾等病症。此粥适合于老人、产妇等体质虚弱者。

消食化积 + 润肠通便

山楂苹果大米粥

来源 经验方。

原料 山楂干 20 克，苹果 50 克，大米 100 克，冰糖 5 克，葱花少许。

制作

1. 大米淘净，用清水浸泡；苹果洗净切小块；山楂干用温水稍泡后洗净。
2. 锅置火上，放入大米，加适量清水大火煮沸后转小火煮至八成熟。
3. 再放入苹果、山楂干煮至米烂，放入冰糖熬融后调匀，撒上葱花便可。

药粥解说 此粥有补心润肺、益气和胃、消食化积、润肠通便的功效。

补脾养胃 + 增进食欲

山药莴笋粥

来源 经验方。

原料 山药 30 克，莴笋 20 克，白菜 15 克，大米、盐、香油各适量。

制作

1. 莴笋、山药去皮洗净，切块；白菜洗净，撕成小片；大米洗净，泡发 30 分钟后捞起备用。
2. 锅内注水，放入大米，用大火煮至米粒开花，放入山药、莴笋同煮至粥将成时，下入白菜再煮 3 分钟，放入盐、香油搅匀即可。

药粥解说 山药有补脾养胃、助消化的功效。莴笋有增进食欲、刺激消化液分泌、促进胃肠蠕动等功能。

芹菜玉米粥

来源 经验方。

原料 大米100克,芹菜、玉米各30克,盐2克,味精1克。

制作

1. 芹菜洗净切碎;玉米洗净;大米洗净泡发。
2. 锅置火上,注水后,放入大米用大火煮至米粒绽开,放入芹菜、玉米,改用小火焖煮至粥成,调入盐、味精入味即可食用。

用法用量 每日服用1次。

药粥解说 芹菜含有大量的粗纤维,可刺激胃肠蠕动。玉米中含有丰富的纤维素,可以帮助通便,有健胃、降血压、降血脂和胆固醇等功效。共熬为粥,能治疗大便秘结等症。

对症祛病篇

清热解毒 + 消暑除烦

绿豆玉米粥

来源 民间方。

原料 大米、绿豆各40克,玉米粒、胡萝卜、百合各适量,白糖4克。

制作

1. 大米、绿豆均洗净泡发;胡萝卜洗净,切丁;玉米粒洗净;百合洗净,切片。
2. 锅置火上,入水,放入大米、绿豆煮至开花。
3. 加入胡萝卜、玉米、百合同煮至浓稠状,调入白糖拌匀即可。

药粥解说 玉米含有蛋白质、脂肪、维生素E、胡萝卜素、B族维生素等营养物质,有润肠通便的功效。

养血止血 + 润肠通便

萝卜洋葱菠菜粥

来源 民间方。

原料 胡萝卜、洋葱、菠菜各20克,大米100克,盐3克,味精1克。

制作

1. 胡萝卜洗净切丁;洋葱洗净切条;菠菜洗净,切成小段;大米洗净,泡发备用。
2. 锅置火上,入水适量,放入大米大火煮至米粒开花,放入胡萝卜、洋葱转小火煮至粥成,再下入菠菜稍煮,放入盐、味精调味,即可。

药粥解说 菠菜有养血、止血、平肝、润肠通便的功效。胡萝卜有利膈宽肠功效。此粥有润肠通便的功效。

香菇绿豆粥

来源 民间方。

原料 大米100克，香菇、绿豆、核桃各适量。

制作

1. 大米、绿豆一起洗净后下入冷水中浸泡30分钟后捞出沥干水分；核桃洗净，切成小块，备用；香菇泡发洗净，切丝。

2. 锅置火上，倒入适量清水，放入大米、绿豆，以大火煮开。

3. 加入核桃、香菇同煮至粥成浓稠状，调入盐、鸡精、胡椒粉拌匀即可。

食用禁忌 尿多之人忌食。

用法用量 每日服用1次。

药粥解说 绿豆有清热解毒、消暑、利尿、祛痘的作用，大米可温中养胃，滋补虚损。核桃有清心养神、润肠通便、健脾益肾的功效。四者合煮成粥有润肠通便的功效。

萝卜猪肚大米粥

来源 民间方。

原料 猪肚100克，白萝卜110克，大米80克，盐、料酒、姜末、醋、胡椒粉、香油、葱花、味精适量。

制作

1. 白萝卜洗净，去皮切块；大米淘洗干净，用清水浸泡30分钟；猪肚洗净，切条，用盐、料酒腌渍。

2. 锅内放入清水、大米，大火煮沸后，下入腌好的猪肚、姜末煮沸，滴入醋，转中小火熬煮40分钟，下入白萝卜，慢熬成粥，调入盐、味精、胡椒粉，淋香油，撒上葱花。

用法用量 温热服用。每日服用1次。

药粥解说 猪肚能健脾胃，可治疗虚劳羸弱等症。白萝卜能止咳化痰、清热生津、促进消化、增强食欲。此粥能健脾和胃、润肠通便。

润肠增液＋滑肠通便

松仁粥

来源 《本草纲目》。

原料 粳米 50 克，松子仁 20 克。

制作

1. 粳米淘净，用清水浸泡 30 分钟，捞出沥水，入锅中煮粥。
2. 加入洗净的松子仁一起熬煮即可。

药粥解说 松子含有丰富的维生素 E 和铁质，可以减轻疲劳、改善贫血，适合妊娠期、更年期或皮肤粗糙的女性食用。此粥可润肠增液、滑肠通便，对女性产后便秘极为有效。

润肺补肾＋壮阳健肾

五仁粥

来源 经验方。

原料 粳米 150 克，芝麻、甜杏仁、松子仁、桃仁、胡桃仁各 10 克。

制作

1. 取粳米洗净泡发熬煮。
2. 加入洗净的五仁与粳米同煮成粥即可。

药粥解说 核桃有壮阳健肾等功效，是温补肺肾的理想滋补食品和良药。杏仁能够降低人体内胆固醇的含量。五仁合用，能增强润肠泻下、延缓衰老的功能。

润肠泻下＋延缓衰老

玉竹粥

来源 《粥谱》。

原料 粳米 50 克，玉竹 15 克，冰糖适量。

制作

1. 粳米、玉竹分别洗净；粳米用清水浸泡 30 分钟备用。
2. 玉竹洗净煎后取汁，与粳米同煮。
3. 待粥将熟时，加入冰糖煮沸即可。

药粥解说 玉竹中含有大量的维生素，其有养胃生津、降低血压、降血脂、保护心脏、润肺、美容的功效。

消暑清热＋生津解渴

甜瓜粥

来源 经验方。

原料 甜瓜 100 克，糯米 50 克，白糖适量。

制作

1. 取糯米洗净泡发熬煮，甜瓜去皮去瓤切丁加入粥中。
2. 待粥将熟时，加入白糖煮沸即可。

药粥解说 甜瓜含有大量的碳水化合物及柠檬酸、胡萝卜素和 B 族维生素、维生素 C 等，且水分充沛，可消暑清热、生津解渴、除烦等。甜瓜与糯米合熬为粥，有润肠通便的功效。

润肠通便＋润肺止咳

蜂蜜粥

来源 经验方。

原料 粳米 50 克，蜂蜜 30 克，枸杞 10 克。

制作

1. 取粳米淘洗干净，用清水浸泡 30 分钟，放入锅中熬煮；枸杞洗净。
2. 待粳米将熟时，加入枸杞、蜂蜜煮沸，即可盛碗食用。

药粥解说 蜂蜜有补虚、润燥、解毒、保护肝脏、营养心肌、降血压、防止动脉硬化等功效。常食用此粥可治脘腹虚痛、肺燥干咳、肠燥便秘等症。

润肠通便＋健胃利脾

糙米土豆粥

来源 民间方。

原料 糙米 30 克，土豆 50 克，盐 2 克。

制作

1. 糙米米淘洗干净，用清水浸泡 30 分钟；土豆洗净切块。
2. 锅中注入适量清水，加入糙米、土豆，大火煮沸后转小火熬煮 40 分钟。
3. 粥将熟时加入盐，煮沸即可。

药粥解说 土豆淀粉在体内被缓慢吸收，不会导致血糖过高，可用作糖尿病患者的食疗。

痛经

痛经是指女性经期或月经前后发生的下腹疼痛、腰痛，甚至剧痛难忍的一种自觉症状，是妇科病人最常见的一种症状。疼痛多在月经来潮后数小时。

☺食材推荐

| 红枣 | 豌豆 | 银耳 | 桂圆 |
| 花生 | 陈皮 | 姜 | 红糖 |

症状表现

| ☑ 下腹坠胀痛 | ☑ 冷痛 | ☑ 绞痛 | ☑ 面色苍白 | ☑ 四肢发冷 | ☑ 晕厥 | ☑ 恶心 | ☑ 呕吐 |

疾病解读

痛经可分为原发性痛经和继发性痛经。原发性痛经是周期性月经期痛但没有器质性疾病，而继发性痛经常见于子宫内膜异位症、子宫肌瘤、盆腔炎症、子宫腺肌病、子宫内膜息肉和月经流出道梗阻。

调理指南

痛经患者饮食要均衡，多吃蔬菜、水果、鸡肉、鱼肉，并尽量少食多餐。补充矿物质、钙、钾及镁矿物质，也能帮助缓解痛经。同时应避免咖啡、茶、可乐、巧克力中所含的咖啡因。

家庭小百科

不同年龄阶段痛经原因不同

1. 10 岁 ~19 岁。因为处女膜孔小，一定程度上会抑制经血的正常排出，进而引发痛经。

2. 20 岁 ~29 岁。可通过中药调理和饮食保健缓解疼痛，但如经期疼痛异常难忍应及时就诊。

3. 30 岁 ~39 岁。多疾病引发，应及时到医院就诊检查，并积极治疗。

4. 40 岁 ~49 岁。多是继发性的，可能由于子宫某种病变导致，应到医院就诊检查。

最佳药材·桃仁

【别名】毛桃仁、扁桃仁、大桃仁。

【性味】味甘苦、性平、有毒。

【归经】归肺、肝、大肠经。

【功效】活血通经、散淤止痛、润滑肠道。

【禁忌】血枯所致闭经、产后血虚所致腹痛、津液不足所致便秘者及孕妇忌食。

【挑选】挑选桃仁时应以颗粒饱满均匀且没有破碎、表皮浅黄、肉质洁白、干燥无杂质、无异味、无变色的为佳。

豌豆肉末粥

来源 民间方。

原料 大米70克，猪肉100克，嫩豌豆60克，鸡精、盐适量。

制作

1. 猪肉洗净，切成末；嫩豌豆洗净；大米用清水淘净，用水浸泡30分钟。
2. 大米放入锅中，加清水烧开，改中火，放入嫩豌豆、猪肉，煮至猪肉熟。
3. 小火熬至粥浓稠，下入盐、鸡精调味即可。

用法用量 每日温热服用1次。

药粥解说 豌豆有益中气、止泻痢、利小便、消痈肿、增强免疫力的功效，可用来治疗脚气、脾胃不适、心腹胀痛病症。猪肉有补肾、滋阴润燥的功效。

和中益气＋补血养颜

红枣豌豆肉丝粥

来源 经验方。

原料 红枣10克，猪肉30克，大米80克，豌豆、盐、味精适量。

制作

1. 红枣、豌豆洗净；猪肉洗净，切丝，用盐、淀粉稍腌，入锅滑熟，捞出；大米淘净，泡好。
2. 大米入锅，放适量清水，大火煮沸，改中火，下入红枣、豌豆煮至粥将成时。
3. 下入猪肉，小火将粥熬好，加盐、味精调味。

药粥解说 豌豆的蛋白质含量很丰富，而且包括了人体所必需的8种氨基酸，煮粥常食能增强人体免疫力。

补虚益气＋养血安神

红枣茄子粥

来源 经验方。

原料 大米80克，茄子30克，红枣20克，鸡蛋1个，盐、香油、葱花各适量。

制作

1. 大米洗净，泡发；茄子洗净，切小条，用清水略泡；红枣洗净，去核；鸡蛋煮熟后切碎。
2. 锅置火上，注入清水，放入大米煮至五成熟。
3. 放入茄子、红枣煮至粥成时，放入鸡蛋，加盐、香油调匀，撒上葱花即可。

药粥解说 红枣具有补虚益气、养血安神、健脾和胃的功效。茄子具有清热解毒、利尿消肿、祛风通络、活血化淤的功效。

滋阴润燥＋益气养胃

银耳桂圆蛋粥

来源 经验方。

原料 银耳、桂圆肉各20克，鹌鹑蛋2个，大米80克，冰糖、葱花适量。

制作

1. 大米洗净，入清水浸泡；银耳泡发，洗净后撕小朵；桂圆去壳洗净；鹌鹑蛋煮熟去壳。

2. 大米入锅煮至七成熟，放入银耳、桂圆煮至米粒开花，放入鹌鹑蛋稍煮，加冰糖煮融后调匀，撒上葱花即可。

药粥解说 此粥有滋阴润燥、益气养胃、温补固阳、调经养血的功效。

活血化淤＋散寒止痛

陈皮眉豆粥

来源 民间方。

原料 大米80克，眉豆30克，陈皮适量，白砂糖4克。

制作

1. 大米、眉豆均洗净，泡发后捞出沥干水分；陈皮洗净，浸泡至软后，捞出切丝。

2. 锅置火上入水适量，放入大米、眉豆煮至七成熟，再加入陈皮丝同煮至粥呈浓稠状，调入白砂糖拌匀即可。

药粥解说 陈皮与眉豆、大米合熬为粥，能健脾暖胃、活血化淤、止痛。

益气养血＋驱风散寒

萝卜红糖粥

来源 民间方。

原料 白萝卜30克，粳米100克，红糖5克。

制作

1. 粳米洗净泡发；白萝卜去皮洗净，切小块。

2. 锅置火上，注水后，放入粳米，用大火煮至米粒开花。

3. 放入萝卜，用小火煮至粥成，加入红糖调味，即可食用。

药粥解说 白萝卜能阻止脂肪氧化，防止脂肪沉积。红糖能健脾暖胃、祛风散寒、活血化淤。三者合熬为粥有散寒止痛、活血化淤的功效。

健脾暖胃＋散寒止痛

陈皮白术粥

来源 经验方。

原料 陈皮、白术各适量，大米100克，盐2克。

制作

1. 大米泡发洗净；陈皮洗净，切丝；白术洗净，加水煮好，取汁待用。

2. 锅置火上，倒入熬好的汁，放入大米，以大火煮开，加入陈皮，再以小火煮至浓稠状，调入盐拌匀即可。

药粥解说 陈皮可辛散通温、理气。白术可健脾益气、燥湿利水、止汗，陈皮、白术、大米合熬为粥，能健脾暖胃、散寒止痛、活血化淤。

温中补阳＋散寒止痛

桂浆粥

来源 《粥谱》。

原料 肉桂 3 克，粳米 50 克，红糖适量。

制作

1. 肉桂洗净，润透，煎取浓汁去渣。
2. 粳米淘洗干净，用清水浸泡 30 分钟后，捞出沥水，放入锅中加入水量，大火煮沸后转小火熬煮成粥。
3. 粥沸后调入桂汁及红糖，同煮成粥即可。

药粥解说 肉桂能暖脾胃、止冷痛、通血脉。

温经调经＋祛风止痛

姜艾薏米粥

来源 《食疗百味》。

原料 薏米 30 克，干姜 10 克，艾叶 10 克。

制作

1. 干姜、艾叶洗净，润透，放入锅中置火上，加水适量，大火煮沸后转小火煎煮 15 分钟，滤渣留汁备用。
2. 薏米淘洗干净，用水浸泡 1 小时，放入锅中煮粥至八分熟，入药汁同煮至粥成即可。

药粥解说 三味与粳米合用，有温经化淤功效。

温肝散寒＋补脾暖胃

吴茱萸粥

来源 《食鉴本草》。

原料 粳米 100 克，生姜 2 片，吴茱萸 5 克，葱白适量。

制作

1. 吴茱萸研为细末；粳米淘洗干净，用清水浸泡 30 分钟，加水煮粥。
2. 米将熟时加吴茱萸末及葱白、生姜同煮。

药粥解说 此粥用吴茱萸温中降逆、暖肝止痛；用生姜温胃散寒止呕；葱白可用来治疗肝胃寒凝所致胃腹疼痛。

温中散寒＋补气健脾

猪肚粥

来源 《食医心镜》。

原料 粳米 100 克，猪肚 1 具，豆豉、葱、姜、辣椒、姜各适量。

制作

1. 猪肚洗净；粳米淘洗干净，用清水浸泡 30 分钟，备用。
2. 锅中注入适量清水，加入粳米、猪肚，同煮。
3. 放入豆豉、葱、姜、辣椒煮粥即可。

药粥解说 猪肚不仅是食材还是很好的药材。有补虚损、健脾胃、缓解痛经的功效。

活血化淤＋润肠通便

三仁祛斑粥

来源 民间方。

原料 大米 50 克，杏仁、桃仁、白果仁各 10 克，鸡蛋 1 个，冰糖 30 克。

制作

1. 杏仁、桃仁、白果仁洗净，研成粉末；大米淘洗干净泡发。
2. 锅中加适量水，放入大米煮沸后，加入杏仁、桃仁、白果仁粉末，再继续煮至米烂熟。
3. 粥将成时打入鸡蛋搅匀，加入冰糖，待鸡蛋煮熟即可盛碗食用。

益气养血＋消脂降糖

南瓜猪肝粥

来源 民间方。

原料 大米 80 克，猪肝 100 克，南瓜 100 克，葱花、料酒、味精、盐、香油各适量。

制作

1. 大米淘洗干净，用水浸泡 30 分钟，南瓜去皮洗净切块，猪肝洗净切块。
2. 锅置火上，注入适量清水，加入大米、南瓜、猪肝同煮。
3. 粥将熟时加入葱花、料酒、味精、盐、香油，煮沸即可。

补肾壮阳 + 健脾暖胃

韭菜粥

来源 《本草纲目》。

原料 粳米、新鲜韭菜各50克，韭菜籽5克，盐少量。

制作

1. 韭菜择洗干净，切细；韭菜籽研为细末；粳米淘洗干净，用清水浸泡30分钟备用。

2. 锅置火上，入水适量，下入粳米大火煮沸后转小火熬煮至粥成。

3. 加入韭菜、韭菜籽末拌匀，煮沸后加入盐调味，即可盛碗食用。

食用禁忌 炎夏季节忌服用。

用法用量 温热服用，每日2次。

药粥解说 韭菜有温补肾阳、固精止遗、行气活血、温中开胃的功效，能辅助治疗由肾阳不足引起的痛经、腰膝酸软等症。与粳米合煮成粥，具有补肾壮阳之效。

活血化淤 + 通经止痛

桃仁粳米粥

来源 《食医心鉴》《多能鄙事》。

原料 粳米75~100克，桃仁10~15克。红糖少许。

制作

1. 桃仁洗净后晾干，捣烂如泥，置锅中，加水适量大火煮沸转小火煎煮10分钟，留汁去渣。

2. 粳米淘洗干净，用清水浸泡30分钟备用。

3. 净锅置火上，入水适量，下入粳米，兑入药汁，大火煮沸后转小火熬煮至粥成，加红糖调味后即可食用。

食用禁忌 桃仁有小毒，不宜过量食用。孕妇及便溏病人忌服用。

用法用量 温热空腹，每日2次。

药粥解说 桃仁有活血通经、散淤止痛的功效，能治疗血淤病，诸如外伤引起的跌打青肿、淤滞作痛、女性血滞经闭、痛经、癥瘕积聚等症。

健脾胃 + 补气血

养血止痛粥

来源 民间方。

原料 大米100克，黄芪、当归、白芍各15克，红糖适量。

制作

1. 将黄芪、当归、白芍分别洗净，润透，放入砂锅中，加水适量，大火煮沸后转小火煎煮15分钟，滤渣留汁，复加水适量，煎煮10分钟，两次药汁合并，备用。

2. 大米淘洗干净，用清水浸泡30分钟，放入砂锅中，入水适量，兑入药汁，大火煮沸后转小火熬煮至粥将成时加入红糖，继续煮至粥熟即可盛碗食用。

食用禁忌 表实邪盛、湿阻气滞者忌服。

用法用量 温热服用，每日1次。

药粥解说 黄芪是一味好药，民间自古就有"冬令取黄芪配成滋补强身之食品"的习惯。此粥适宜女性痛经者食用。

止咳平喘 + 滋补养颜

阿胶粥

来源 《小儿药症直诀》。

原料 糯米30克，阿胶15克，杏仁、马兜铃各10克。

制作

1. 取糯米淘洗干净，用清水浸泡30分钟备用。

2. 杏仁、马兜铃均洗净，润透，放入砂锅中，加水适量，大火煮沸后转小火煎煮15分钟，滤渣留汁，备用；阿胶熔化取汁。

3. 锅置火上，入水适量，下入糯米，大火煮沸后转小火熬煮至粥将熟时，加入杏仁、马兜铃汁和阿胶汁，继续用小火熬煮至粥成熟，即可盛碗食用。

食用禁忌 脾胃虚弱者忌服用。

用法用量 温热服用，早晚各1次。

药粥解说 阿胶具有很好的补血护肤养颜功效。杏仁有止咳平喘、润肠通便的作用，几者合煮成粥，具有益气补血、滋补养颜之效。

月经不调

月经不调是女性的一种常见疾病，多见于青春期或绝经期女性。月经不调是指月经周期、经量、经色、经质等方面出现异常等一系列病症。

☺ 食材推荐

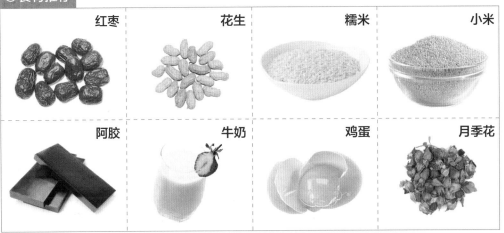

| 红枣 | 花生 | 糯米 | 小米 |
| 阿胶 | 牛奶 | 鸡蛋 | 月季花 |

症状表现

☑ **不规则子宫出血**　☑ **功能性子宫出血**　☑ **绝经后阴道出血**　☑ **闭经**

疾病解读

其病因可能是内分泌失调、器质病变或药物引起，如血液病、高血压病、肝病、内分泌病、流产、宫外孕、生殖道感染、肿瘤（如卵巢肿瘤、子宫肌瘤）等均可引起月经不调。

调理指南

月经不调者饮食应以清淡且营养为主，补充蛋白质、铁及维生素C。月经来潮初期，多吃开胃、易消化的食物。月经后期需要多补充含蛋白及铁钾钠钙镁的食物，忌食辛燥、油腻、寒凉食物。

家庭小百科

月经不调的预防方法

1. 不喝碳酸饮料和浓茶。浓茶中含大量咖啡因，对神经和心血管的刺激很大，容易增加经期的焦虑不安、烦躁等负面情绪，加重经血量，延长经期等。

2. 多食用高纤维食物。高纤维食物包括新鲜水果、蔬菜、燕麦、糙米等，这类食物可增加血液中镁的含量，有调整月经及镇静神经的作用。在两餐之间多吃富含B族维生素的食物。

最佳药材·益母草

【别名】野麻、九塔花、山麻、红花艾。

【性味】味苦、性寒、有小毒。

【归经】归肝、心经。

【功效】活血祛淤，调经消水。

【禁忌】孕妇、无淤滞及阴虚血少者忌用。不宜过量服用，会导致腹泻腹痛。

【挑选】益母草叶呈灰绿色、多皱缩、宜破碎；茎表面灰绿色或黄绿色、体轻、质韧、断面中部有髓。

益母红枣粥

来源 经验方。

原料 益母草20克，红枣10枚，大米100克，红糖适量。

制作

1. 大米洗净泡发；红枣去核，切成小块；益母草嫩叶洗净切碎。
2. 大米与适量清水煮开。
3. 放入红枣煮至粥成浓稠状时，下入益母草，调入红糖拌匀。

用法用量 需温热服用。每天服用1次。

药粥解说 益母草嫩茎叶含有蛋白质、碳水化合物等多种营养成分，具有活血、祛淤、调经、消水的功效；红枣具有补虚益气、养血安神、健脾和胃的功效。益母草、红枣与大米同煮为粥，能活血化淤、补血养颜，可以治疗女性月经不调、痛经等症。

鸡蛋麦仁葱香粥

来源 经验方。

原料 鸡蛋1个，麦仁100克，盐2克，香油、胡椒粉、葱花适量。

制作

1. 麦仁洗净，放入清水中浸泡；鸡蛋洗净，煮熟后切碎。
2. 锅置火上，注入清水，放入麦仁，大火煮沸后转小火煮至粥将成。
3. 再放入鸡蛋丁，加盐、香油、胡椒粉调匀，撒上葱花即可。

食用禁忌 诸无所忌。

用法用量 每日食用1次。

药粥解说 鸡蛋常被人们称为"理想的营养库"，能健脑益智、延缓衰老、保护肝脏、补充营养。麦仁含有蛋白质、纤维和矿物质，可用于治疗营养不良等症，两者合煮成粥有益于活血调经。

牛奶鸡蛋小米粥

来源 民间方。

原料 牛奶 50 毫升，鸡蛋 1 个，小米 100 克，
白砂糖 5 克，葱花适量。

制作

1. 小米洗净，浸泡片刻；鸡蛋煮熟后切碎。

2. 锅置火上，注入清水，放入小米，煮至八成熟。

3. 倒入牛奶，煮至米烂，再放入鸡蛋，调入白砂
糖搅拌，撒上葱花即可。

食用禁忌 诸无所忌。

用法用量 每日食用 1 次。

药粥解说 牛奶含有丰富的蛋白质、脂肪、糖
类及矿物质钙、磷、铁、镁、钾和维生素等营养
成分，可镇静安神、美容养颜。鸡蛋能健脑益智、
延缓衰老。

活血化淤 + 通经止痛

冬瓜鸡蛋粥

来源 经验方。

原料 冬瓜 20 克，鸡蛋 1 个，大米 80~100 克，
盐 3 克，香油、胡椒粉、葱花适量。

制作

1. 大米淘净，放入水中浸泡；冬瓜去皮洗净，
切小块；鸡蛋煮熟取蛋黄，切碎。

2. 锅置火上，注入清水，放入大米煮至七成熟。

3. 再放入冬瓜，煮至米稠瓜熟，放入鸡蛋黄，
加盐、香油、胡椒粉调匀，撒上葱花即可食用。

药粥解说 冬瓜有止烦渴、利小便的功效。鸡
蛋含有丰富的营养，能健脑益智、保护肝脏、延
缓衰老。

清热安神 + 清肝利胆

鸡蛋生菜粥

来源 民间方。

原料 鸡蛋 1 个，玉米粒 20 克，大米 80 克，
精盐 2 克，鸡汤、生菜、香油、葱花适量。

制作

1. 大米洗净，用清水浸泡；玉米粒洗净；生菜
叶洗净，切丝；鸡蛋煮熟后切碎。

2. 锅置火上，注入清水，放入大米、玉米煮至
八成熟，倒入鸡汤稍煮，放入鸡蛋、生菜，
加盐、香油调匀，撒上葱花即可。

药粥解说 生菜可清热安神、清肝利胆、促进
血液循环，适用于神经衰弱者。鸡蛋有滋阴养血
的功效。

益气养血 + 祛风散寒

益母草粥

来源 民间方。

原料 鲜益母草 50 克，粳米 100~150 克，红糖适量。

制作

1. 益母草洗净，润透，放砂锅中，加水适量，大火煮沸后转小火煎煮 15 分钟，滤渣留汁。

2. 粳米淘洗干净，用清水浸泡 30 分钟，放入砂锅中，入水适量，兑入药汁，大火煮沸后转小火熬煮至粥成，加入红糖调味即可。

食用禁忌 气血虚少引起的恶露不绝忌用。

用法用量 每日 2 次温热服用。

药粥解说 益母草能去淤生新，活血调经，利尿消肿；粳米能补中益气；红糖可益气养血，健脾暖胃，祛风散寒，活血化淤。三味合熬为粥，有祛痰止血的功效，可以治疗女性产后恶露淋漓、涩滞不爽。

活血调经 + 疏肝理气

月季花粥

来源 经验方。

原料 西米 50 克，桂圆肉 20 克，月季花 10 克，蜂蜜适量。

制作

1. 桂圆肉洗净，润透，切成碎米状；月季花择洗干净，切碎；西米淘洗干净，备用。

2. 锅置火上，入水适量，下入西米与桂圆肉，大火煮沸后转小火熬煮至粥将成时，调入月季花、蜂蜜稍煮片刻即可。

食用禁忌 孕妇忌服用。

用法用量 温热服用，每日 1 次。

药粥解说 月季花有活血调经、消肿解毒的功效，是妇科的常用药之一。桂圆肉有开胃益脾、养血安神之效。西米有温中健脾的功效。月季花、桂圆肉与西米合煮粥，可以用来辅助治疗女性月经不调、痛经、赤白带下等症。

活血化淤 + 调经消水

糯米阿胶粥

来源 经验方。

原料 大米 100 克，益母草 20 克，阿胶 10 克，红糖适量。

制作

1. 大米淘洗干净，用清水浸泡 30 分钟，备用；阿胶切成小块；益母草嫩叶洗净切碎。

2. 锅置火上，入水适量，下入大米大火煮沸后转小火熬煮至粥将成。

3. 放入阿胶继续用小火熬煮至粥成浓稠状时，下入益母草，加入红糖调味，稍煮片刻，即可盛碗食用。

食用禁忌 孕妇忌服用。

用法用量 温热服用。

药粥解说 益母草嫩茎叶含有蛋白质、碳水化合物等多种营养成分，具有活血、祛淤、调经、消水的功效。阿胶具有很好的补血护肤养颜功效。两者合煮成粥，调养效果更佳。

活血化淤 + 通经止痛

桃仁生地粥

来源 民间方。

原料 粳米 50 克，桃仁、生地各 10 克，肉桂粉 2 克，红糖适量。

制作

1. 桃仁、生地均洗净，润透，放入砂锅中，加水适量，大火煮沸后转小火煎煮 15 分钟，滤渣留汁，备用。

2. 粳米淘洗干净，用清水浸泡 30 分钟，放入砂锅中，入水适量，兑入药汁，大火煮沸后转小火熬煮至粥将成。

3. 再放入肉桂粉、红糖小火熬煮至粥成，即可盛碗食用。

食用禁忌 用量不宜过大，孕妇忌用。

用法用量 温热服用，每日 2 次。

药粥解说 桃仁有活血化痰、润肠通便的功效，可以用来治疗痛经、经闭、癥瘕痞块、跌扑损伤、肠燥便秘。

乳腺炎

乳腺炎是指乳腺的急性化脓性感染，是产褥期的常见病，是引起产后发热的原因之一，最常见于哺乳女性，尤其是初产妇。哺乳期的任何时间均可发生。

☺食材推荐

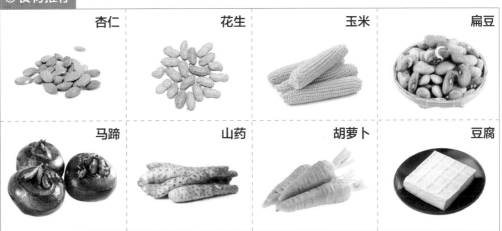

杏仁	花生	玉米	扁豆
马蹄	山药	胡萝卜	豆腐

症状表现

☑ **乳房肿胀**　☑ **疼痛**　☑ **发热**　☑ **高热**　☑ **寒战**　☑ **乳房皮肤红肿**

疾病解读

乳腺炎是产妇常见病症之一，为乳房急性化脓性感染，多由细菌经乳头皲裂处或乳管口侵入乳腺组织所引起。本病好发于产后第 3~4 周，如提早预防或发现并及时治疗，可避免或减轻病症。

调理指南

乳腺炎患者进食时，要遵循"低脂高纤"的饮食原则，多吃全麦、豆类和蔬菜，控制动物蛋白摄入，并补充微量元素。微量元素硒是抗击乳腺癌的关键，能有效抑制癌细胞的生成和转移。

家庭小百科

缓解乳腺炎妙方

操作前清洗双手、修剪指甲，病人平卧，涂抹润滑油（可用橄榄油），轻拉乳头数次，一手托起乳房，另一手拇指与其余四指分开，五指屈曲，拇指指腹由乳根部顺乳管走向向乳晕方向呈螺旋状推进，另一手食指于对侧乳晕部配合帮助乳汁排出。注意拇指着力点在于向前推进，而不是向下压。两手要轻柔，避免顶触乳房增加病痛。根据病情，每日 1~3 次，每次 30 分钟，每侧 15 分钟。

最佳药材·蒲公英

【别名】黄花地丁、婆婆丁、奶汁草。

【性味】味甘、苦、性寒、无毒。

【归经】归肝、胃经。

【功效】清热解毒、消肿散结、利尿通淋。

【禁忌】阳虚外寒、脾胃虚弱者忌用。

【挑选】蒲公英根圆锥形，表面棕褐色。叶多皱缩破碎，羽状分裂，下表面主脉明显，气微，味微苦。挑选时以叶多、色绿、根长者为佳。

青菜罗汉果粥

来源 经验方。

原料 大米100克，猪肉50克，罗汉果1个，青菜20克，盐3克，鸡精1克。

制作

1. 猪肉切丝；青菜切碎；大米淘净泡好；罗汉果打碎入锅煎煮，取汁液。

2. 锅中加清水、大米，大火煮开，改中火，下入猪肉煮至肉熟。

3. 倒入罗汉果汁，改小火，放入青菜，熬至粥成，下入盐、鸡精调味即可。

食用禁忌 不宜过量食用。

用法用量 每日温热服用1次。

药粥解说 此粥有利水消肿、清热解毒、健脾消食的功效。

消肿散结＋清热解毒

豆腐杏仁花生粥

来源 民间方。

原料 豆腐、南杏仁、花生仁各20克，大米110克，盐2克，味精1克。

制作

1. 豆腐切小块；大米淘洗干净，用清水浸泡30分钟，备用。

2. 锅置火上注水，放入大米用大火煮至米粒开花。

3. 放入南杏仁、豆腐、花生仁，改用小火煮至粥浓稠时，调入盐、味精即可。

药粥解说 豆腐能补益清热、常食可有补脾益胃、清热润燥、利小便、解热毒的功效。长食用此粥，有清热解毒的功效，可治疗乳腺炎。

清热解毒＋补血养血

三蔬海带粥

来源 民间方。

原料 胡萝卜、圣女果、西蓝花、海带丝各20克，大米90克，盐、味精各适量。

制作

1. 大米浸泡30分钟；圣女果、胡萝卜切小块；西蓝花掰小朵。

2. 锅置火上，入水适量，下大米熬煮，入圣女果、西蓝花、胡萝卜、海带丝，小火煮至粥成时，加盐、味精调味。

药粥解说 胡萝卜对人体具有多种保健功能，被誉为"小人参"。圣女果有生津止渴、清热解毒、补血养血的功效。常食用此粥，可清热解毒。

胡萝卜玉米罗汉粥

来源 经验方。

原料 罗汉果、郁李仁各 15 克，大米 100 克，胡萝卜、玉米、冰糖各适量。

制作

1. 大米淘净，入清水浸泡；罗汉果放入纱布袋，扎紧封口，放入锅中加适量清水熬汁。
2. 锅置火上，放入大米、郁李仁，加清水、兑入罗汉果汁煮至八成熟。放入胡萝卜丁、玉米煮至米粒开花，放入冰糖熬煮调匀。

食用禁忌 不宜过量食用。

用法用量 每日温热服用 1 次。

药粥解说 罗汉果有清热解毒、散寒燥湿、化痰止咳的功效。常食用此粥，可辅助治疗乳腺炎。

对症祛病篇

猪肚马蹄粥

来源 经验方。

原料 猪肚 35 克，马蹄 50 克，大米 80 克，葱、姜、盐、味精、料酒各适量。

制作

1. 马蹄去皮洗净；大米淘净，浸泡 30 分钟；猪肚洗净，切条，用盐、料酒腌制；葱切段。
2. 锅入水，下大米大火烧开，下入猪肚、马蹄、姜片，转中火熬煮至粥成，加盐、味精调味，撒葱段即可。

药粥解说 猪肚可健脾和胃、补虚。马蹄可清热化痰、生津开胃。此粥有补气健脾、清热解毒的功效。

猪腰香菇粥

来源 民间方。

原料 大米 80 克，猪腰 100 克，香菇 50 克，盐 3 克，鸡精 1 克，葱花少许。

制作

1. 香菇对切；猪腰去腰臊切花刀；大米淘净浸泡 30 分钟。
2. 锅中注水，入大米熬煮，再入香菇熬煮至将成，下入猪腰，待猪腰变熟，调入盐、鸡精搅匀，撒上葱花即可。

药粥解说 猪腰可理肾气、舒肝脏、通膀胱。与香菇、大米合熬为粥，有健脾胃、益智、清热解毒的功效。

阳痿

阳痿又称勃起功能障碍，是指在有性欲要求时，阴茎不能勃起或勃起不坚，或者虽然有勃起且有一定程度的硬度，但不能保持性交时间，妨碍或不能完成性交。

☺食材推荐

韭菜	大米	山药	枸杞
羊肉	乳鸽	猪肉	牛肉

症状表现

☑ **阴茎不举**　　☑ **举而不坚**　　☑ **性交时间短**

疾病解读

阳痿的发病率占成年男子的 50% 左右，其原因可能是器质性病变或精神心理因素。一般来说，器质性病变引起的阳痿仅占 10%~15%，多由生殖系统疾病、药物因素、血管疾病等造成。

调理指南

平时要注意劳逸结合，调整情绪，消除偶尔因房事失败而产生的恐惧心理，性生活应尽量放松，婚后房事也不宜过频。日常生活中还要力戒手淫和体外射精等不良习惯。

家庭小百科

阳痿如何预防？

1. 建立美满、健康、和谐的家庭环境。注意夫妻之间的相互体贴、配合。
2. 注意婚前性教育和性指导。不放纵也不过度节制性生活，性生活次数太少不利雄激素释放。
3. 生活有规律，加强体育锻炼，如打太极拳、散步、气功等均有益于自我心身健康和精神调节。
4. 不要滥服"壮阳药"，即使是国家许可的，如万艾可类别的药品，都会引起依赖性和副作用。

最佳药材·巴戟天

【别名】巴戟、巴吉天、戟天、巴戟肉、鸡肠风、猫肠筋、兔儿肠。

【性味】味甘、性温、无毒。

【归经】归脾、肾经。

【功效】补肾助阳、强筋壮骨、祛风除湿。

【禁忌】小便不利、大便燥结、烦躁口渴、目赤目痛者禁用。

【挑选】选表面灰黄色或灰棕色、皱缩，有深陷横纹，质地坚韧、折断面不平、气味淡的。

细辛枸杞粥

来源 民间方。

原料 细辛15克，枸杞10克，大米50克，葱适量。

制作

1. 大米洗净；细辛洗净；葱洗净切成葱花。
2. 锅置火上，倒入清水，放入大米，煮至米粒开花，再加入枸杞和细辛，转小火熬煮。
3. 待粥煮至浓稠状，调入盐拌匀，撒上葱花。

用法用量 每日温热服用1次。

药粥解说 细辛有解热、利尿、祛痰、镇痛的功效。枸杞常常被当作滋补调养和抗衰老的良药，能治疗虚劳津亏、腰膝酸痛、眩晕耳鸣、内热消渴、血虚萎黄、目昏不明等症。

猪脑粥

来源 民间方。

原料 猪脑1个，大米100克，葱末、姜末、料酒、盐、味精各适量。

制作

1. 大米淘净泡发；猪脑用清水浸泡，洗净；将猪脑装入碗中，加入姜末、料酒，入锅中蒸熟。
2. 锅中注水，下入大米，倒入蒸猪脑的原汤，熬至粥将成时，下入猪脑，再煮5分钟，调入盐、味精，撒上葱花。

药粥解说 猪脑能补益虚劳、补骨髓。猪脑与大米合熬为粥，能益肝肾、补精血。适宜阳痿患者食用。

龙凤海鲜粥

来源 民间方。

原料 蟹2只，虾50克，乳鸽1只，蚝仔1只，冬菜、姜丝、香菜、葱、调味料各适量。

制作

1. 蟹宰杀收拾干净、斩块；虾去头尾、脚；洗净开边；乳鸽宰杀洗净斩块；蚝仔洗净；葱切花；米淘洗干净泡发备用。
2. 砂锅入水烧开，放入米煲成粥，加入蟹、乳鸽熬煮，放入冬菜、姜丝、虾、蚝仔，撒上葱花、香菜末，加入调味料煮匀即可。

药粥解说 此粥有补气血、益精血、壮阳助兴的功效。

遗精

遗精是指无性交活动时的射精，是青少年常见的正常生理现象，约有80%未婚青年都有过这种现象。在睡眠发生遗精称为梦遗；在清醒状态下遗精称为滑精。

☺食材推荐

| 猪肚 | 猪腰 | 鸭肉 | 韭菜 |
| 山药 | 枸杞 | 糯米 | 绿豆 |

症状表现

☑ **失眠**　☑ **头痛**　☑ **头晕**　☑ **无精打采**　☑ **胃口不好**　☑ **疲乏无力**

疾病解读

一般性功能正常的成年男子每月有 1~3 次遗精属正常范围。但如果一周数次或一夜数次遗精，或一冲动精液就流出来，就为病理状态。遗精有两方面的原因，一是肾虚封藏不固，二是精室受扰。

调理指南

如果患有遗精，首先应意识到这是一种生理现象。遗精时不要中途忍精，更不要用手捏住阴茎不使精液流出，以免变生他病。遗精后不要受凉，更不要用冷水洗涤，以防寒邪乘虚而入。

家庭小百科

如何预防遗精?

1. 仰卧起坐。两手在头后十指交叉抱头，做仰卧起坐，通过锻炼腹部肌肉和盆腔组织，能提高内部器官功能，缓解遗精状况。

2. 半蹲站桩。挺胸塌腰，屈膝半蹲，头部挺直，眼视前方，两臂前平举（意识中好像两手握重物），尽力前伸，两膝在保持姿势不变的情况下，尽力往内夹，使腿部、下腹部及臀部保持高度紧张，持续半分钟后复原。

最佳药材·芡实

【别名】鸡头米、鸡头莲、刺莲。

【性味】味甘、性平、无毒。

【归经】归脾、肾经。

【功效】益肾固精，滋补温阳。

【禁忌】经常有便秘、腹胀症状的人和产妇补养身体时不宜食用。

【挑选】选购时，要选择没有虫蛀痕迹、病斑、不含杂质、较干燥的。好的芡实颗粒饱满，大小均匀，粉性十足。

牛筋三蔬粥

来源 民间方。

原料 水发牛蹄筋、糯米各100克，胡萝卜、玉米粒、豌豆各20克。

制作

1. 胡萝卜洗净，切丁；糯米淘洗干净，用清水浸泡30分钟，备用；玉米粒、豌豆洗净；牛蹄筋洗净，炖好，切条。

2. 糯米放入锅中，加适量清水，以大火烧沸，下入牛蹄筋、玉米、豌豆、胡萝卜，转中火熬煮；改小火，熬煮至粥稠且冒气泡，调入盐、味精即可。

用法用量 每日温热服用1次。

药粥解说 牛蹄筋有强筋壮骨之功效。豌豆能益中气、止泻痢、利小便。胡萝卜能健脾消食、补肝明目、降气止咳。此粥能强筋壮骨、补肾止遗。

猪肚槟榔粥

来源 民间方。

原料 白术10克，槟榔10克，猪肚80克，大米120克，姜末、盐、鸡精、葱花适量。

制作

1. 大米淘洗干净，用清水浸泡30分钟，备用；猪肚洗净切条；白术、槟榔洗净。

2. 锅置火上，入水适量，下入大米大火煮沸后转小火熬煮至粥将成，下入猪肚、白术、槟榔、姜末，转中火熬煮。

3. 待粥将成时，加入盐、鸡精调味，撒上葱花即可盛碗食用。

用法用量 每日温热服用1次。

药粥解说 猪肚有补虚损、健脾胃的功效。白术有健脾益气、燥湿利水功效。其合熬为粥，具有补脾益气的功效，对男子虚弱遗精大有益处。

鸭肉菇杞粥

来源 民间方。

原料 鸭肉 80 克，冬菇 30 克，枸杞子 10 克，大米 120 克，油、盐、味精、生抽、料酒、葱花适量。

制作

1. 大米淘净泡发；冬菇洗净切片；枸杞洗净；鸭肉洗净切块，用料酒、生抽腌制。

2. 油锅烧热，放入鸭肉过油盛出；锅加清水，放入大米大火煮沸，下入冬菇、枸杞，转中火熬煮至米粒开花，下入鸭肉，将粥熬煮至浓稠，调入盐、味精，撒上葱花。

食用禁忌 感冒患者不宜食用。

用法用量 每日温热服用 1 次。

药粥解说 常食此粥能滋补肝肾、涩精止遗、健脾养胃。

枸杞鸽粥

来源 民间方。

原料 枸杞 50 克，黄芪 30 克，乳鸽 1 只，大米 80 克，盐、鸡精、胡椒粉、葱花、料酒、生抽适量。

制作

1. 枸杞、黄芪洗净；大米淘净泡发；鸽子洗净斩块，用料酒、生抽腌制，炖好。

2. 大米放入锅中，加适量清水，大火煮沸，下入枸杞、黄芪；中火熬煮至米开花。

3. 下入鸽肉熬煮成粥，调入盐、鸡精、胡椒粉，撒葱花。

食用禁忌 脾虚泄泻者忌食。

用法用量 早、晚餐食用。

药粥解说 黄芪与鸽肉合熬为粥，能补益肝肾、涩精止遗。

涩精止遗 + 补益肝肾

山茱萸粥

来源 《粥谱》。

原料 山茱萸 10 克，粳米 50 克，白糖适量。

制作

1. 粳米淘洗干净，用清水浸泡 30 分钟后，捞出沥水，备用。
2. 山茱萸洗净去核与粳米煮粥，粥将成时调入适量白糖即可。

药粥解说 山茱萸能滋补肝肾、收敛固涩；粳米能和中健脾。此粥不仅酸甜可口，还有滋补肝肾的功效。

补肾助阳 + 暖脾胃

韭子粥

来源 《千金翼方》。

原料 韭菜子 15 克，粳米 50 克，盐适量。

制作

1. 用小火将韭菜子炒熟。
2. 韭菜子、粳米共煮粥。
3. 粥煮熟时调入盐。

药粥解说 韭菜子有温补肾阳、固精止遗功效；粳米能补中益气、健脾和胃。此粥对治疗由肾阳虚弱所致的遗精、阳痿等病症有良好的效果。

固精止遗 + 补益肝肾

羊肉锁阳大米粥

来源 民间方。

原料 羊肉、大米各 50 克，锁阳 5 克，料酒、生抽、姜末、味精、盐各适量。

制作

1. 精羊肉洗净切片，用料酒、生抽腌渍；大米淘净泡好；锁阳洗净。
2. 锅置火上，入水适量，下入大米，大火煮开后下入羊肉、锁阳、姜末，转中小火熬煮至米粒软散。
3. 转小火熬煮成粥，调入盐、味精即成。

健脾补肾 + 固精止遗

绿豆樱桃粥

来源 民间方。

原料 绿豆 50 克，樱桃 75 克，大米 200 克，白糖少许。

制作

1. 绿豆淘洗干净泡发，用水浸泡 2 小时；樱桃择洗干净，切成碎块。
2. 大米淘洗干净泡发，与泡好的绿豆一同放入锅中，加适量水。
3. 置大火上煮至水沸后，转微火熬至黏稠，拌入樱桃、白糖即可。

固精止遗 + 除湿止带

山药芡实粥

来源 《寿世保元》。

原料 山药、芡实、粳米各 30 克，香油、盐各适量。

制作

1. 山药去皮切块，芡实打碎。
2. 山药、芡实与粳米煮粥，加入香油、食盐。

药粥解说 山药能健脾益肾、涩精止遗；芡实是涩精、止带、缩尿的良药；山药芡实粥不仅味美可口，还能共奏健脾固肾、收敛固涩的功效。

益精血 + 补五脏

淡菜韭菜粥

来源 民间方。

原料 淡菜、猪肉各 50 克，韭菜、白萝卜、糯米各 100 克，黄酒、胡椒粉、盐各适量。

制作

1. 萝卜切丝，猪肉切末；淡菜用热水浸软后放入碗中，加上黄酒、盐、白萝卜、猪肉，上笼至烂熟。
2. 韭菜洗净切成段。
3. 糯米入锅，加水，熬煮成粥时加入韭菜及蒸碗中的备料，再稍煮入味，撒上胡椒粉。

早泄

所谓早泄，是指在男方还没有和女方性交，或者刚刚开始性交，即阴茎插入阴道之时和刚插入之后，立即出现射精现象，致使阴茎立即软缩，性生活不能继续。

☺食材推荐

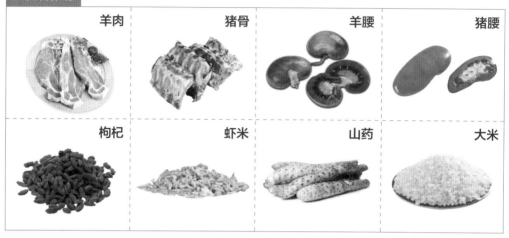

| 羊肉 | 猪骨 | 羊腰 | 猪腰 |
| 枸杞 | 虾米 | 山药 | 大米 |

症状表现

☑ **精神恍惚**　　☑ **失眠**　　☑ **头晕**　　☑ **无精打采**　　☑ **疲乏无力**

疾病解读

引起早泄心理性因素很多，如许多人因种种原因害怕性交失败、情绪焦虑，而陷入早泄；夫妻不善于默契配合；感情不融，对配偶厌恶，有意或无意的施虐意识等原因皆可导致早泄。

调理指南

平时生活要有规律，积极参加体育锻炼，平时多跑步，特别是气功的操练，以提高身心素质，增强意念控制能力。更应建立美满、健康、和谐的家庭环境，注意夫妻之间的相互体贴、配合。

家庭小百科

如何避免手淫引起早泄？

1. 培养爱好和兴趣，积极参加社会活动，减少对异性的敏感。
2. 手淫要正确对待，以预防为主，可用精神治疗、心理疏导的方法，加强性教育。
3. 注意生活规律与生活调节，避免穿着太紧衣裤，按时睡眠，晚餐不宜过饱，晚餐不宜刺激性饮食，如烟、酒、咖啡、辛辣之品。
4. 减少不良的性刺激，不看色情书籍和影视。

最佳药材 • 肉苁蓉

【别名】大芸、寸芸、苁蓉、地精。

【性味】味苦、咸、性温、无毒。

【归经】归肾、大肠经。

【功效】补肾壮阳、填精益髓、调节内分泌。

【禁忌】阴虚火旺、肾中有热、心虚气胀、大便燥结者忌用。性功能亢进者慎食。

【挑选】选择体重、质硬、气微味甜、微苦、略有柔性、不易折断。断面棕褐色，有淡棕色点状维管束，排列成波状环纹。

健脾安神＋镇静利尿

芡实茯苓粥

来源 《摘元方》。

原料 芡实 15 克，茯苓 10 克，大米 100 克。

制作

1. 芡实、茯苓捣碎。

2. 加适量的水，将芡实、茯苓煎至软烂。

3. 加入大米煮成粥。

药粥解说 茯苓有健脾、安神、镇静、利尿，提升免疫力的功效。与芡实合煮能共奏补脾益气的功效，适用于阳痿、早泄等症。

补肾壮骨＋温中止泻

羊骨粳米粥

来源 《养生食谱》。

原料 羊骨 500 克，粳米 100 克，姜、盐各适量。

制作

1. 羊骨洗净切碎，煎取浓汁。

2. 汤同粳米煮粥。

3. 粥熟时入姜、盐。

药粥解说 羊骨有补肾壮骨、温中止泻的功效。粳米可健脾和胃。姜有温胃散寒的功效。羊骨与粳米合煮为粥，有补肾壮阳的功效，适用于早泄等症。

益肝肾＋补精血

雀儿药粥

来源 《太平圣惠方》。

原料 麻雀 5 只，菟丝子 30 克，覆盆子、枸杞各 15 克，粳米 100 克，油、细盐、葱白和生姜各适量。

制作

1. 菟丝子、覆盆子、枸杞共煎取汁去渣。

2. 麻雀洗净用油炒；粳米淘洗干净，用清水浸泡 30 分钟后捞出沥水，备用。

3. 麻雀与粳米、汁共煮粥，粥将熟时加入细盐、葱白和生姜，稍煮片刻即可。

镇心安神＋收敛固涩

龙骨粥

来源 《千金翼方》。

原料 锻龙骨 20 克，粳米 150 克，红糖适量。

制作

1. 龙骨捣碎，煎煮 1 小时，去渣取汁。

2. 糯米淘洗干净，用水浸泡后与龙骨汁、适量红糖和水共煮粥即可。

药粥解说 龙骨有镇心安神、敛汗固精、止血涩肠、生肌敛疮的功效；与糯米合煮为粥，可用于治疗早泄、遗精以及盗汗、自汗、崩漏等症。

壮阳补肾＋补血通乳

虾米粥

来源 《本草纲目》。

原料 虾米 30 克，粳米 100 克，油、盐、味精各适量。

制作

1. 虾米洗净后加水浸泡；粳米淘洗干净，用清水浸泡 30 分钟备用。

2. 虾米与粳米共放入锅中，加水煮粥。

3. 粥将熟时加入适量油、盐、味精。

药粥解说 虾米与粳米为粥，可以壮阳补肾、补血通乳，适用于肾虚腰痛、早泄、阳痿等症。

壮阳健肾＋益精血

鹿角胶枸杞粥

来源 《本草纲目》。

原料 枸杞 30 克，鹿角胶 20 克，粳米 100 克，生姜 3 片。

制作

1. 粳米、枸杞和水共煮粥。

2. 水沸后放入鹿角胶、生姜同煮为稀粥。

药粥解说 鹿角胶适合肾阳不足、畏寒肢冷者服用；枸杞能滋肾补肝、抗衰老、抗动脉硬化。几味合为粥，有增强补脾养胃、补肾阳和益精血的功效。

慢性前列腺炎

慢性前列腺炎包括慢性细菌性前列腺炎和非细菌性前列腺炎两部分。其中，慢性细菌性前列腺炎主要为病原体感染，以逆行感染为主。

☺食材推荐

毛豆	绿豆	大米	小麦

西瓜	樱桃	山药	香菇

症状表现

☑ **排尿不适**　☑ **有灼热感**　☑ **尿频**　☑ **尿急**　☑ **尿痛**　☑ **腰腿酸痛**　☑ **小腹坠胀**

疾病解读

导致该病的病菌有大肠杆菌、葡萄球菌、克雷白菌、链球菌、白喉杆菌等，该病多数是一种病原菌感染，少数为混合感染。慢性前列腺炎经常与尿道炎、精囊炎同时发作。

调理指南

慢性前列腺炎是可以预防的，平时养成良好的生活习惯，保持开朗乐观的生活态度，应戒酒，忌辛辣刺激食物；避免久坐及长时间骑车、骑马，注意保暖，加强体育锻炼。

家庭小百科

慢性前列腺炎如何保养？

1. 慢性前列腺炎患者要调畅情志。轻松工作、学习、生活，尽可能远离应激状态，使自己处在和谐环境中，消除任何压力。
2. 过有规律的性生活。把握有节制有规律的性生活或掌握适度的自慰频度。
3. 按时作息，劳逸结合，保持精力旺盛。不宜久坐、长途骑车、骑马、驾车，并防止局部受寒。
4. 加强锻炼。坚持每天 30 分钟以上的锻炼。

最佳药材·马齿苋

【别名】五行草、长寿菜、长命菜。

【性味】味甘、性温、无毒。

【归经】归脾胃经。

【功效】清热祛湿、散血消肿、利尿通淋。

【禁忌】脾胃虚弱、腹部受寒引起腹泻者应少食；马齿苋是滑利之品，孕妇忌食。

【挑选】马齿苋叶子是青色的、梗是赤色的、花则是黄色、根是白色、子是黑色，集五色于一身，挑选时很好辨认。

清热解毒 + 健脾利水

白花蛇舌草粥

来源 经验方。

原料 白花蛇舌草80克，薏米30~50克，菱粉40克。

制作

1. 煎白花蛇舌草，去渣取汁。
2. 加薏米煮至其裂开。
3. 加菱粉煮熟。

药粥解说 白花蛇舌草能清热解毒、利水通淋；与薏米、菱粉共用有防癌抗癌的功效，适用于前列腺癌。

养心益肾 + 清热利尿

通草粥

来源 《养老奉亲书》。

原料 小麦250克，通草30克。

制作

1. 小麦去壳，通草研末。
2. 小麦、通草末加适量水煮至成粥。

药粥解说 通草可清热利尿、通气，小麦有养心、益肾、和血、健脾的功效。通草与小麦合煮为粥，能养心益肾、清热利尿，可用来治疗老年人前列腺肥大症、湿热不去、肾气渐伤、小便淋漓涩痛等症。

补肾助阳 + 固元养精

肉苁蓉粥

来源 《本草纲目》。

原料 肉苁蓉15克，精羊肉100克，粳米50克，盐少许，葱白2茎，生姜3片。

制作

1. 肉苁蓉煮烂去渣。
2. 精羊肉切片加水煎数沸，待肉烂后再加水。
3. 粥至将熟时加入肉苁蓉汁及羊肉，加入盐、生姜、葱白，稍煮即可。

药粥解说 此粥能辅疗肾阳虚衰所致的遗精、早泄等症。

清热解毒 + 解渴生津

西瓜解暑粥

来源 民间方。

原料 西瓜100克，糯米60克，红樱桃各适量，冰糖少量。

制作

1. 取糯米淘洗干净，用清水浸泡2小时，下入锅中熬煮至九成熟时。
2. 加入洗净后的西瓜、樱桃与糯米同煮。
3. 加入冰糖煮沸即可。

药粥解说 西瓜有开胃口、助消化、解渴生津、利尿、去暑疾、降血压、滋补身体的妙用。

清热解毒 + 利尿通淋

淡竹叶粥

来源 《太平圣惠方》。

原料 淡竹叶15克，粳米50克，冰糖适量。

制作

1. 粳米淘净，浸泡30分钟，捞出沥水，备用；淡竹叶洗净，加水煎汤去渣。
2. 汤与粳米煮粥，调入冰糖即可。

药粥解说 淡竹叶的叶子有清热除烦、利小便的功效。其与补中益气、健脾养脏的粳米合煮为粥，可以用来治疗口疮、尿赤、前列腺增生症的湿热下注、小便淋漓涩痛等症。

健脾和胃 + 补益脾肾

巴戟天粥

来源 民间方。

原料 羊肉50克，薏米20克，巴戟天15克，大米50克。

制作

1. 巴戟天洗净，下入砂锅中，加水适量，大火煮沸后转小火煎煮15分钟，去渣取汁备用；羊肉洗净，切成细粒；大米、薏米淘洗干净，用水浸泡30分钟备用。
2. 羊肉、大米与薏米一起放入锅中，加入药汁，熬煮成粥即可。

对症食疗护理宜忌一览表

病症	饮食护理（宜）	饮食护理（忌）
感冒	感冒患者应多喝开水，充分摄入维生素和矿物质，以促进康复。多食富含维生素 A 的食物，能维护黏膜健康，增强抵抗力。	少食白菜、豆芽、芥菜、西瓜、山竹等凉性蔬果。少喝啤酒、白酒等酒类。忌食荔枝、龙眼等热性食物。
咳嗽	宜吃具有滋阴润肺、止咳功效的食材，如百合、雪梨、蜂蜜、胡萝卜、猕猴桃等。薄荷、金银花、枇杷叶、紫苏等中药材适宜食用。	少吃荔枝、龙眼、花生、核桃、生姜等热性食物。忌吃辣椒、胡椒、烟酒等刺激性食物。
哮喘	鱼类脂肪中含有 DHA 和 EPA，能够抑制哮喘，改善气管的炎症，适宜食用。多食含镁食物，补充镁能够有效缓解哮喘的症状。多食用富含维生素的食物，如西红柿、草莓等。	避免食用辣椒、油炸、调味过重等重口味食物。避免红薯、黄豆、牛奶等容易引起胀气的食物。避免服用阿司匹林等易引发哮喘的药物。
腹泻	适宜食用梅干、草莓、胡萝卜、山芋等具有抗菌和整肠作用的食物。腹泻期间应多摄取维生素、钾、镁、钙等营养元素。	忌食烟酒、辣椒、生凉瓜果蔬菜。忌食玉米、芹菜等粗纤维食物。忌食高脂肪食物。
痢疾	大蒜具有较强的杀菌、止泻功效，对治疗由细菌引起的痢疾有较好的疗效。痢疾患者可以适量饮茶，茶有抗菌收敛、止泻的作用。	痢疾患者不宜食用羊肉、狗肉等温热补益食物。腹泻患者忌食生冷瓜果，如柿子、甜瓜等。
高脂血症	宜食用含有降脂作用的五谷杂粮，如玉米、燕麦、荞麦等。宜食用黄瓜、茄子、韭菜、黑木耳、冬瓜、西红柿等蔬菜，具有降脂的功效。宜食苹果、山楂、石榴、葡萄等水果。	不宜食用花生等高脂肪类食物。不宜食用猪肝、香肠、火腿等肉类食物。少食高胆固醇食物，如鹌鹑蛋、鸡蛋黄等。应少食含糖量较高的食物。
高血压	宜食芹菜、苦瓜、西红柿、裙带菜等具有降压作用的蔬菜。宜食草菇、香菇、平菇、蘑菇、黑木耳、白木耳等食用菌类食物。	忌食咖啡、辣椒、烟酒等辛辣刺激性食物。忌食猪肝、鸡皮、肥肉等高脂肪、高胆固醇食物。
冠心病	宜食用玉米，玉米中含有丰富的亚油酸、谷固醇、卵磷脂和维生素 E 等，具有降低血清胆固醇、软化血管的功效。	不宜食用高脂肪食物。不宜吃螃蟹，蟹黄中的胆固醇含量较高。不宜喝浓茶，浓茶兴奋大脑、加快心跳，或导致失眠。

病症	饮食护理（宜）	饮食护理（忌）
糖尿病	宜食大蒜、海带、豆腐、玉米、土豆等含镁丰富的食物。宜食银耳、木耳等，能够促进胰岛素的分泌。宜食高纤维食物，如果蔬、谷物。	少吃猪肝、蛋黄、猪肉、牛肉、肥肉、奶油等高胆固醇食物。避免食用汽水、糖果等精制糖类食物。
便秘	宜食菠菜，菠菜中含有大量的草酸，能够有助于通便。宜食用红薯，能够促进肠胃蠕动，缓解便秘。宜食用粗纤维食物。	减少精制大米、精制面粉的摄入量。不宜食用酒、咖啡、辣椒、生姜等生辣刺激食物。
痛经	适宜补充维生素E，植物油、坚果类、动物肝脏、南瓜等食物中含有丰富的维生素E。适宜补充镁和钙，镁、钙在海藻类、芝麻、豆腐等食品中含量丰富。	不宜食用辛辣刺激性食物，如酒、可可、咖啡、浓茶、辣椒、胡椒、芥末等。不宜吃咸菜、咸肉、火腿、香肠、豆酱等含盐量高的食物。
月经不调	适宜吃温经活血的食物，如羊肉、山楂等。宜吃牛肉、猪心、猪腰、羊肉、母鸡、桂圆、荔枝等温补食物。宜食花生内衣、木耳、芥菜、金针菜、百合等具有止血的食物。	忌吃辛辣刺激性食物。忌食鸭、鹅、蟹、鳖、河蚌、冬瓜、菠菜、苋菜、柿子、萝卜等生冷滑腻食物。忌食肥肉等较油腻的食物。
乳腺炎	多食含有维生素D的食物，如鲑鱼、沙丁鱼、鲭鱼、鲔鱼等。宜食用清淡的食物，如西红柿、青菜、丝瓜、黄瓜、菊花脑、茼蒿、鲜藕、马蹄、红豆汤、绿豆汤等。	不宜食用烧、烤、油炸类食物。不宜食用温热食物，如鸡肉、羊肉、狗肉、茴香、生姜、香菜、荔枝、龙眼肉等。
阳痿	多吃含锌丰富的食物，如牡蛎、牛腿肉、鳗鱼等。多吃含维生素E丰富的食物，能够延缓生殖机能的衰退。宜多吃狗肉、羊肉、韭菜、山药等具有补肾壮阳作用的食物。	不宜食用寒凉之物，如冷饮、蟹、田螺、河蚌、紫菜、鸭、鹅、茄子等。不宜饮酒，饮酒能够加重阳痿，严重者引起不育。
遗精	莲子与猪心搭配能够治疗遗精。山药具有补肾壮阳的作用，是男人滋补的好食材。白果、莲子心、柏子仁、金樱子、冬虫夏草、肉苁蓉、何首乌、白茯苓等中药材有治疗遗精的作用。	遗精和滑精患者应忌食芝麻、葱、姜、蒜、辣椒、胡椒、花椒、茴香、洋葱、羊肉以及烟酒等助火兴阳伤阴之品及生冷性寒之品。
早泄	多食含锌丰富的食物，如羊肉、动物的肾脏、海鲜、鱼虾、海带等。多食用干果类食物，如核桃、葡萄干、蜂蜜、芝麻、龙眼肉、荔枝等。	不宜食用生冷性寒食物及海鲜，避免食用冰镇食物，如冰镇啤酒、冰激凌、冰镇饮料、冰镇西瓜。
前列腺炎	多吃含钾丰富的食物，如冬瓜、西瓜、西红柿、柿子、鳄梨。宜吃莴苣、红豆、鲤鱼等有利尿作用的食物。每天食南瓜子、西瓜子、黄豆、杏仁、核桃、花生等。	不宜食用发物，如羊肉、狗肉、鹿肉、猪头肉、鲫鱼、南瓜、芫荽、韭菜、蒜苗等。不宜食用辛辣刺激、生冷物。

第三篇
因人补益

　　因人制宜，即不同身体素质的人，进补的食物应有所区别。古曰："五谷为养，五果为助，五畜为益，五菜为充，气味合而服之，以补精益气。"对多数人而言，只要粮谷、蔬菜、肉畜、鱼虾、果品等兼而取之，相互配合，不偏食，遵循因时制宜的原则食之，即可发挥它们对人体补精益气的作用。

儿童

儿童是指 3~13 的孩子，是社会守护的群体，因其脏器娇嫩且生长发育迅速，营养方面尤为重要。如果养护不当，即会发生各种疾病与身体的不适。

☺食材推荐

大米	毛豆	花生	玉米
山楂	胡萝卜	莴笋	猪肉

症状表现

☑ 头痛　☑ 咽干　☑ 咽痛　☑ 咳嗽　☑ 流鼻涕　☑ 哭闹

疾病解读

儿童机体发育还不够健全，身体机能、神经发育不够完善，对外界的反应应急能力比较差，不能耐受风寒和天气的剧变，易患流感、肺炎、哮喘、麻疹、流脑、百日咳等病。

调理指南

儿童饮食上应食用熟食及易消化的食物。生瓜果蔬菜中可能附有虫卵，应少食或不食。一日三餐不可片面追求高营养，同时也应减少零食的摄入量，再辅以适当的运动及规律的生活。

家庭小百科

宝宝不爱吃饭怎么办？

1. 不要过分担心宝宝不吃东西，只要他身体健康，没有生病，就没什么大不了的问题。
2. 除考虑营养以外，宝宝的食物还要注意色香味俱全，另外给孩子的菜应切得细一些。
3. 饭前 30 分钟不易给宝宝吃东西，以免抑制了正餐食欲。
4. 不要借助冷饮或巧克力等引诱宝宝吃饭，这样只会使情况更糟糕。

最佳药材·陈皮

【别名】橘皮、贵老、红皮、黄橘皮。

【性味】味辛苦、性温燥、无毒。

【归经】归脾、肺经。

【功效】健胃消食，促进食欲、补中益气。

【禁忌】舌红赤、唾液少，有实热者慎用；内热气虚、燥咳吐血者也应忌用。

【挑选】优质陈皮外表橙红或红棕色，有细皱纹及凹下的点状油室；内表面浅黄白色，粗糙，附黄白或黄棕色筋络状纤维管束。

银耳山楂大米粥

来源 经验方。

原料 银耳 15 克，山楂片少许，大米 100 克，冰糖 5 克。

制作

1. 大米洗净泡发；银耳泡发后洗净，撕小块。

2. 锅置火上入水，放入大米煮至七成熟，放入银耳、山楂煮至粥成，加冰糖调味便可。

食用禁忌 空腹、脾胃虚弱者慎服。

用法用量 每日 2 次。

药粥解说 山楂适于生食，有开胃消食的功效。银耳具有滋阴润燥、益气养胃、增强抵抗力、护肝的功效。山楂、银耳、大米合熬为粥，有宽中下气、消积导滞的功效。

因人补益篇

化痰消食 + 利尿消肿

茶叶消食粥

来源 经验方。

原料 茶叶适量，大米 100 克。

制作

1. 粳米淘洗干净，用清水浸泡 30 分钟备用；茶叶用沸水冲泡后取汁待用。

2. 锅置火上，倒入茶叶汁，放入大米，大火煮沸后转小火熬煮至粥浓稠，调入盐拌匀稍煮片刻，即可盛碗食用。

药粥解说 茶叶富含叶绿素、儿茶素、咖啡因等成分，能开胃消食；粳米有补气健脾、温中益气之效。两者合煮为粥，能消积食而不伤胃，尤宜儿童食用。

益胃固脾 + 温中补益

鳜鱼糯米粥

来源 民间方。

原料 糯米 80 克，净鳜鱼 50 克，猪五花肉 20 克，盐、味精、香油、葱花适量。

制作

1. 糯米淘洗干净，用清水浸泡 1 小时，备用；鳜鱼处理干净，去腥；五花肉洗净，入锅蒸熟。

2. 锅置火上，入水适量，放入大米，大火煮沸后转小火熬煮至粥浓稠，放入鳜鱼、五花肉煮熟，加盐、味精、香油调匀，撒葱花即可。

药粥解说 鳜鱼能补虚劳、益胃固脾，可治疗肠风泻血。糯米能健脾暖胃，适用于脾胃虚寒所致的反胃、食欲减少、小儿疳积等症。

香甜苹果粥

来源 民间方。

原料 大米100克，苹果30克，玉米粒20克，冰糖5克，葱花少许。

制作

1. 大米淘洗干净，用清水浸泡30分钟；苹果洗净后切块；玉米粒洗净。

2. 锅置火上，放入大米，加适量水煮至八成熟。

3. 放入苹果、玉米粒煮至米烂，放入冰糖熬融调匀，撒上葱花即可盛碗食用。

食用禁忌 不能过量食用。

用法用量 每日温热服用1次。

药粥解说 此粥健脾养胃，能为儿童的成长提供多种维生素和营养成分。

橘皮粥

来源 《饮食辨录》。

原料 橘皮15克，粳米50克，葱花适量。

制作

1. 橘皮洗净，润透后烘干，研为细末；粳米淘洗干净，用清水浸泡30分钟。

2. 锅置火上，入水适量，下入粳米，大火煮沸后转小火熬煮成粥，粥熟时放入橘皮末拌匀，加入白砂糖调味，撒入葱花即可。

药粥解说 橘皮有理气健脾、燥湿化痰的功效，能辅助治疗由脾胃气滞所致的厌食，橘皮与粳米煮粥，对辅助治疗脾胃气滞、脘腹胀满有良好的作用。

香菜大米粥

来源 民间方。

原料 鲜香菜少许，大米90克，红糖5克。

制作

1. 大淘洗干净，用清水浸泡30分钟，备用；香菜洗净，切成细末。

2. 锅置火上，注入清水，放入大米用大火煮至米粒绽开，放入香菜，改用小火煮至粥浓稠后，加入红糖调味，即可食用。

药粥解说 香菜，其气味芳香，有健脾开胃的功效。粳米有补中益气、健脾养胃、益精强志的功效。香菜与粳米煮粥，有开胃的功效，尤其适宜食欲不佳者食用。

鲜藕雪梨粥

来源 经验方。

原料 莲藕、红枣、雪梨各20克，大米80克，蜂蜜适量。

制作

1. 雪梨、莲藕分别去皮洗净，切片；红枣去核洗净；大米洗净熬煮。
2. 放入雪梨、红枣、莲藕小火熬煮后，调入蜂蜜即可盛碗食用。

食用禁忌 不能过量食用。

用法用量 每日温热服用1次。

药粥解说 雪梨可用于高热时补充水分和营养。煮熟的雪梨有助于肾脏排泄尿酸和预防痛风、风湿性关节炎。此粥亦适合小儿厌食症。

健脾宽中 + 润燥消水

毛豆糙米粥

来源 经验方。

原料 毛豆仁30克，糙米80克，盐2克。

制作

1. 糙米淘洗干净，用清水浸泡30分钟，备用；毛豆仁洗净。
2. 锅置火上，入清水适量，放入糙米、毛豆大火煮开，转小火熬煮至粥呈浓稠状时，调入盐拌匀，即可盛碗食用。

药粥解说 毛豆有健脾宽中、润燥消水、清热解毒的功效。糙米有降低胆固醇、通便等功能。毛豆与糙米合煮成粥，可改善肠胃机能、净化血液、预防便秘及排毒。

健脾养胃 + 养心益气

菠萝麦仁粥

来源 民间方。

原料 菠萝30克，麦仁80克，白糖适量。

制作

1. 菠萝去皮洗净，切块，浸泡在淡盐水中；麦仁洗净；葱切花。
2. 锅置火上，入清水适量，放入麦仁煮至熟，放入菠萝同煮，改用小火煮至粥浓稠，调入白糖即可。

药粥解说 菠萝有清热解暑、生津止渴、健胃消食的功效，可用于消化不良、小便不利、头昏眼花等症。麦仁含有丰富的糖类、蛋白质，有益肾健脾的功效。

多味水果粥

来源 民间方。

原料 梨、芒果、西瓜、苹果、葡萄各 10 克，大米 100 克，冰糖 5 克。

制作

1. 大米洗净熬煮；梨、苹果洗净切块；芒果、西瓜取肉切块；葡萄洗净。
2. 放入所有水果稍煮，加冰糖调味便可。

药粥解说 梨可助消化、利尿通便。芒果可益胃止呕。西瓜有开胃口、助消化、去暑疾之效。葡萄可健脾、益气血。苹果可增强儿童记忆力。

橙香粥

来源 民间方。

原料 橙子 20 克，大米 90~110 克，白砂糖 12 克，葱花少许。

制作

1. 大米洗净熬煮；橙子去皮洗净，切小块。
2. 放入橙子熬煮至粥成后，调入白砂糖入味，撒上葱花即可食用。

药粥解说 橙子能生津止渴、开胃下气、帮助消化。大米有补中益气、健脾养胃之功，二者合用具有共奏和中开胃、降逆止呕的功效。

猪肉紫菜粥

来源 民间方。

原料 大米、紫菜、猪肉、皮蛋、盐、胡椒粉、麻油、葱花、枸杞各适量。

制作

1. 大米洗净，放入清水中浸泡；猪肉洗净切末；皮蛋去壳，洗净切丁；紫菜泡发后撕碎。
2. 锅置火上，注入清水，放入大米煮至五成熟。
3. 放入猪肉、皮蛋、紫菜、枸杞煮至米粒开花，加盐、麻油、胡椒粉调匀，撒上葱花即可。

药粥解说 紫菜有化痰软坚、清热利水、补肾养心的功效。与猪肉合煮有滋阴润燥的功效。

玉米须玉米粥

来源 经验方。

原料 玉米须、山药丁各适量，玉米粒 80 克，大米 100 克，盐 2 克。

制作

1. 大米、玉米粒均泡发洗净；山药去皮，洗净，切丁；玉米须洗净，加水煎煮，滤取汁液备用。
2. 锅置火上，注入适量清水，放入大米、玉米粒、山药大火煮沸，倒入玉米须汁液，转小火熬煮至粥浓稠，调入盐拌匀，即可盛碗食用。

药粥解说 玉米须可利尿泄热、平肝利胆，与山药合熬为粥有清热利尿、泄热的功效。

清热通便 + 清肝除烦

香蕉芦荟粥

来源 民间方。

原料 大米100克，香蕉、芦荟各适量，白砂糖5克。

制作

1. 大米泡发；香蕉去皮碾成糊；芦荟洗净切片。
2. 大米煮至米粒开花，放入香蕉糊、芦荟改小火煮成粥，加白糖入味即可。

药粥解说 香蕉可润肺清肠、通血脉、填精髓、有益大脑。芦荟有清热通便、清肝除烦、抗炎的功效，二者合用可治疗小儿疳积、便秘。

健脾祛湿 + 温中养胃

香蕉菠萝薏米粥

来源 经验方。

原料 香蕉、菠萝各适量，薏米40克，大米60克，白糖12克。

制作

1. 大米、薏米洗净泡发；菠萝去皮洗净，切块；香蕉去皮，切片。
2. 锅置火上，注入清水，放入大米、薏米用大火煮至米粒开花，放入菠萝、香蕉改小火熬煮至粥成，调入白糖入味，即可盛碗食用。

药粥解说 香蕉、菠萝、薏米、大米合熬成粥，有健脾祛湿的功效，适用于小儿水痘的辅助治疗。

清心安神 + 补脾止泻

桂圆腰豆粥

来源 民间方。

原料 糯米、麦仁、腰豆、红豆、花生、绿豆、桂圆、莲子各适量。

制作

1. 糯米、麦仁、腰豆、红豆、花生、绿豆、桂圆、莲子均洗净泡发，放入锅中，大火煮沸后转小火熬煮至粥成。

2. 调入白糖，即可盛碗食用。

药粥解说 麦仁能养心益肾；腰豆降糖消渴；红豆能清心养神；绿豆能保护肾；桂圆能开胃益脾、养血安神。

发汗透疹 + 祛湿益气

五色大米粥

来源 民间方。

原料 绿豆、红豆、白豆、玉米、胡萝卜、大米、白糖各适量。

制作

1. 大米、绿豆、红豆、白豆分别泡发洗净；玉米洗净；胡萝卜洗净，切丁。
2. 锅置火上，倒入清水，放入大米、绿豆、红豆、白豆，以大火煮开，加玉米、胡萝卜同煮至浓稠状，加白糖拌匀即可。

药粥解说 绿豆可清热解毒。红豆有健脾止泻、利水消肿之效。三者合熬成粥，可健脾生津、祛湿益气。

健脾养胃 + 益肾滋阴

粟米粥

来源 《饮食辨录》。

原料 粟米 100 克，大枣、橘饼各 10 克，白砂糖适量。

制作

1. 粟米淘洗干净，放入锅中煮粥。
2. 红枣洗净，与橘饼切块。
3. 粥将熟时加入红枣块、橘饼块、白砂糖。

药粥解说 橘饼可消痰化食、下气宽中。红枣可益气补血、健脾利肾。此粥适合腹泻小儿食用，可调理脾胃。

温中止泻 + 健脾暖胃

糯米固肠粥

来源 《本草纲目》。

原料 糯米 50 克，山药 15 克，胡椒粉、白砂糖适量。

制作

1. 糯米炒微黄，山药研成细末，两者共煮稀粥。
2. 粥熟后调入胡椒粉或适量的白砂糖。

药粥解说 山药有补脾养胃、生津益肺之效，适宜脾虚泄泻、久痢等症。此粥具有补脾益肺、温中止泻的功效，可辅助治疗由脾胃虚寒所致的腹泻。

消积开胃 + 益气调中

大麦粥

来源 民间方。

原料 大麦米 50 克，红糖适量。

制作

1. 大麦米淘洗干净，用水浸泡 30 分钟，捞出沥干水分，轧碎备用。
2. 锅置火上，入水适量，放入大麦碎，大火煮沸后转小火熬煮成粥，加入红糖调味即可。

药粥解说 此粥可用来辅疗过食胀满、小儿伤食、急性小便淋沥等症，适用于面黄肌瘦、脾胃虚弱等症。

健脾化湿 + 清暑和中

扁豆香薷粥

来源 经验方。

原料 扁豆 10 克，香薷 5 克，大米 50 克，白砂糖少许。

制作

1. 扁豆、香薷共煎取汁去渣。
2. 锅置火上，入水适量，下入大米煮至将熟时，兑入药汁煮熟，加白砂糖调味即可。

药粥解说 扁豆醒脾化湿，香薷消暑，大米温中养胃，三者合煮成粥，适用于儿童夏季常见的湿热泻。

健脾和胃 + 理气化湿

山楂神曲粥

来源 经验方。

原料 山楂 50 克，神曲 15 克，粳米 30 克，白砂糖适量。

制作

1. 煎山楂和神曲，取汁去渣。
2. 汁同淘净后粳米共煮成粥，调入白砂糖即可。

药粥解说 山楂有开胃消食的功效。神曲，其香能醒脾，能消食和胃，可用来治疗食积不化、不思饮食及肠鸣泄泻等症。此粥能加强健脾消食的功效。

消暑清热 + 健脾化湿

扁豆山药糯米粥

来源 民间方。

原料 扁豆 20 克，鲜山药 35 克，糯米 90 克，红糖 10 克。

制作

1. 山药去皮洗净，切块；扁豆撕去头、尾老筋，洗净，切成小段；糯米洗净，泡发。
2. 锅内注入适量清水，放入糯米，用大火煮至米粒绽开时，放入山药、扁豆。
3. 用小火煮至粥成闻见香味时，放入红糖调味即食用。

宽中下气＋消积导滞

大米胡萝卜粥

来源 《寿世青编》。

原料 胡萝卜约250克，粳米50克。

制作

1. 粳米淘洗干净，用水浸泡30分钟，备用；胡萝卜洗净切片。
2. 锅置火上，入水适量，下入粳米煮沸后用小火熬煮至粥黏稠，加胡萝卜片稍煮即可。

药粥解说 胡萝卜素有"小人参"之称，与粳米合熬为粥，有消积导滞、宽中下气的功效。

清热解毒＋化痰润燥

梨汁粥

来源 《凉医心鉴》。

原料 白梨3个，粳米100克，冰糖适量。

制作

1. 洗净梨并将其切碎，捣汁；粳米淘洗干净，用水浸泡30分钟，备用。
2. 锅置火上，入水适量，下入粳米，煮沸后转小火熬煮至粥成，加入梨汁和冰糖稍煮即可。

药粥解说 梨可润肺消痰、清心降火。其与粳米共煮粥，不仅可以清热生津，还可消积导滞。

健脾和胃＋消积导滞

香菇泥鳅粥

来源 民间方。

原料 香菇、泥鳅各30克，大米50克，蒜少许。

制作

1. 泥鳅洗净；香菇洗净泡软。
2. 大米淘洗干净泡发，蒜切碎。
3. 所有材料放入锅中加适量水，在大火上烧开，再改成小火煮稠成粥即可。

药粥解说 泥鳅富含蛋白质和多种维生素，能暖中益气。两者与大米合熬为粥，能健脾和胃、消积导滞。

消瘰散结＋补中益气

芋头甜粥

来源 《食疗本草》。

原料 鲜芋头100克，粳米200克，白糖少许。

制作

1. 芋头切成小块，入锅烧开。
2. 粳米淘洗干净，用清水浸泡30分钟后放入锅中，大火烧开后转用小火煮熬。
3. 米烂芋熟时调入白糖即可食用。

药粥解说 粳米有补脾益胃的功效，与芋头同煮，佐以白糖供儿童经常食用，既能增加营养，又能防病祛病。

消食积＋散淤血

焦三仙粥

来源 《粥谱》。

原料 神曲、麦芽、山楂各15克，粳米100克，白砂糖少许。

制作

1. 神曲、麦芽、山楂共煎取汁去渣；粳米淘净，用清水浸泡30分钟，捞出沥水，备用。
2. 药汁同粳米煮粥，粥熟时调入砂糖。

药粥解说 山楂有消肉积的功效，是消化油腻肉食积滞的要药。神曲有平胃气、和中消食的功效。此粥能消积食而不伤胃，理中焦而祛食。

健脾和胃＋清热解毒

鸭蛋瘦肉粥

来源 民间方。

原料 咸鸭蛋1个，皮蛋1个，猪瘦肉100克，大米200克，盐3克，葱花2克，味精2克，麻油适量。

制作

1. 咸鸭蛋煮熟切丁；皮蛋去壳干净切丁块。
2. 猪肉切成细丁，粳米淘洗干净泡发。
3. 锅内放入清水，加入粳米，大火煮沸后转小火熬煮至粥熟时，放入猪肉、皮蛋、咸鸭蛋，调入盐、味精，撒上葱花，淋麻油。

清热健脾 + 祛风除痹

萆薢银花粥

来源 《食疗百味》。

原料 粳米100克，绿豆50克，萆薢、银花各30克，白糖适量。

制作

1. 萆薢、银花洗净并用水煎，去渣取汁。
2. 药汁和绿豆、粳米共煮成粥，加白糖调味即可。

药粥解说 萆薢能利湿祛浊、祛风除痹，可以治疗小便混浊等病症；银花能清热解毒。合煮成粥，有清热解毒的功效，可治疗小儿遗尿等症。

益肾固精 + 健脾止泻

水陆二味粥

来源 《家庭药膳》。

原料 芡实米100克，金樱子30克，白糖适量。

制作

1. 金樱子洗净，放锅中入水适量，煎煮后取汁。
2. 芡实米洗净，放入锅中入水，兑入药汁熬煮成粥；加入白糖调味即可。

药粥解说 芡实米可益肾固精、健脾止泻。金樱子有固精缩尿的功效，合煮粥可健脾、固肾缩尿，适用于小儿肾虚遗尿、老人小便失禁等症。

温中止泻 + 和胃醒脾

砂仁粥

来源 《养生随笔》。

原料 砂仁5克，大米50克。

制作

1. 砂仁洗净后烘干，捣碎为细末。
2. 大米淘洗后熬煮成粥，调入砂仁末稍煮即可。

药粥解说 砂仁有行气调中、温中止泻、和胃醒脾的功效，可以用来治疗腹痛痞胀、胃呆食滞、噎膈呕吐、寒泻冷痢及妊娠胎动等症。与大米煮粥服食，对小儿厌食有很好的治疗效果。

清热祛火 + 开胃消食

绿豆粥

来源 《普济方》。

原料 粳米50克，绿豆30克。

制作

1. 粳米淘洗干净，用水浸泡30分钟，备用。
2. 绿豆浸泡后加入粳米中，熬煮至黏稠即可。

药粥解说 绿豆有清热消暑、厚肠胃、滋脾胃的功效，粳米有补中益气、健脾和胃的功效。绿豆与粳米合熬为粥，能清热祛火、开胃消食。适宜儿童夏季消暑止烦、食欲不振等症。

补肾止遗 + 补益精髓

白果羊腰粥

来源 《饮膳正要》。

原料 白果3克，羊腰1个，羊肉50克，粳米200克，葱白5克。

制作

1. 羊腰洗净，去白脂膜，将其切成细丁。
2. 羊腰丁与羊肉、白果、葱白、粳米共煮粥。

药粥解说 羊腰有补肾气、益精髓的功效，可治疗尿频等症。白果有敛肺气、抑制细菌的功效。常食此粥有补肾益智止遗的功效，适用于小儿遗尿等症。

固精缩尿 + 补肾助阳

小儿缩泉粥

来源 经验方。

原料 桑螵蛸2个，山萸肉、菟丝子、覆盆子、益智仁各5克，糯米80~100克，白砂糖少许。

制作

1. 桑螵蛸、山萸肉、菟丝子、覆盆子、益智仁均洗净，放入锅中共煎取汁。
2. 糯米淘洗干净，放入锅中，加水、药汁，大火煮沸后转小火熬煮成粥，加入白砂糖调味后即可盛碗食用。

补脾止泻 + 健胃安神

红枣小米粥

来源 经验方。

原料 红枣 10 颗，小米 50 克。

制作

1. 将小米淘洗干净，沥干水，放入锅中用小火炒成略黄。
2. 小米放锅内加入水及红枣，大火烧沸后转小火熬煮成粥即可。

药粥解说 小米具有温中养胃的功效。此粥适用于消化不良伴有厌食的脾虚小儿。

清热解毒 + 佐以透疹

银菊葛根粥

来源 《食疗百味》。

原料 金银花 30 克，杭菊花 20 克，葛根 25 克，粳米 50 克，冰糖适量。

制作

1. 金银花、杭菊花和葛根共煎，取汁去渣。
2. 粳米淘洗干净后与药汁一起熬煮成粥，粥将熟时调入冰糖融化即可。

药粥解说 银花、菊花均可驱散风热；葛根可发表散邪。三药合用能清热解毒、发表透疹。

促进消化 + 增强食欲

莴笋花生粥

来源 民间方。

原料 莴笋 100 克，大米 80 克，盐 3 克，鸡蛋、酥皮花生、味精、枸杞、葱各适量。

制作

1. 取大米洗净熬煮。
2. 加入莴笋、鸡蛋、花生一起煮粥。
3. 粥将熟时放入盐、味精、枸杞、葱，即可。

药粥解说 莴笋具有增进食欲、刺激消化液分泌、促进胃肠蠕动等功能。常食此粥能辅助治疗小儿厌食症。

辛凉解表 + 生津止渴

芦笋粥

来源 《粥谱》。

原料 芦笋 30 克，粳米 50 克。

制作

1. 芦笋洗净，锅中加适量水，煎煮后去渣取汁。
2. 粳米洗净入锅加水，兑入药汁熬煮成粥。

药粥解说 芦笋有清肺胃热、生津止渴、利小便的功效。经常食用，对心脏病、高血压、肝功能障碍等症有一定的疗效。粳米能提高人体免疫力，两者合煮为粥，适用于小儿疹出不畅。

清热除湿 + 消暑解毒

莲叶绿豆粥

来源 经验方。

原料 小米 100 克，绿豆 50 克，面芡 20 克，鲜莲叶 2 张，白糖适量。

制作

1. 取绿豆洗净熬煮。
2. 莲叶、小米洗净后，一同放入锅并加入白糖熬煮，待粥将熟时，勾入面芡即可。

药粥解说 绿豆有清热解毒的作用。莲叶有去胃火、心火的功效。三者合熬为粥，能清热除湿。

消食下气 + 发汗透疹

香菜粥

来源 《食粥养生与治病》。

原料 香菜 20 克，粳米 50 克，生姜、橘皮各 5 克，盐、味精各适量。

制作

1. 香菜、生姜、橘皮切碎。
2. 粳米淘洗干净后熬煮至将熟时，加入生姜、橘皮，吃时调入香菜、盐、味精即可。

药粥解说 香菜，其气味芳香，有健脾开胃的功效。此粥味道香醇适口，对麻疹初期疹出不畅的患者，有透疹解表的功效。

青少年

青少年，是人类发育过程中的一段时期，介于童年与成年之间。在这段时期里，人类会经历一段青春期，也就是性成熟的过程。通常指 13~20 周岁的人

☺食材推荐

| 银耳 | 枸杞 | 红枣 | 南瓜 |
| 山药 | 胡萝卜 | 芹菜 | 鸡肉 |

症状表现

☑ **神思恍惚**　☑ **精神萎靡**　☑ **食欲不振**　☑ **近视**　☑ **贫血**

疾病解读

青少年对环境的适应能力以及对某些致病微生物的免疫能力较差，容易感染某些常见病和传染病，如病毒性肝炎、近视眼、脊柱弯曲异常等。

调理指南

主食及豆类宜选用加工较为粗糙、保留大部分 B 族维生素或强化 B 族维生素的谷类，肉蛋奶宜选择鱼类、禽类、肉类、蛋类、奶类及奶制品。此外要多食用各种蔬菜、坚果和各种新鲜水果，尤其是绿叶蔬菜应尽量选用。

家庭小百科

对待青少年 5 个正确态度

1. 要富有伸缩性，不能像对成人心理咨询时一本正经，谈话的时间、地点，可以灵活一些。
2. 尊重对方的存在，以平等的态度对待他。
3. 听取青年人的见解，维持双方交流，让他把话说完，再提建议。
4. 提供可模仿与认同的对象。男孩子多向父亲学习，母亲应多在孩子面前讲父亲的优点。
5. 善于发现和赞扬青少年的长处和潜能。

最佳药材·石斛

【别名】林兰、禁生、杜兰、黄草、吊兰花。

【性味】味甘、性寒、无毒。

【归经】归胃、肾经。

【功效】聪耳明目、生津润肺、益胃生津。

【禁忌】热病早期阴未伤者、湿温病未化燥者、脾胃虚寒者、胃酸分泌过少者均禁服。

【挑选】石斛种类繁多，其中以安徽霍山石斛为最佳，胶质饱满、久嚼无渣、个头沉实、药效最佳。

清肝明目＋降压通肠

木耳山药粥

来源 民间方。

原料 菊花、决明子各10克，糙米100克，冰糖适量。

制作

1. 决明子、菊花洗净加水煮滚，转小火煎煮，取汁备用。

2. 糙米洗净入锅，加入药汁以大火煮滚，转小火熬煮成粥，加入冰糖稍煮，即可盛碗食用。

药粥解说 菊花可清凉镇静。决明子可清肝火、祛风湿。合熬为粥明目增视效果更佳。

清热润肠＋调理肠胃

黄花芹菜粥

来源 民间方。

原料 干黄花菜、芹菜各15克，大米100克，香油5毫升，盐2克，味精1克。

制作

1. 芹菜洗净，切成小段；干黄花菜泡发洗净；大米洗净，泡发30分钟。

2. 大米入锅，大火煮至米粒绽开，放入芹菜、黄花菜熬煮至粥成，调入盐、味精，淋入香油即可。

药粥解说 芹菜含有膳食纤维，有调理肠胃的功效，对胃痛、肠胃病患者有一定的疗效。

滋阴益胃＋宁心安神

南瓜百合杂粮粥

来源 经验方。

原料 南瓜、百合各30克，糯米、糙米各40克，白砂糖5克。

制作

1. 糯米、糙米均洗净泡发；南瓜去皮去瓤洗净，切丁；百合洗净，切片。

2. 锅置火上入水，放入糯米、糙米、南瓜煮开。

3. 加入百合同煮至浓稠状，调入白砂糖即可。

药粥解说 南瓜有润肺益气、消炎止痛、降低血糖的功效。百合具有润肺止咳、清心安神的功效。南瓜、百合熬煮成粥具有滋阴益胃的功效。

补中益气＋杀虫通便

南瓜粥

来源 经验方。

原料 南瓜50克，大米30~50克，白砂糖20克，枸杞少许。

制作

1. 南瓜去皮去瓤，洗净切条状；大米淘洗干净，用水浸泡30分钟，备用。

2. 大米、南瓜与水大火煮开，加枸杞，转小火煮至南瓜熟透、米粒软烂，调入白砂糖。

药粥解说 南瓜有解毒、保护胃黏膜、助消化、提高人体免疫力、降低血糖等功效。与大米煮粥，营养丰富，常食能益气养胃、防病健身。

白菜玉米粥

来源 经验方。

原料 白菜100克，玉米糁50克，芝麻、盐、味精各适量。

制作

1. 大白菜洗净切丝；芝麻洗净。
2. 锅置火上，注入清水烧沸后，边搅拌边倒入玉米糁，放入大白菜、芝麻，用小火煮至粥成，调入盐、味精即可。

食用禁忌 气虚胃寒者不宜多食。

用法用量 早、晚餐服用。

药粥解说 芝麻能改善血液循环、促进新陈代谢。白菜能润肠、排毒。玉米有调中开胃、益肺宁心、清湿热、利肝胆、延缓衰老等功效。白菜、芝麻、玉米合熬为粥，其香味扑鼻，长期食用能排毒养颜、润肠通便、减肥塑身。

香蕉玉米粥

来源 经验方。

原料 香蕉、玉米粒、豌豆各适量，大米80克，冰糖适量。

制作

1. 大米洗净泡发；香蕉去皮，切片；玉米粒、豌豆洗净。
2. 锅置火上，注入清水，放入大米，用大火煮至米粒绽开，放入香蕉、玉米粒、豌豆、冰糖，用小火煮至粥成。

食用禁忌 脾胃虚寒者须慎食。

用法用量 早、晚餐服用。

药粥解说 香蕉有"快乐水果"之称，有止烦渴、润肺肠等功效。玉米能调中开胃、益肺宁心。豌豆有润肤、补中益气、利小便的功效。冰糖有补中益气、和胃润肺的功效。此粥香甜可口，有润肠通便、排毒养颜的功效。

哈密瓜玉米粥

来源 经验方。

原料 哈密瓜、嫩玉米粒、枸杞各适量，大米80克，葱、冰糖适量。

制作

1. 大米洗净；哈密瓜去皮，切块；玉米粒、枸杞洗净；葱洗净切花。

2. 锅置火上，注入适量清水，放入大米、枸杞、玉米用大火煮至米粒绽开后，放入哈密瓜块同煮。

3. 放入冰糖煮至粥成后，撒上葱花。

食用禁忌 脾胃虚寒者须慎食。

用法用量 早、晚餐服用。

药粥解说 哈密瓜有"瓜中之王"的美称，有利小便、止渴、除烦热、防暑气等功效。枸杞有滋补肝肾、益精明目、抗衰老、美容的功效，可用来治疗烦热、盗汗、视力疲劳等症。

因人补益篇

玉米红豆薏米粥

来源 经验方。

原料 薏米40克，大米60克，玉米粒、红豆各30克，盐适量。

制作

1. 大米、薏米、红豆均洗净泡发；玉米粒洗净。

2. 锅置火上，倒入适量清水，放入大米、薏米、红豆，以大火煮至开花。

3. 加入玉米粒煮至浓稠状，调入盐拌匀即可。

食用禁忌 遗尿、糖尿病患者忌食。

用法用量 每日温热服用1次。

药粥解说 红豆有补血、利尿、消肿、促进心脏活化、清心养神、健脾益肾、强化体力、增强抵抗力等功效，对瘦腿有很好的疗效。薏米能治疗湿痹、水肿等症。薏米、红豆、玉米合熬为粥，其清淡可口，有减肥的功效。

萝卜橄榄粥

来源 经验方。

原料 糯米100克，猪肉80克，白萝卜、胡萝卜各50克，橄榄20克，盐、味精、葱花适量。

制作

1. 白萝卜、胡萝卜均洗净，切丁；猪肉洗净，切成丝；橄榄冲净；糯米淘净泡发。

2. 锅中注水，下入糯米和橄榄煮开，改中火，放入胡萝卜、白萝卜煮至粥稠，下入猪肉熬制成粥，调入盐、味精，撒上葱花，即可盛碗食用。

胡萝卜菠菜粥

来源 经验方。

原料 大米100克，菠菜50克，胡萝卜50克，盐、味精各适量。

制作

1. 大米淘洗干净，用清水浸泡30分钟，备用；菠菜洗净；胡萝卜洗净，切丁。

2. 锅置火上，放入适量清水后，放入大米，用

大火直至米粒绽开，放入菠菜、胡萝卜丁，改用小火煮至粥成，调入盐、味精，即可盛碗食用。

药粥解说 此粥有降糖降脂、减肥塑身的功效。

芹菜红枣粥

来源 经验方。

原料 芹菜、红枣各20克，大米100克。

制作

1. 芹菜洗净，取梗切成小段；红枣去核洗净；大米洗净泡发。

2. 锅置火上，注入水后，放入大米、红枣，用大火煮至米粒开花，放入芹菜梗，改用小火煮至粥浓稠时，调入盐、味精。

药粥解说 芹菜能增强人体抵抗力、清热解毒、祛病强身。芹菜、红枣、大米共熬为粥，能健脾益胃、降脂减肥，适用于痰热型肥胖症。

鸡肉豆腐蛋粥

来源 民间方。

原料 鸡肉、豆腐各30克，皮蛋1个，姜末适量，大米100克，盐3克，油、料酒、香油、葱花适量。

制作

1. 大米淘洗干净，泡发；鸡肉洗净切小块；豆腐洗净切方块；皮蛋去壳，洗净切小丁。

2. 锅入油烧热，下入鸡肉块，烹入料酒，加盐炒熟盛出备用。

3. 锅置火上，入水适量，放入大米煮至五成熟，放入皮蛋、鸡肉、豆腐、姜末小火熬煮至粥成，放入盐、香油调匀，撒葱花即可。

鸡肉金针菇木耳粥

来源 民间方。

原料 大米120克，金针菇50克，鸡肉100克，盐2克，葱花适量。

制作

1. 大米淘净，泡30分钟；木耳洗净，切丝；金针菇洗净，切去老根；鸡肉洗净，切丝。

2. 锅中注入适量清水和高汤，下入大米，大火烧开，下入鸡肉、木耳，转中火熬煮至粥将成，下入金针菇，小火熬煮成粥，调入盐调味，撒少许葱花即可。

食用禁忌 诸无所忌。

用法用量 每日温热服用1次。

药粥解说 此粥有健脾胃、活血脉的功效。

温中益气＋滋养身体

鸡翅火腿粥

来源 民间方。

原料 鸡翅、火腿各50克，香菇35克，大米80克，盐3克，味精、姜汁、葱花各适量。

制作

1. 火腿剥去肠衣，切片；香菇泡发，洗净切丝；大米淘净，浸泡30分钟；鸡翅洗净，剁成块。

2. 锅中注入适量水，下入大米，用大火煮沸，下入鸡翅、香菇，再转中火熬煮，下入火腿，改小火熬煮成粥。

3. 加盐、味精、姜汁调味，撒上葱花即可。

药粥解说 鸡翅含有多量可强健血管及皮肤的成胶原及弹性蛋白，常食此粥有益发育成长。

温中益气＋补虚填精

鸡丝虾粥

来源 民间方。

原料 鸡肉120克，鲜虾60克，大米80克，盐2克，料酒、高汤。

制作

1. 鸡肉洗净，切丝，用料酒腌制；虾洗净；大米淘净，泡好。

2. 大米放入锅中，加入适量清水，大火烧沸，下入腌好的鸡肉、虾，倒入鸡高汤，转中火熬煮30分钟。

3. 加盐调味，稍煮片刻，即可盛碗食用。

药粥解说 常食此粥有温中益气、补虚填精、健脾胃、活血脉、强筋骨的功效，补益效果明显。

瘦肉青菜黄桃粥

来源 经验方。

原料 瘦肉100克，青菜50克，黄桃2个，大米80克，盐3克，味精适量。

制作

1. 猪瘦肉洗净，切丝；青菜择洗干净，切碎；黄桃洗净，去皮，切块；大米淘净，浸泡30分钟后，捞出沥干水分。

2. 锅中注水，下入大米，大火煮开，改中火，下入猪肉，煮至猪肉变熟，放入黄桃和青菜，慢熬成粥，下入盐、味精调味即可。

食用禁忌 不能过量食用。

用法用量 每日温热服用2次。

药粥解说 瘦肉有补肾养血、滋阴润燥的功效。青菜为含维生素和矿物质最丰富的蔬菜之一，能满足人体所需。长期服用此粥可治疗崩漏。

山药藕片南瓜粥

来源 民间方。

原料 大米90克，山药30克，南瓜25克，玉米、藕片、盐各适量。

制作

1. 山药去皮洗净，切块；藕片、玉米洗净；南瓜去瓤去皮洗净，切丁。

2. 锅内注水，放入大米，用大火煮至米粒开花，放入山药、藕片、南瓜、玉米。

3. 改用下火煮至粥成、闻见香味时，放入盐调味，即可食用。

食用禁忌 不宜与猪肝同食。

用法用量 每日温热服用1次。

药粥解说 山药有补脾养胃、生津益肺、补肾涩精的功效，藕片可清热除烦、凉血散淤。两者合煮成粥可用来改善久痢、虚劳咳嗽等症。

补脾养胃＋生津益肺

山药青豆竹笋粥

来源 经验方。

原料 大米100克，鲜山药25克，竹笋20克，青豆、盐、味精适量。

制作

1. 山药去皮洗净，切块；竹笋洗净，切片；青豆洗净；大米洗净泡发。

2. 锅内注水，放入大米，用大火煮至米粒绽开，放入山药、竹笋、青豆。

3. 改用小火煮至粥成，调入盐、味精入味，稍煮片刻，即可盛碗食用。

食用禁忌 不能过量食用。

用法用量 每日温热服用2次。

药粥解说 山药有补脾养胃、生津益肺、补肾涩精的功效，可用来治疗脾虚泄泻、久痢、虚劳咳嗽、消渴、遗精、带下、小便频数等病症。

降低血糖＋减肥养颜

南瓜薏米粥

来源 民间方。

原料 南瓜40克，薏米50克，大米70克，盐2克，葱8克。

制作

1. 大米、薏米分别淘洗干净，用清水浸泡30分钟；南瓜去皮洗净，切丁。

2. 锅置火上，倒入清水适量，放入大米、薏米，以大火煮开。

3. 加入南瓜煮至浓稠状，调入盐拌匀，撒上葱花即可盛碗食用。

食用禁忌 不能过量食用。

用法用量 每日温热服用1次。

药粥解说 南瓜中含有维生素A、微量元素钴和果胶，有保护胃黏膜、助消化、防治糖尿病、降低血糖、消除致癌物质、促进生长发育、减肥养颜等功效。

因人补益篇

中年人

指年龄为 45~59 岁的人群，人到中年，人体生理功能在不知不觉中下降。心理能力的继续增长和体力的逐渐衰减是中年人的身心特点。

☺食材推荐

鸡蛋	马齿苋	百合	牛奶
山药	燕麦	苹果	豆腐

症状表现

☑ **肌肉开始萎缩**　☑ **弹性降低**　☑ **收缩力减弱**　☑ **更年期综合征**　☑ **肥胖**

疾病解读

中年人随年龄增长，患病率也逐渐高于青年，消化功能也在下降，胃液分泌量逐渐减少。其他消化腺的功能也减退。功能减退的生理变化如与不良的心理相结合，可能导致中年人疾病的发生。

调理指南

饮食应当妥善安排，少吃不易消化的肉、禽、蛋类食品，即使要吃，也应中餐吃，若晚餐吃则容易增肥。晚餐应当以蔬菜、水果为主，八分饱即止。晚餐与睡觉之间至少要间隔 3 小时。

家庭小百科

中年人如何调节心理？

1. 独立自主观察、思考，组织自己的生活。
2. 情绪稳定，有能力延缓对刺激的反应，能在大多数场合下控制和调节自己的情绪和情感。
4. 处世待人的社会行为干练豁达。能适应和把握环境，接受批评和意见并调整自己的行为。
5. 自我意识明确，有自知之明。了解自己的才能和所处社会地位，并以此为立足点，决定自己的言行举止，有所为和有所不为。

最佳药材·牛膝

【别名】百倍、牛茎、怀膝、粘草子根。

【性味】味酸、苦、性平、无毒。

【归经】归肝、肾经。

【功效】活血通经、利尿通淋、清热解毒。

【禁忌】中气下陷，脾虚泄泻，梦遗滑精，月经过多及孕妇禁服。

【挑选】以根条均匀、味淡微甜、断面平坦、内外黄白色或浅棕色、无冻条、油条、破条、杂质、虫蛀、霉变的为佳。

调中益脾 + 调气活血

绿豆糯米粥

来源 经验方。

原料 绿豆20克，樱桃适量，糯米90克，白糖10克，葱少许。

制作

1. 糯米、绿豆均洗净，泡发；樱桃洗净；葱择洗干净，切成葱末。
2. 锅置火上，注入清水，放入大米、绿豆用大火煮至熟烂。
3. 用小火放入樱桃煮至粥成，加入白糖调味，撒上葱花即可。

食用禁忌 发热、哮喘、咳嗽者勿多食用。

用法用量 每日1次。

药粥解说 樱桃有调中益脾、调气活血、平肝祛热的功效。绿豆有抗炎抑菌、增强食欲、保肝护肾的功效。此粥适宜中年人食用。

生津益肺 + 补肾涩精

蛋黄山药粥

来源 民间方。

原料 大米80克，山药20克，熟鸡蛋黄2个，盐3克，香油、葱花各少许。

制作

1. 大米淘洗干净，放入清水中浸泡；山药洗净，碾成粉末。
2. 锅置火上，注入清水适量，放入大米，大火煮沸后转小火煮至八成熟。
3. 放入山药粉煮至米粒开花，再放入研碎的鸡蛋黄，加盐、香油调匀，撒上葱花即可。

食用禁忌 胆固醇高者忌食用。

用法用量 每日1次。

药粥解说 山药有生津益肺、补肾涩精、补脾养胃的功效。与蛋黄、补中益气的糯米合熬为粥，可适用于肾气不足、不孕等症。

红枣柠檬粥

来源 经验方。

原料 鲜柠檬 10 克，桂圆、红枣各 20 克，大米 100 克，冰糖、葱花各适量。

制作

1. 大米洗净，用清水浸泡；鲜柠檬洗净切小丁；桂圆肉、红枣洗净。

2. 锅置火上，放入大米，加水煮至八成熟。

3. 放入鲜柠檬、桂圆肉、红枣煮至粥将成。放入冰糖熬融后调匀，撒上葱花便可。

食用禁忌 胃病患者不宜食用。

用法用量 每日 1 次。

药粥解说 红枣、柠檬、桂圆、大米合熬为粥，可辅助治疗不孕等症，适宜中年不孕者食用。

滋补健胃 ＋ 利水消肿

鸡蛋鱼粥

来源 经验方。

原料 大米 100 克，鸡蛋 3 个，鱼 50 克，高汤 500 克，盐、料酒、枸杞、葱各适量。

制作

1. 大米淘洗干净，注入高汤煮至粥成。

2. 小鱼洗净，用盐、料酒略腌渍后放入锅中，加适量清水煮熟，放入粥中。

3. 鸡蛋磕入碗中，加适量水、盐调匀，加枸杞，蒸熟后盛粥于上，撒葱花便可。

药粥解说 鱼有滋补健胃、利水消肿的功效。三者合熬为粥，能起到增强机体免疫力、补肾阳的作用。

健脾和胃 ＋ 润肺化痰

杏仁花生粥

来源 民间方。

原料 大米 70 克，花生米、南杏仁各 30 克，白糖 4 克。

制作

1. 大米洗净，置于冷水中泡后捞出沥干水分；花生米、南杏仁均洗净。

2. 锅置火上，倒入适量水，放入大米、花生米、南杏仁以大火煮开。

3. 再转小火煮至粥呈浓稠状，调入白糖即可。

药粥解说 花生有健脾和胃、润肺化痰、通乳利肾、降压止血之功效。三者合熬为粥，有健脾和胃的功效。

三红玉米粥

来源 民间方。

原料 红枣、红衣花生、红豆、玉米、大米、白糖、葱各适量。

制作

1. 玉米洗净；红枣去核洗净；花生仁、红豆、大米洗净泡发。
2. 锅置火上，注入适量清水，放入大米煮至沸后，放入玉米、红枣、花生仁、红豆，用小火慢慢煮至粥成，调入白糖入味，撒上葱花即可。

用法用量 需温热服用。每日食用 1 次。

药粥解说 红豆可除热毒、祛湿、利小便；红枣可补虚益气、养血安神、健脾和胃；玉米可降血压、降血脂。常食用此粥，有健脾和胃、祛湿散寒的功效。

因人补益篇

滋补健胃 + 利水消肿

百合南瓜大米粥

来源 经验方。

原料 南瓜 50 克，百合 20 克，大米 80~100 克，盐 2 克。

制作

1. 大米洗净；南瓜去皮洗净，切成小块；百合洗净，削去边缘黑色部分备用。
2. 锅置火上，注入清水，放入大米、南瓜，用大火煮至米粒开花，放入百合，改用小火煮至粥浓稠时，调入盐入味即可。

药粥解说 百合有滋阴清热、养心安神的功效；南瓜可保护胃黏膜、助消化。合熬为粥有益风湿肿痛等症。

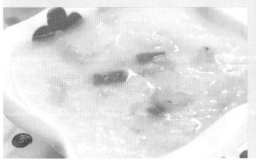

生津止渴 + 止咳化痰

百合雪梨粥

来源 民间方。

原料 雪梨半个，百合 20 克，糯米 90 克，冰糖 20 克，葱花少许。

制作

1. 雪梨去皮洗净，切片；百合泡发，洗净；糯米淘洗干净，泡发 30 分钟。
2. 锅置火上，注入清水，放入糯米，用大火煮至米粒绽开，放入雪梨、百合，改用小火煮至粥成，放入冰糖熬至融化后，撒上葱花即可。

药粥解说 百合有多种生物碱和营养物质，具有良好的营养滋补功效。与糯米、雪梨合煮成粥可辅助治疗类风湿关节炎。

雪梨双瓜粥

来源 经验方。

原料 雪梨、木瓜、西瓜各适量，大米80克，白糖5克，葱花少许。

制作

1. 大米淘净泡发；雪梨去皮切块；木瓜去皮去瓤洗净，切小块；西瓜洗净，取瓤。
2. 锅置火上，注入水，放入大米，用大火煮至米粒开花后，放入雪梨、木瓜、西瓜同煮。
3. 煮至粥浓稠时，调入白糖入味，撒上葱花即可。

食用禁忌 此粥忌长久服用。

用法用量 温热服用，每日两次。

药粥解说 木瓜能理脾和胃、平肝舒筋。临床上常用木瓜治疗类风湿关节炎、腰膝酸痛、脚气等疾病。

止咳化痰＋清热降火

芦荟白梨粥

来源 民间方。

原料 芦荟10克，白梨30克，大米100克，白糖5克。

制作

1. 大米淘洗干净，泡发；芦荟洗净，切片；白梨去皮洗净，切成小块。
2. 锅置火上，注入适量清水后，放入大米，用大火煮至米粒绽开。
3. 放白梨、芦荟，用小火煮至粥成，调入白糖入味即可食用。

药粥解说 芦荟可通便、清肝火。梨可生津止渴、止咳化痰。此粥可辅助治疗类，风湿关节炎等症。

降低胆固醇＋提高免疫力

牛奶芦荟稀粥

来源 经验方。

原料 牛奶20毫升，芦荟10克，红椒少许，大米100克，盐2克。

制作

1. 大米洗净泡发；芦荟洗净，切片；红椒洗净，切圈。
2. 锅置火上，注入清水适量，放入大米，大火煮至米粒绽开。
3. 放芦荟、红椒，倒入牛奶，用小火煮至粥成，调入盐入味即可。

药粥解说 牛奶所含的营养成分，易于被人体吸收。长期食用此粥，可缓解风湿肿痛症状。

滋补益气＋和胃健脾

豆腐木耳粥

来源 民间方。

原料 豆腐、黑木耳、大米、盐、姜丝、蒜片、味精、香油各适量。

制作

1. 大米洗净泡发；黑木耳洗净泡发；豆腐洗净切块；姜丝、蒜片洗净。

2. 锅置火上，注入清水，放入大米，用大火煮至米粒绽开，放入黑木耳、豆腐。

3. 再放入姜丝、蒜片，改用小火煮至粥成后，放入香油，调入盐、味精入味即可。

食用禁忌 风热咳嗽者忌服用。

用法用量 每日食用1次。

药粥解说 黑木耳可以抑制血小板凝聚、降低胆固醇。

补益心脾＋养血宁神

桂圆大米粥

来源 经验方。

原料 桂圆肉适量，大米100克，盐2克，葱花适量。

制作

1. 大米淘洗干净泡发；桂圆肉洗净。

2. 锅置火上，加入适量清水，放入大米，以大火煮开，加入桂圆肉同煮片刻，再以小火煮至浓稠状，调入盐拌匀即可。

药粥解说 桂圆含高碳水化合物、蛋白质、多种氨基酸、维生素等多种营养成分，有补益心脾、养血宁神的功效，可辅助治疗类风湿关节炎、气血不足、心悸怔忡、健忘失眠、血虚萎黄等症。

益气养血＋祛寒散湿

桂圆萝卜大米粥

来源 民间方。

原料 桂圆肉、胡萝卜各适量，大米100克，白糖15克。

制作

1. 大米、桂圆肉洗净；胡萝卜洗净切小块。

2. 锅置火上，注入清水，放入大米，用大火煮至米粒绽开，放入桂圆肉、胡萝卜，改用小火煮至粥成，调入白糖即可。

药粥解说 桂圆有益气养血、祛寒散湿、治疗失眠、心悸等功效。胡萝卜有健脾和胃、补肝明目、滋补强健、降气止咳等功效。桂圆、胡萝卜、大米合熬为粥，可治疗类风湿关节炎等症。

因人补益篇

萝卜绿豆天冬粥

来源 经验方。

原料 白萝卜20克，绿豆、大米各40克，天冬适量，盐2克。

制作

1. 大米、绿豆均泡发；白萝卜洗净切丁；天冬洗净，加水煮好，取汁待用。

2. 锅置火上，倒入煮好的汁，放入大米、绿豆，大火煮至开花。

3. 加入白萝卜转小火同煮至浓稠状，调入盐拌匀，即可盛碗食用。

食用禁忌 风寒者忌服用。

用法用量 每日食用1次。

药粥解说 白萝卜能止咳化痰、清热生津、凉血止血、促进消化、增强食欲。天冬有润肺、滋阴、生津止渴、润肠通便、祛湿散寒的功效。

山药萝卜莲子粥

来源 民间方。

原料 山药30克，胡萝卜、莲子、大米、盐、味精、葱各适量。

制作

1. 山药去皮洗净，切块；莲子洗净，泡发，挑去莲芯；胡萝卜洗净，切丁；大米洗净。

2. 锅内注水，放入大米，用大火煮至米粒绽开，再放入莲子、胡萝卜、山药。

3. 改用小火煮至粥成闻见香味时，放入盐、味精调味，撒上葱花即可。

食用禁忌 心火旺者忌服用。

用法用量 每日食用1次。

药粥解说 山药具有益气养阴、补脾肺肾、固精止带的功效。胡萝卜具有健脾和胃、补肝明目、清热解毒的功效。莲子具有养心安神、祛湿散寒的功效。

理脾和胃 + 平肝舒筋

水果麦片牛奶粥

来源 民间方。

原料 椰果丁、木瓜、玉米粒、牛奶各适量，燕麦片 40 克，白糖 3 克。

制作

1. 燕麦片洗净泡发；木瓜去瓤去皮洗净，切丁。
2. 锅置火上，倒入清水适量，放入燕麦片，以大火煮开。
3. 加入椰果、木瓜、玉米、牛奶同煮至浓稠状，调入白糖拌匀即可。

食用禁忌 肝硬化不宜多食用牛奶。

用法用量 可当早餐食用。

药粥解说 木瓜能理脾和胃、平肝舒筋，可走筋脉而舒挛急，为治一切转筋、腿痛、脚气的要药。临床上常用木瓜治疗风湿性关节炎、腰膝酸痛等症。此粥适宜类风湿关节炎患者食用。

润肺健胃 + 生津止渴

牛奶苹果粥

来源 经验方。

原料 大米 100 克，牛奶 100 毫升，苹果 50 克，冰糖 5 克，葱花少许。

制作

1. 大米淘洗干净，放入清水中浸泡；苹果洗净切小块。
2. 锅置火上，注入清水适量，放入大米，大火煮沸后转小火煮至八成熟。
3. 放入苹果煮至米粒开花，倒入牛奶、放冰糖稍煮调匀，撒上葱花便可。

食用禁忌 胃寒病者、糖尿病患者忌食用。

用法用量 3 天 1 次。

药粥解说 苹果具有润肺、健胃、生津、止渴、止泻、消食、顺气、醒酒的功效。苹果、牛奶、大米三者熬煮成粥对类风湿关节炎有一定的食疗效果。

因人补益篇

润肺消食 + 驱寒除湿

苹果提子冰糖粥

来源 经验方。

原料 苹果 30 克，提子 20 克，大米 100 克，冰糖 5 克，葱花少许。

制作

1. 大米淘净泡发；提子洗净；苹果洗净切块。
2. 锅置火上，注入清水，放入大米煮至八成熟，放入苹果、提子煮至米粒开花，放入冰糖调匀，撒上葱花便可食用。

药粥解说 此粥可润肺消食，常食有驱寒除湿的功效。

化湿止痛 + 健脾利胃

木瓜粥

来源 《太平圣惠方》。

原料 大米 50 克，木瓜 30 克，白糖适量。

制作

1. 大米淘洗干净，用清水浸泡 30 分钟，备用；木瓜洗净切好。
2. 锅中加入大米、木瓜共煮粥，粥将熟时，加入白糖即可。

药粥解说 木瓜是辅助治疗腿痛、湿痹、脚气的重要药材。此粥适用于类风湿关节炎等症患者长期食用。

祛风除湿 + 温经止痛

川乌粥

来源 《普济本事方》。

原料 粳米 50 克，姜汁 10 滴，生川乌头 3 克，蜂蜜适量。

制作

1. 粳米洗净；川乌头磨粉。
2. 锅置火上，加入适量水，加入粳米、川乌头共煮粥。
3. 待粥将熟时，加入生姜汁，蜂蜜煮沸即可。

药粥解说 川乌具有祛风除湿、温经止痛的功效。此粥治疗风寒湿痹、麻木不仁等症效果显著。

健脾养胃 + 益精强志

红枣大米粥

来源 经验方。

原料 红枣 20 克，大米 100 克，白糖 5 克，葱花少许。

制作

1. 大米淘洗干净，用清水浸泡 30 分钟，备用；红枣洗净润透，去核。
2. 锅置火上，放入大米、红枣煮至米粒开花，放入白糖稍煮后调匀，撒上葱花便可。

药粥解说 大米有补中益气、健脾养胃的功效，与红枣合熬为粥，可用于类风湿关节炎等症。

强筋骨 + 活气血

牛膝叶粥

来源 《太平圣惠方》。

原料 粳米 50 克，牛膝叶 15 克。

制作

1. 牛膝叶洗净，切碎；粳米淘洗干净，用清水浸泡 30 分钟，备用。
2. 锅置火上，入水适量，放入牛膝叶煎煮，滤渣取汁，下入大米熬煮成粥即可。

药粥解说 牛膝叶具有强筋骨、活血等作用。粳米具有补气之功效。两者结合对于治疗风湿痿痹效果显著。

散寒止痛 + 活血通经

双桂粥

来源 经验方。

原料 粳米 50~100 克，桂枝 10 克，肉桂 5 克，红糖适量。

制作

1. 肉桂、桂枝洗净煎后取汁备用。
2. 锅中加入适量清水，用粳米共煮粥。
3. 粥沸后加入药汁，待粥将熟时，加入红糖。

药粥解说 桂枝有散寒止痛、抗菌等作用。肉桂具有补火助阳、引火归源、散寒止痛、活血通经的功效。

清热解毒 + 保肝护肾

绿豆海带粥

来源 经验方。

原料 大米、绿豆各 40 克，水发海带 30 克，青菜 20 克，盐 3 克。

制作

1. 大米、绿豆均洗净泡发；海带洗净切丝；青菜洗净切碎。
2. 锅置火上入水，放入大米、绿豆煮至开花，加入海带熬煮成粥，入青菜稍煮，调入盐即可。

药粥解说 长期食用，能缓解热痹类风湿关节炎症状。

补血益精 + 固阳利肾

鹿角胶粥

来源 《本草纲目》。

原料 鹿角胶 10 克，粳米 200 克，生姜少许。

制作

1. 粳米淘洗干净，用清水浸泡 30 分钟，下锅入水适量，大火煮沸后转小火煮粥。
2. 粥煮至八成熟时，加入鹿角胶、生姜稍煮至粥成，即可盛碗食用。

药粥解说 鹿角胶可治疗肾虚体弱、阳痿、女性宫寒痛经、带下等疾病。此粥能益精血、补肾阳。

散寒止痛 + 温经止血

艾叶粥

来源 经验方。

原料 干艾叶 15 克，粳米 100 克，红糖适量。

制作

1. 艾叶洗净，放入锅中加水适量，大火煮沸后转小火煎煮 15 分钟，去渣留汁备用。
2. 汁同粳米、红糖共煮粥即可。

药粥解说 艾叶能温经止血、散寒止痛，艾叶与粳米煮粥，性温气香，能通十二经，可治疗中年人常见的小腹冷痛、妊娠下血、宫冷不孕等症。

滋肾润肺 + 补肝明目

豌豆枸杞牛奶粥

来源 经验方。

原料 大米 100 克，豌豆、毛豆、枸杞各适量，牛奶 50 克，白糖 5 克。

制作

1. 豌豆、毛豆取仁洗净；枸杞洗净；大米淘洗干净泡发。
2. 锅置火上入水，放入大米煮至米粒完全绽开，放入豌豆、毛豆、枸杞，倒入牛奶煮至粥成，加入白糖即可。

药粥解说 此粥能缓解类风湿关节炎症状。

润肠通便 + 降低血糖

马齿苋粥

来源 《食疗本草》。

原料 粳米 100 克，鲜马齿苋 60 克。

制作

1. 马齿苋择洗干净，切段；粳米淘洗干净，用清水浸泡 30 分钟，备用。
2. 锅置火上，放入粳米大火煮沸后转小火熬煮至粥成，加入马齿苋稍煮片刻即可。

药粥解说 马齿苋有抗菌消炎等作用，还可以润肠通便、降低血糖。此粥宜中年人食用。

清热解毒 + 凉血止血

荷叶冰糖粥

来源 《饮食治疗指南》。

原料 糯米 30 克，鲜荷叶 1 张，冰糖适量。

制作

1. 将糯米淘洗干净熬煮。
2. 鲜荷叶洗净后盖在粥上熬煮。
3. 待粥成绿色，加入冰糖即可。

药粥解说 荷叶有清热解毒、凉血止血、降血脂作用，可扩张血管，清热解暑，起到降血压的作用，同时还是减肥的良药。

老年人

不同的文化圈对于老年人有着不同的定义，壮年到老年的分界线往往是很模糊的。世界卫生组织对老年人的定义为60周岁以上的人群。

☺食材推荐

莲子	枸杞	花生	玉米
小米	核桃	香菇	芹菜

症状表现

☑ 新陈代谢放缓　☑ 抵抗力下降　☑ 生理机能下降　☑ 毛发变白　☑ 老年斑　☑ 记忆力减退

疾病解读

人老了，包括大脑在内的诸器官的功能逐渐下降，这是自然规律，老年人的认知功能减退很难逆转。但更影响老年人的是心理原因。如陪伴和关注不够，会导致老年人情绪低沉、心情郁闷。

调理指南

饮食上水果、蔬菜要多吃，蛋白质、脂肪、糖、维生素、矿物质和水要摄入平衡，菜肴要淡，饮食要热。心理上，多参加老年娱乐活动，多培养自己的兴趣爱好，让自己的生活充实起来。

家庭小百科

老年人健身运动要注意 5 点

1. 不要在空腹或饱腹状态下晨练。
2. "闻鸡起舞"不宜提倡。日出前地面空气污染最重，日出后植物开始光合作用，空气才清新。
3. 气温过低不宜晨练。秋、冬季早晨若气温过低不宜晨练，老年人体温调节能力差，受冷易病。
4. 阴雨天忌在林中晨练。因树木此时未受阳光照射仍吸氧吐碳，会使人二氧化碳中毒。
5. 雨雾天不宜晨练。污染严重，不宜锻炼。

最佳药材 · 黄芪

【别名】棉芪、黄耆、黄参、血参。

【性味】味甘、性温、无毒。

【归经】归脾、肺经。

【功效】增强机体免疫功能、保肝利尿、抗衰老。

【禁忌】黄芪性味甘、微温，阴虚患者服用会助热，易伤阴动血；而湿热、热毒炽盛的患者服用容易滞邪，使病情加重。

【挑选】以条粗长、质硬而绵、粉性足、味甜、体表灰黄色、有纵皱纹或纵沟为佳。

健脾和胃＋益气补中

白术猪肚粥

来源 《圣济总录》。

原料 粳米、白术、槟榔、生姜、猪肚、葱白、盐各适量。

制作

1. 猪肚洗净切碎，生姜、白术、槟榔洗净煎后取汁一同与粳米熬煮。
2. 待粥将熟时，加入盐、葱白，煮沸，即可盛碗食用。

药粥解说 白术可健脾益气。猪肚可健脾和胃。几者合熬为粥有益气补中的效用，对于消化不适、脾胃虚弱者效果极佳。

滋补肝肾＋益精明目

猪肝枸杞粥

来源 经验方。

原料 猪肝、枸杞叶、枸杞、红枣、大米、姜末、葱花、盐各适量。

制作

1. 枸杞、枸杞叶、红枣洗净；猪肝洗净切片；大米淘净，泡好。
2. 大米煮成粥，下入以上材料煮熟，加盐调味，撒上葱花即可。

药粥解说 猪肝有明目、补肝养血等功效。枸杞有滋补肝肾、益精明目的功效。猪肝与枸杞合煮粥有健脾和胃、助消化的功效。

养心安神＋益脾补肾

莲子红枣猪肝粥

来源 民间方。

原料 莲子、红枣、猪肝、枸杞、大米、盐、味精、葱花各适量。

制作

1. 莲子洗净去莲心；红枣洗净对切；枸杞洗净；猪肝洗净切片；大米淘净泡好。
2. 锅中注水，下入大米，大火烧开，下入红枣、莲子、枸杞，转中火熬煮，改小火，下入猪肝，熬煮成粥，加盐、味精调味，撒上葱花即可。

药粥解说 莲子可养心安神、益脾补肾，猪肝可明目补肝。此粥适用于消化不良等症。

滋补肝肾＋止咳化痰

白菜鸭肉粥

来源 经验方。

原料 鸭肉、白菜、大米、盐、姜丝、味精、葱花各适量。

制作

1. 大米淘净，泡30分钟；鸭肉洗净，切块，入锅加盐、姜丝煲好；白菜洗净，撕成小片。
2. 锅中注水，下入大米，大火煮沸，转中火熬煮至米粒开花，下鸭肉熬香，下白菜煮熟，加盐、味精调味后，撒上葱花即可盛碗食用。

药粥解说 鸭肉可养胃补肾、止咳化痰。与白菜合煮粥可滋补肝肾，适合消化不良等症。

补血行水 + 养胃生津

鸭肉粥

来源 民间方。

原料 大米、鸭肉、红枣、盐、姜丝、味精、葱花各适量。

制作

1. 红枣洗净去核，切成小块；大米淘净，泡好；鸭肉洗净，切块，入锅加盐、姜丝煲好。

2. 大米入锅，加入适量清水以大火煮沸，下入红枣转中火熬煮至米粒开花，鸭肉连汁倒入锅中小火熬煮成粥，加盐、味精调味，撒葱花即可。

药粥解说 此粥有清热、补血行水的功效。

祛湿除风 + 清热排毒

陈皮白糖粥

来源 民间方。

原料 大米 110 克，陈皮 3 克，白糖 8 克。

制作

1. 陈皮洗净，大米淘洗干净，泡发，

2. 两者放入锅中，入水适量，熬煮成粥，加入适量白糖即可。

药粥解说 陈皮气香，它所含的挥发油对胃肠道有温和的刺激作用，可促进消化液的分泌，排除肠管内积气，增加食欲。陈皮具有理气降逆、调中开胃、燥湿化痰之功。适合食欲不振者食用。

利尿排毒 + 保护肝脏

黄芪荞麦豌豆粥

来源 民间方。

原料 黄芪 3 克，荞麦 80 克，豌豆 30 克，冰糖 10 克。

制作

1. 黄芪、荞麦、豌豆淘洗干净，放入锅中同煮成粥，加冰糖调味即可。

药粥解说 黄芪可利尿排毒、保护肝脏。荞麦含有维生素 B_3，能够促进机体的新陈代谢，还能扩张小血管和降低血液胆固醇。荞麦是老弱妇孺皆宜的食物，糖尿病患者更为适宜。豌豆可润肠通便、抑菌抗炎。几者合煮成粥补益效果更佳。

清热排脓 + 和中益气

薏米豌豆粥

来源 民间方。

原料 大米 70 克，薏米、豌豆各 20 克，胡萝卜 20 克，白糖 3 克。

制作

1. 大米、薏米、豌豆分别洗净，红萝卜去皮洗净切块。

2. 锅中注入适量清水，加入大米、薏米、豌豆同煮，粥将熟时，加入白糖即可。

药粥解说 薏米能祛湿除风、清热排脓，对小便不利和风湿有很好的作用。豌豆有和中益气、助消化、利小便、解疮毒、通乳及消肿的功效。

豌豆高粱粥

来源 经验方。

原料 红豆、豌豆各 30 克，高粱米 70 克，白糖 4 克。

制作

1. 高粱米、红豆均泡发洗净；豌豆洗净。
2. 锅置火上，倒入清水，放入高粱米、红豆、豌豆一同煮至浓稠状时，调白糖拌匀即可。

食用禁忌 不宜长期食用。

用法用量 每日早晚温热服用。

药粥解说 豌豆富含蛋白质，还含有人体所必需的 8 种氨基酸，其有和中益气、利尿消肿的功效。高粱米有健脾消食、温中和胃的功效。红豆有通肠、利小便的功效。其合熬为粥有健脾消食的功效。

护肝通便 + 缓解压力

水果粥

来源 民间方。

原料 燕麦片 30 克，苹果、猕猴桃、菠萝各 50 克，麦片 1 包，白糖 3 克。

制作

1. 苹果、猕猴桃、菠萝分别去皮洗净切块。
2. 锅中注入适量清水，加入苹果、猕猴桃、菠萝、燕麦片、麦片，粥煮至将熟时加入白糖，稍煮即可。

药粥解说 燕麦有护肝、通便、降低胆固醇、缓解压力的作用，对脂肪肝、糖尿病、便秘等也有辅助疗效。其与苹果、猕猴桃、菠萝合熬为粥，不仅有减肥美容的功效，还有助消化的功效。

清热解毒 + 生津润肠

香蕉粥

来源 民间方。

原料 大米 50 克，香蕉 250 克，白糖 3 克。

制作

1. 香蕉去皮切块；大米淘洗干净，用清水浸泡 30 分钟，备用。
2. 锅置火上，倒入清水，放入大米，大火煮沸后转小火熬煮至粥成，放入香蕉块，加入白糖煮沸即可。

药粥解说 中医认为，香蕉有清热、解毒、生津、润肠的功效。现代医学研究认为，香蕉中含有丰富的钾，对于老年人维持精力与体力的正常大有裨益。

补益心脾 + 养血宁神

桂圆糯米粥

来源 民间方。

原料 糯米100克，桂圆肉50克，白糖、姜丝各5克。

制作

1. 糯米、桂圆分别洗净；糯米泡发。
2. 锅中注入适量清水，加入粳米、桂圆、姜丝，同煮，待粥将熟时，加入白糖煮沸即可。

药粥解说 桂圆可养血宁神，主治气血不足、心悸怔忡、健忘失眠、血虚萎黄等症。与糯米合熬为粥，可用于消化不良、脾胃虚弱等症。

健胃利脾 + 帮助消化

葡萄干果粥

来源 民间方。

原料 大米、牛奶、芝麻、葡萄、梅干、冰糖、葱花各适量。

制作

1. 大米洗净泡好备用。
2. 锅中入水，加入大米、芝麻、牛奶、葡萄、梅干，同煮至粥熟时加入冰糖、葱花稍煮片刻，即可盛碗食用。

药粥解说 葡萄含有易被人体吸收的葡萄糖，也富含矿物质和维生素。可助消化、舒缓神经衰弱和疲劳过度。最宜老人、儿童食用。

清热解暑 + 消暑止渴

养生八宝粥

来源 民间方。

原料 薏米、糯米、花生、绿豆、莲子、红豆、红枣、麦仁、白糖各适量。

制作

1. 薏米、糯米、花生、绿豆、莲子、红豆、红枣、麦仁洗净泡发。
2. 锅中注入适量水，放入原材料同煮，粥将熟时加入白糖调味即可。

药粥解说 红豆具有良好的润肠通便、降血压、降血脂、调节血糖的作用。与绿豆同煮成粥，降压降脂、滋补强壮、调和五脏、保肝效果更佳。

润泽肌肤 + 防癌抗癌

田鸡粥

来源 民间方。

原料 大米50克，田鸡2只，葱15克，姜、盐、味精、料酒各适量。

制作

1. 大米淘洗干净泡好；田鸡洗净切好后用盐、料酒腌制。
2. 锅中注入适量清水，加入大米、田鸡，大火煮沸后转小火熬煮，粥将熟时加入葱、姜、味精，稍煮即可。

药粥解说 田鸡有助于青少年的生长发育和缓解更年期骨质疏松。其所含维生素E和锌等微量元素，能抗衰老、润泽肌肤、防癌抗癌。

益肺宁心 + 健脾开胃

玉米渣子粥

来源 民间方。

原料 玉米碴 120 克，白糖适量。

制作

1. 玉米碴煮黏稠后加入白糖煮沸即可。

药粥解说 玉米中富含维生素 A、维生素 E、卵磷脂及矿物元素镁等，其有健脾开胃、助消化、防癌、降胆固醇、止血降压的功效。长期食用对于降低胆固醇、防止动脉硬化、减少和消除老年斑和色素沉着、抑制肿瘤的生长有一定食疗作用。

益肾和胃 + 助消化

小米粥

来源 民间方

原料 小米 200 克，白糖少量。

制作

1. 小米泡后，煮开加入白糖煮沸即可。

药粥解说 小米富含淀粉、钙、磷、铁、维生素 B_1、维生素 B_2、维生素 E、胡萝卜素等。其有益肾和胃、助消化、除热的作用，对脾胃虚寒、反胃呕吐、腹泻与产后病后体虚或失眠、体虚者有益。此粥适合各类人群，尤其是老年人。

开胃健脾 + 滋补虚损

香菇鸡翅粥

来源 民间方。

原料 大米、香菇各 15 克，鸡翅 200 克，葱 10 克，盐 6 克，胡椒粉 3 克。

制作

1. 大米、香菇、鸡翅分别洗净备用。
2. 锅中注入水，加入大米、香菇、鸡翅，同煮，粥将熟时加入盐、葱、胡椒粉，稍煮即可。

药粥解说 香菇能助消化，促进钙、磷的消化吸收，有助于骨骼和牙齿的发育。此粥适合老人、儿童食用。

开胃益智 + 宁心活血

排骨玉米粥

来源 民间方。

原料 大米、排骨、玉米、豆角、盐、味精、香菜、葱白各适量。

制作

1. 取大米洗净熬煮，加入洗净切好的排骨、豆角、葱白、玉米，与大米同煮。
2. 粥将熟时加入盐、味精、香菜，煮沸即可。

药粥解说 此粥对于高脂血症、动脉硬化患者有助益，并可延缓人体衰老、预防脑功能退化、增强记忆力。

降低血压 + 驱虫消积

槟榔粥

来源 《圣济总录》。

原料 粳米 50 克，槟榔 10 克。

制作

1. 粳米洗净泡好；槟榔洗净煎后取汁。
2. 锅中注入适量清水，加入粳米、槟榔汁同煮，煮至粥成即可。

药粥解说 槟榔有降血压、驱虫消积、下气行水的作用，可治疗食滞不消、脘腹胀痛、泻痢后重、大便秘结、疝气、脚气、水肿等病症。

健脾和胃 + 帮助消化

曲米粥

来源 民间方。

原料 粳米 60 克，神曲 10 克。

制作

1. 粳米洗净泡好；神曲洗净煎后取汁。
2. 锅中注入适量清水，加入神曲汁与粳米同煮至粥成，即可盛碗食用。

药粥解说 神曲为一种酵母制剂，借其发酵作用，以促进消化功能，如所含的淀粉酶可帮助消化谷类食物。有健脾和胃、帮助消化等作用。

玉米粉黄豆粥

来源 民间方。

原料 黄豆 30 克，玉米 30~50 克，盐 3 克，葱白适量。

制作

1. 黄豆、玉米淘洗干净后沥干水分，烘干后分别研磨成粉；葱择洗干净，切末。

2. 锅置火上，入水适量，放入黄豆、玉米粉，大火煮沸后转小火熬煮 10 分钟，粥黏稠时加入盐、葱，稍煮即可。

用法用量 温热服用。每日 1 次。

药粥解说 玉米富含蛋白质、碳水化合物、脂肪等营养物质，有助消化、调中和胃、利尿、降血脂、降血压的功效。黄豆有通便、助消化等作用。黄豆粉、玉米粉合熬为粥，容易被人体吸收，尤其适合老年人和儿童食用。

健脾开胃 + 促进消化

胡萝卜玉米粥

来源 民间方。

原料 大米 100 克，木瓜、胡萝卜各 30 克，玉米粒 20 克，白砂糖少许。

制作

1. 大米、玉米粒分别淘洗干净，大米用水浸泡 30 分钟，备用；木瓜、胡萝卜分别去皮洗净，切块备用。

2. 锅置火上，入水适量，下入大米、玉米粒、胡萝卜块，大火煮沸后转小火熬煮至粥黏稠。

3. 加入木瓜稍煮片刻，放入白砂糖调味后，即可盛碗食用。

用法用量 温热服用。每日 1 次。

药粥解说 胡萝卜中含有大量的胡萝卜素，有明目，加强肠蠕动，增强免疫力，降低血脂、血糖的作用。其与玉米、木瓜共熬为粥，可以治疗消化不良等症。

调节血脂 + 保护肝脏

大蒜鱼片粥

来源 民间方。

原料 粳米、鱼肉、蒜片各20克，姜、盐、橄榄油各适量。

制作

1. 粳米淘洗干净，用清水浸泡30分钟，捞出沥水，放入锅中，置火上，入水适量，大火煮沸后转小火熬煮至粥八成熟。
2. 葱、蒜炒后放入锅中与大米同煮。
3. 鱼肉洗净切好，用橄榄油煎好后放入煮好的粥中，煮沸即可。

用法用量 温热服用。每日1次。

药粥解说 蒜能杀菌，促进食欲，助消化，调节血脂、血压、血糖，可预防心脏病，抗肿瘤，保护肝脏，增强生殖功能，保护胃黏膜，抗衰老；粳米有补中益气、健脾和胃的功效。

健脾益胃 + 帮助消化

香菜杂粮粥

来源 民间方。

原料 香菜适量，薏米、糙米、荞麦各35克，盐2克，香油5毫升。

制作

1. 薏米、糙米、荞麦淘洗干净，用水浸泡1小时，备用；香菜洗净。
2. 锅置火上，入水，放入洗净的薏米、糙米、荞麦同煮，粥将熟时加入盐、香油、香菜，稍煮即可。

用法用量 温热服用。每日1次。

药粥解说 香菜有开胃消食等作用。香菜中含有大量的营养物质，可以帮助降低血压，改善食欲。薏米有除湿、利尿、改善人体新陈代谢的作用。糙米有降低胆固醇、预防心脏病等功效。荞麦可健脾益胃，帮助消化。此粥具有开胃消食的功效。

肉末青菜粥

来源 民间方。

原料 粳米 140 克，青菜 70 克，猪瘦肉、盐、鸡精、生姜末各适量。

制作

1. 粳米淘洗干净，用水浸泡 30 分钟，备用；青菜择洗干净，切段；猪瘦肉洗净切末。
2. 锅置火上，入水适量，下入粳米、肉末，大火煮沸后转小火熬煮至粥黏稠。
3. 加入青菜稍煮片刻，放入盐，鸡精，生姜末煮沸即可。

用法用量 温热服用。每日 1 次。

药粥解说 青菜有降低血脂、润肠通便的作用。猪肉中含有丰富的蛋白质，可以健脾胃，补充人体的胶原蛋白。此粥口感极佳，有助消化的功效，尤宜老年人和儿童食用。

土豆煲羊肉粥

来源 民间方。

原料 大米 120 克，土豆、羊肉、胡萝卜、盐、料酒、葱白各适量。

制作

1. 大米淘洗干净，浸泡 30 分钟，备用；土豆、胡萝卜分别去皮洗净切块；羊肉洗净切块。
2. 锅置火上，入水适量，下入大米、土豆、羊肉、胡萝卜，大火煮沸后转小火熬煮至粥黏稠。
3. 加入料酒、盐调味，再放入葱白，稍煮片刻，即可盛碗食用。

食用禁忌 不宜过量服用。

用法用量 温热服用。

药粥解说 土豆中含有丰富的营养物质，有和胃、健脾、预防高血压、降低胆固醇等功效。羊肉有滋补壮阳等效用。此粥有保健的疗效。

健脾和胃 + 保护心肌

山楂粥

来源 《粥谱》。

原料 粳米 50 克，山楂 15 克，红糖适量。

制作

1. 粳米洗净泡好；山楂洗净煎后取汁。
2. 锅中注入适量清水，放入粳米、山楂汁共煮。
3. 待粥将熟时，加入山楂及红糖煮沸即可。

药粥解说 山楂含丰富的黄酮类化合物，能助消化、保护心肌，能降低心肌耗氧量，增加冠状动脉血流量。此粥最宜老年人食用。

帮助消化 + 润肠通便

陈茗粥

来源 《食疗本草》。

原料 粳米 100 克，陈茗叶 5~10 克。

制作

1. 粳米洗净泡好；茶叶煮后取汁。
2. 锅中注入适量清水，加入茶叶汁与粳米同煮粥即可。

药粥解说 茶叶有帮助消化、润肠通便的效用。茶叶中含有丰富的维生素和氨基酸，常饮此粥还可以起到保健身体的作用。

温暖脾肾 + 下气止痛

香砂枳术粥

来源 《摄生秘剖》。

原料 粳米 50 克，白术 12 克，枳实 10 克，砂仁、木香各 3 克。

制作

1. 粳米洗净浸泡；白术、枳实、砂仁、木香煮后取汁。
2. 锅中注入适量清水，加入粳米熬煮成粥，加入药汁煮沸即可。

药粥解说 砂仁有温暖脾肾、下气止痛、止冷泻、开胃、化滞、消食的功效，可用于宿食不化等症。

健胃消食 + 降压降糖

香菇粥

来源 《家庭药粥》。

原料 小米 80 克，新鲜香菇 50 克，鸡内金 5 克，盐 3 克。

制作

1. 鸡内金洗净，熬煮取汁；香菇洗净切块；粳米洗净浸泡。
2. 锅中注入适量清水，放入粳米、药汁熬煮。
3. 粥将成时加入香菇，稍煮即可。

药粥解说 香菇中含有丰富的维生素，有帮助消化、促进人体的新陈代谢等作用。

美容养颜 + 排毒减肥

大麦米粥

来源 《饮食辩录》。

原料 大麦米 60 克。

制作

1. 大麦米去壳洗净备用。
2. 锅置火上，入水适量，下入大麦米，大火煮沸后转小火熬煮至粥成即可。

药粥解说 大麦米有促进胃肠功能、帮助消化等作用。此粥适合脾胃虚弱者服用。大麦米还可以起到美容养颜、排毒减肥等效果。

润肠通便 + 帮助消化

素菜粥

来源 民间方。

原料 大米 80 克，菠菜 150 克，盐 3 克，鸡精、香油各适量。

制作

1. 大米、菠菜分别洗净，大米熬煮粥。
2. 粥将熟时，加入菠菜、盐、鸡精、香油即可。

药粥解说 菠菜中含有大量丰富的营养素。可以促进人体的新陈代谢，延缓衰老。菠菜有润肠通便、帮助消化等作用。此粥具有保健作用。

更年期

更年期是指女性从生育期向老年期过渡的时期，也是卵巢功能逐渐消退直至完全消失的过渡时期，其标志是以月经紊乱开始到月经停止来潮（绝经）结束。

☺食材推荐

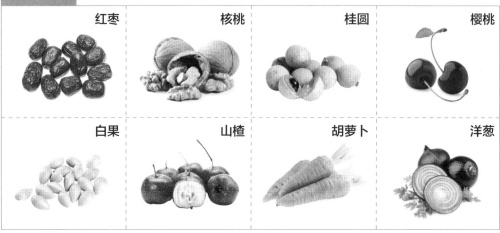

红枣	核桃	桂圆	樱桃
白果	山楂	胡萝卜	洋葱

症状表现

☑ 情绪激动　　☑ 紧张　　☑ 恐惧　　☑ 神经过敏　　☑ 多疑多虑　　☑ 主观臆断　　☑ 面部潮红

疾病解读

更年期间部分女性出现一系列因性激素减少而导致的各种症状，称为更年期综合征。中医学认为，女性在绝经期脏腑功能日趋衰退，可能出现肾阴亏虚、肝失所养，以及脾肾不足的病理变化。

调理指南

饮食上，豆制品是更年期饮食的首选，还要多吃如牛奶、鸡蛋、鱼类等高蛋白的食物，补充蛋白质。其次注意补充B族维生素，可以选择小米、玉米、麦片等粗粮，以及瘦肉、牛奶、果蔬等。

家庭小百科

如何缓解更年期失眠症？

1. 心情烦躁、胡思乱想、静不下来时，试试躺在床上，把脚抬起来，靠在墙壁上 5~10 分钟。

2. 循环不好、怕冷而不好睡者，可在家里腾出一些空间，练习倒退走路。每天练习 20 分钟。

3. 用手摩擦肩，使手肘、手腕、髋部、膝、脚踝等各处关节穴位生热，多摩擦带动气血循环。

4. 规律运动，找出适合自己的减压方法。

5. 每天 6~8 杯水，或视口渴程度多喝些。

最佳药材•百合

【别名】山丹、倒仙。

【性味】味甘、苦，性平、有毒。

【归经】归肺、心、肾经。

【功效】宁神安心，滋阴润肺。

【禁忌】脾胃虚弱者、风寒咳嗽者、虚寒出血者、大便干结者以及腹胀严重者慎食。

【挑选】优质百合表面类白色、淡棕黄色，会有少量的红片、黑点。百合浸泡后如果水质变浑浊则说明是硫黄熏过。

洋葱青菜肉丝粥

来源 民间方。

原料 洋葱50克，青菜30克，猪瘦肉100克，大米80克，盐3克，鸡精1克。

制作

1. 青菜洗净切碎；洋葱洗净切丝；猪瘦肉洗净，切丝；大米淘净，泡好。

2. 锅中注水，下入大米煮开，改中火，下入猪肉、洋葱，煮至猪肉变熟，改小火，下入青菜，将粥熬化，调入盐、鸡精调味即可。

食用禁忌 皮肤瘙痒性患者忌食。

用法用量 每日1次。

药粥解说 洋葱有降血脂、杀菌、防治动脉硬化的功效。与青菜、猪肉合熬为粥，能缓解女性更年期综合征。

宁心安神 + 柔肝缓急

甘麦大枣粥

来源 《金匮要略》。

原料 甘草15克，小麦50克，大枣10颗。

制作

1. 甘草洗净，润透，放入锅中置火上，加水适量，大火煮沸后转小火煎煮15分钟，滤去渣留汁备用。

2. 将药汁与小麦、大枣一起放入锅中煮粥，调味即可。

药粥解说 甘草可清热解毒、补脾益气、缓急止痛；小麦可养心益肾、和血健脾；大枣有养血安神、缓肝急、治心虚的功效。三味相伍，能甘缓滋补、宁心安神、柔肝缓急，适用于女性脏躁症。

补肾助阳 + 益脾健胃

韭菜猪骨粥

来源 经验方。

原料 猪骨500克，韭菜50克，大米80克，醋、料酒、盐、味精、姜、葱各适量。

制作

1. 猪骨斩件，入沸水汆烫；韭菜切段；大米淘净泡30分钟。

2. 猪骨入锅，加清水、料酒、姜末，大火烧开，滴入醋，下入大米煮至米粒开花。

3. 转小火，放入韭菜熬煮成粥，调入盐、味精，撒上葱花即可。

药粥解说 猪骨、韭菜、大米合熬粥，能补肾助阳、益脾健胃。

山楂猪骨大米粥

来源 民间方。

原料 干山楂50克,猪骨500克,大米80克,盐、味精、料酒、醋、葱各适量。

制作

1. 干山楂用温水泡发,洗净;猪骨洗净,斩件,入沸水氽烫,捞出;大米淘净,泡好。

2. 猪骨入锅,加清水、料酒,大火烧开,滴入醋,下入大米煮至米粒开花,转小火,放入山楂,熬煮成粥,加入盐、味精调味,撒上葱花即可。

食用禁忌 山楂有促进妇女子宫收缩的作用,孕妇多食山楂,会引发流产,故不宜多食。

用法用量 每日1次。

药粥解说 山楂可健脾和胃、保护心肌。与猪骨、大米合熬为粥,有健脾和胃、养心安神的功效。

健脾和胃 + 养心安神

洋葱鸡腿粥

来源 经验方。

原料 洋葱60克,鸡腿肉150克,大米80克,盐、葱、姜、料酒各适量。

制作

1. 洋葱切丝;大米淘洗干净,清水浸泡30分钟;鸡腿肉切块。

2. 油锅烧热,放入鸡腿肉和洋葱爆炒,再烹入料酒、清水,下入大米,大火煮沸,放入姜末,中火熬煮,改小火熬粥。

3. 调入盐调味,淋上花生油,撒入葱花,即可盛碗食用。

药粥解说 此粥具有健脾和胃、养心安神之效。

养血固精 + 养心安神

河虾鸭肉粥

来源 民间方。

原料 鸭肉200克,河虾70克,大米80克,料酒、生抽、姜、盐、葱各适量。

制作

1. 鸭肉切块,用料酒、生抽腌渍,入锅煲好;河虾入锅稍煸捞出;大米淘净泡好。

2. 锅中注水,下入大米大火煮沸,入姜丝、河虾,转中火熬煮至米粒开花。

3. 鸭肉连汁入锅,改小火煲熟,加盐调味,撒葱花即可。

药粥解说 三者合熬粥,养血固精、养心安神功效更佳。

益气补肾 + 养心安神

苁蓉虾米粥

来源 经验方。

原料 肉苁蓉、虫草、虾米20克，大米100克，盐、香油、葱姜、胡椒粉各适量。

制作

1. 大米洗净浸泡；虾米洗净；肉苁蓉、虫草入纱布袋扎紧，将纱布袋入锅加水煎煮熬汁。

2. 锅置火上，加清水、药汁、大米熬煮，再放入虾米、姜丝煮至粥成，加盐、胡椒粉调匀，撒葱花便成。

药粥解说 此粥有保护心血管系统、防止动脉硬化、预防高血压之效。

清热安神 + 补血养气

红枣桂圆粥

来源 民间方。

原料 大米100克，桂圆肉、红枣各20克，红糖10克，葱花少许。

制作

1. 大米淘洗干净，放入清水中浸泡；桂圆肉、红枣洗净备用。

2. 锅置火上，注入清水，放入大米，煮至粥将成。放入桂圆肉、红枣煨煮至酥烂，加红糖调匀，撒葱花即可。

药粥解说 此粥可调节气血归于平和，有消除虚火烦热、安神养心的功效。

养气安神 + 镇静神经

莲子青菜粥

来源 民间方。

原料 莲子30克，青菜少许，大米100克，白砂糖5克。

制作

1. 大米、莲子洗净，用清水浸泡；青菜洗净切丝。

2. 锅置火上，放入大米、莲子，加适量清水熬煮至粥成。

3. 放入青菜，加白砂糖稍煮，调匀便可食用。

药粥解说 莲子有促进凝血、使某些酶活化、维持神经传导性、镇静神经、维持肌肉的伸缩性和心跳节律等作用。此外，还有养心安神之效。

养血益脾 + 补心安神

桂圆核桃青菜粥

来源 经验方。

原料 大米100克，桂圆肉、核桃仁各20克，青菜10克，白砂糖5克。

制作

1. 大米淘洗干净，放入清水中浸泡后置锅中，加清水煮至八成熟；青菜洗净，切成细丝。

2. 粥中放入桂圆肉、核桃仁煮熟后，放入青菜稍煮，加白砂糖稍煮调匀便可。

药粥解说 桂圆有养血益脾、补心安神之效。可用于治疗心脾虚损、气血不足所致的失眠、惊悸眩晕等症。与核桃同煮有补心安神之效。

红豆核桃粥

来源 经验方。

原料 红豆30克，核桃仁20克，大米70克，
白糖3克。

制作

1. 大米、红豆均淘洗干净，大米浸泡30分钟，
红豆浸泡2小时；核桃仁洗净。

2. 锅置火上，倒入清水，放入大米、红豆同煮
至开花。

3. 加入核桃仁煮至浓稠状，调入白糖拌匀即可。

食用禁忌 尿多者忌食。

用法用量 温热服用，每日1次。

药粥解说 核桃有温肺定喘和防止细胞老化的
功效，还能有效地改善记忆力、延缓衰老并润泽
肌肤。红豆富含铁质，可使人体气色红润，多摄
取红豆，还有补血、促进血液循环的功效。

滋阴润肺 + 镇静安神

枸杞麦冬花生甜粥

来源 民间方。

原料 花生米30克，大米80克，枸杞、麦冬各
适量，白糖3克。

制作

1. 大米淘洗干净，浸泡30分钟，备用；枸杞、
花生米、麦冬均洗净。

2. 锅中倒入适量清水，放入大米、花生米、麦
冬大火煮沸转小火熬煮。

3. 待粥将熟时，放入枸杞，稍煮片刻，调入白
糖搅匀即可。

用法用量 温热服用，每日1次。

药粥解说 花生含有大量的碳水化合物、多种
维生素以及卵磷脂和钙、铁等20多种微量元素，
对儿童、少年提高记忆力有益，对中老年人有滋
养保健作用。此粥能滋阴润肺、镇静安神。

润肺安神 + 养阴止血

皮蛋瘦肉粥

来源 经验方。

原料 大米100克，皮蛋1个，瘦猪肉30克，盐、姜丝、葱、麻油各适量。

制作

1. 大米淘洗干净，放入清水中浸泡；皮蛋去壳，洗净切丁；瘦猪肉洗净切末。
2. 锅置火上，注入清水，放入大米，大火煮沸后转小火熬煮至粥五成熟。
3. 放入皮蛋、瘦猪肉、姜丝煮至粥将成，放入盐、麻油调匀，撒上葱花即可。

增强食欲 + 补气安神

瘦肉生姜粥

来源 民间方。

原料 生姜、猪瘦肉、大米、料酒、葱花、盐、味精、胡椒粉各适量。

制作

1. 生姜洗净，去皮，切末；猪肉洗净，切丝，用盐腌15分钟；大米淘净，泡好。
2. 锅中放水，下入大米，大火烧开，改中火，下入猪肉、生姜，煮至猪肉变熟。
3. 待粥熬化，下盐、味精、胡椒粉、料酒调味，撒上葱花即可。

宁心活血 + 调理中气

鸡蛋玉米瘦肉粥

来源 经验方。

原料 大米、玉米粒、鸡蛋、猪肉、盐、香油、胡椒粉、葱花各适量。

制作

1. 大米洗净，用清水浸泡；猪肉洗净切片；鸡蛋煮熟切碎。
2. 锅置火上，注入清水，放入大米、玉米大火煮沸后转小火熬煮至粥至七成熟。
3. 再放入猪肉煮至粥成，放入鸡蛋，加盐、香油、胡椒粉调匀，撒上葱花即可。

润肺平喘 + 镇静安神

银杏瘦肉粥

来源 民间方。

原料 银杏、猪肉、玉米粒、红枣、大米、盐、味精、葱花各适量。

制作

1. 玉米粒淘洗干净；猪肉洗净切丝；红枣洗净，去核，切碎；大米淘净，泡好；银杏去外壳，入锅中煮熟，剥去外皮，切两头，取心。
2. 锅入水，下入大米、猪肉、玉米、银杏、红枣煮沸，改小火熬煮至成粥，加调味料撒上葱花即可。

润肠通便 + 静心凝神

柏子仁粥

来源 《粥谱》。

原料 粳米50克，柏子仁10克，蜂蜜适量。

制作

1. 粳米洗净浸泡；柏子仁洗净捣烂。
2. 锅中注入适量清水，放入粳米、柏子仁大火煮沸后转小火熬煮。
3. 待粥将熟时加入蜂蜜调匀煮开即可。

药粥解说 柏子仁有润肠通便、静心凝神的效用。主治失眠、惊悸、遗精、盗汗、便秘等症。

滋养血液 + 养心安神

猪心粥

来源 《食医心鉴》。

原料 粳米80克，猪心1只，盐、猪油各适量。

制作

1. 粳米洗净浸泡；猪心洗净切碎炒熟。
2. 锅中注入适量清水，放入粳米、猪心，大火煮沸后转小火熬煮。
3. 粥将熟时加入精盐，猪油煮沸即可。

药粥解说 猪心能滋养血液、养心安神、养血安神，对心虚多汗、惊悸恍惚有一定的食疗效果。

核桃红枣木耳粥

来源 经验方。

原料 核桃仁、红枣、水发黑木耳各适量，大米80克，白糖4克。

制作

1. 大米淘净；木耳洗净泡发，切丝；红枣洗净，去核，切成小块；核桃仁洗净。

2. 锅置火上入水，放入大米煮至米粒开花。

3. 加入木耳、红枣、核桃仁同煮至浓稠状，调入白糖拌匀即可。

食用禁忌 肺脓肿、慢性肠炎患者慎食。

用法用量 温热服用，每日1次。

药粥解说 红枣甘温，可以养心补血安神，提升人体内的元气；核桃有补血益气、延年益寿的功效。核桃、红枣、木耳一起煮粥，有补血益气的功效，对失眠有一定的疗效。

樱桃麦片大米粥

来源 民间方。

原料 樱桃适量，燕麦片60克，大米30克，白糖12克，葱少许。

制作

1. 燕麦片、大米洗净泡发；樱桃洗净。

2. 锅置火上，注入清水，放入燕麦片、大米，用大火煮至熟烂。

3. 放入樱桃用小火煮至粥成，加入白糖调味即可盛碗食用。

食用禁忌 糖尿病、便秘、痔疮、高血压慎食。

用法用量 温热服用，每日1次。

药粥解说 樱桃具有益气、健脾、和胃、祛风湿的功效，既可防治缺铁性贫血，又可增强体质，健脑益智。与麦片同熬煮成粥，有补中益气、增强免疫力、镇静安神的作用。

补中益血 + 和胃安眠

黄鳝小米粥

来源 民间方。

原料 黄鳝1条，小米100克，盐少许。

制作

1. 黄鳝去内脏，洗净切细。

2. 锅中注入适量清水，放入小米、黄鳝、盐共煮成粥即可。

药粥解说 鳝鱼能温补强壮、补中益血、温阳健脾、滋补肝肾、祛风通络。小米有清热解渴、健胃除湿、和胃安眠等功效。小米与黄鳝同煮为粥，可增强其益气补虚的功效。

补气润肺 + 清热止咳

桂枝甘草粥

来源 《伤寒论》。

原料 粳米50克，桂枝12克，炙甘草5克。

制作

1. 取粳米洗净熬煮。

2. 桂枝、炙甘草洗净，入锅煎煮后取汁与粳米同煮成粥即可。

药粥解说 桂枝有温胃、助消化等作用，还可预防感冒。炙甘草有补气润肺、清热止咳等效用。两者合煮成粥，经常服用，可以缓解失眠、多梦等症状。

养血生津 + 安神定气

生地枣仁粥

来源 《饮膳正要》。

原料 粳米50克，生地黄、酸枣仁各30克，白糖适量。

制作

1. 取粳米洗净熬煮，生地黄、酸枣仁洗净煮后取汁与粳米同煮，加入白糖煮沸即可。

药粥解说 生地黄有滋阴、养血生津等效用。酸枣仁有养肝、安神定气的作用。两者结合对于治疗失眠、多梦等症效果极佳。

健脾化滞 + 帮助睡眠

胡萝卜甜粥

来源 《本草纲目》。

原料 粳米、新鲜胡萝卜、白糖各适量。

制作

1. 粳米淘洗干净泡发；胡萝卜洗净切碎。

2. 粳米、胡萝卜同煮成粥，调入白糖即可。

药粥解说 胡萝卜可辅助治消化不良、眼疾等症。它提供的维生素A，具有促进机体正常生长与繁殖、防止呼吸道感染及保持视力正常、治疗夜盲症和眼干燥症等功能。经常食用此粥，可治疗失眠等症。

养心安神 + 清热下火

鳜鱼菊花粥

来源 民间方。

原料 鳜鱼50克，大米100克，菊花瓣少量，盐3克，味精2克，料酒、姜丝、香油、葱花、枸杞各适量。

制作

1. 大米洗净，鳜鱼用料酒腌制。

2. 锅中注入适量清水，放入大米、鳜鱼，大火煮沸后转小火熬煮。

3. 粥将熟时加入菊花瓣、盐、味精、姜丝、香油、葱花、枸杞，煮沸即可。

养心安神 + 润肠通便

夜交藤粥

来源 民间方。

原料 粳米100克，夜交藤50克，大枣、白糖各适量。

制作

1. 夜交藤洗净煮后取汁；锅中注入适量清水，放入粳米、大枣、白糖同煮粥即可。

药粥解说 夜交藤有养心安神、润肠通便养血、通经络的效用。粳米有补气的功效。此粥治疗失眠、多汗的效果极佳。

孕妈妈

孕期是需要加强营养的特殊生理时期，因为胎儿生长发育所需的所有营养素均来自母体。所以，保证孕妈妈营养状况维持正常对妊娠过程、胎儿发育有重要作用。

☺食材推荐

鸡蛋	南瓜	红豆	红枣
山药	豆腐	鲤鱼	鲈鱼

症状表现

☑ **恶心**　☑ **呕吐**　☑ **食欲异常**　☑ **消化不良**　☑ **反胃**　☑ **呕酸水**　☑ **神状况不佳**

疾病解读

孕妈妈受内分泌的影响会有妊娠反应。怀孕后，人类绒毛促性腺激素 (HCG) 会急速上升，这种激素在血中的浓度越高，害喜情况就会越严重。

调理指南

饮食应合理、全面、营养，保证优质蛋白质的供应，适当增加热量的摄入。少量多餐，食物烹调清淡，避免食用过分油腻和刺激性强的食物。孕期不要节食，怀孕期间节食对孕妈妈和发育中的宝宝都会有潜在的危害。忌烟酒，不要滥用补药。

家庭小百科

孕妈妈皮肤保养小窍门

1. 摄取营养，滋润皮肤。如皮肤很干涩，可以摄取蔬菜类及鱼类等富含不饱和脂肪酸的食物。
2. 细心呵护敏感皮肤。用保湿乳液敷脸时，建议以小面积画圆的方式，多按摩面部肌肤几次。
3. 选用正确的沐浴液。清水沐浴是最安全可靠的，它不会引起肌肤的任何不良反应。
4. 避免长时间暴晒。孕期皮肤黑色素本来就比较活跃，孕妈妈应避免长时间暴露在紫外线下。

最佳药材·白术

【别名】于术、冬白术、吴术、片术。

【性味】味甘、性温、无毒。

【归经】归脾、胃经。

【功效】固胎养元、止汗利水。

【禁忌】凡郁结气滞、胀闷积聚、吼喘壅塞、胃痛、痈疽多脓者忌用。

【挑选】白术有瘤状突起及断续的纵皱和沟纹，质坚硬不易折断，断面不平坦，黄白色至淡棕色，气清香，嚼之略带黏性。

蛋奶菇粥

来源 民间方。

原料 鸡蛋1个，牛奶100毫升，茶树菇10克，大米80克，白糖5克，葱适量。

制作

1. 大米洗净，用清水浸泡；茶树菇泡发摘净。
2. 锅置火上，注入清水，入大米煮至七成熟。
3. 入茶树菇煮至米粒开花，入鸡蛋打撒后稍煮，入牛奶、白糖调匀，撒葱花即可。

食用禁忌 脾胃寒湿气滞或皮肤瘙痒病患者慎食或不食。

用法用量 每日温热服用1次。

药粥解说 鸡蛋能健脑益智。牛奶可降低胆固醇，防止消化道溃疡。与茶树菇煮粥可提高免疫力、延缓衰老。

因人补益篇

补中益气＋健脾养胃

白菜鸡蛋大米粥

来源 民间方。

原料 大米100克，白菜30克，鸡蛋1个，盐3克，香油、葱花适量。

制作

1. 大米淘净，入清水浸泡；白菜切丝；鸡蛋煮熟切碎。
2. 锅置火上，注入清水，放入大米煮至粥将成。
3. 放入白菜、鸡蛋煮至黏稠时，加盐、香油调匀，撒上葱花即可。

药粥解说 此粥能润肠、促进排毒、刺激肠胃蠕动，促进大便排泄，帮助消化，对预防肠癌有良好作用。

温中止呕＋温肺止咳

生姜黄瓜粥

来源 经验方。

原料 鲜嫩黄瓜、生姜各20~30克，大米90克，盐3克。

制作

1. 大米泡发；黄瓜切小块；生姜切丝。
2. 锅置火上，注入清水，入大米用大火煮至米粒开花。
3. 放入黄瓜、姜丝，用小火煮至粥成，调入盐入味，即可食用。

药粥解说 此粥有温中止呕、温肺止咳之效，可用来辅助治疗外感风寒、头痛、痰饮、咳嗽、胃寒呕吐等症。

皮蛋玉米萝卜粥

来源 民间方。

原料 皮蛋1个，玉米、胡萝卜适量，白粥1碗，盐、香油、胡椒粉、葱各适量。

制作

1. 白粥倒入锅中，再加少许开水，烧沸。
2. 皮蛋去壳，洗净切丁；玉米粒、胡萝卜丁洗净，与皮蛋丁一起倒入白粥中煮至各材料均熟。

3. 再调入盐、胡椒粉、香油，撒上葱花稍煮片刻，即可盛碗食用。

药粥解说 此粥能提高免疫力，降血压，辅助治疗咽喉痛、声音嘶哑、便秘等症。

玉米须大米粥

来源 经验方。

原料 玉米须适量，大米80~100克，盐2克，葱白5克。

制作

1. 大米泡发30分钟沥干；玉米须稍浸泡沥干。葱切圈。
2. 锅置火上，加大米和水煮至米粒开花。

3. 加玉米须煮至浓稠，加盐拌匀，撒葱即可。

药粥解说 玉米须可利尿平肝，因肺阴亏虚所致的咳嗽、便秘患者可早晚用大米煮粥服用。

莲子红米粥

来源 民间方。

原料 莲子40克，红米80克，红糖10克。

制作

1. 红米泡发洗干净；莲子去芯洗干净。
2. 锅置火上，倒入清水，放入红米、莲子大火煮沸煮至开花，转小火，加入红糖同煮至浓稠状即可。

药粥解说 莲子可防癌抗癌、降血压、强心安神、

滋养补虚、止遗涩精、补脾止泻、益肾涩精、养心安神，用来治疗脾虚久泻、泻久痢、肾虚遗精、小便不禁、妇人崩漏带下、心神不宁、不眠等症。

黑枣红豆糯米粥

来源 经验方。

原料 黑枣、红豆各20克，糯米80克，白糖3克。

制作

1. 糯米、红豆均洗净泡发；黑枣洗净。
2. 锅入水，放入糯米与红豆，大火煮至米粒开花，加入黑枣转小火同煮至浓稠，调入白糖即可。

药粥解说 黑枣多用于补血调理，对贫血、血

小板减少、乏力、失眠有一定疗效。红豆富含蛋白质及多种矿物质，有利尿消肿、清心养神、健脾益肾等功效。与糯米合煮成粥补益效果更佳。

调中开胃 + 益肺宁心

扁豆玉米红枣粥

来源 经验方。

原料 玉米、白扁豆、红枣各15克，大米110克，白糖6克。

制作

1. 玉米、白扁豆洗净；红枣去核洗净；大米泡发洗净。
2. 锅置火上，注入清水，放入大米、玉米、白扁豆、红枣，大火煮至米粒绽开。

3. 再用小火煮至粥成，调入白糖入味即可。

药粥解说 此粥能益肺宁心、延缓衰老，预防心脏病。

健身补血 + 健脾益气

鲈鱼西蓝花粥

来源 民间方。

原料 大米80克，鲈鱼50克，西蓝花20克，盐、味精、葱、姜、料酒各适量。

制作

1. 大米洗净；鲈鱼切块，用料酒腌渍；西蓝花洗净掰块。
2. 锅置火上，加清水、大米煮至五成熟。
3. 放入鱼肉、西蓝花、姜末煮至米粒开花，加盐、味精调匀，撒上葱花即可。

药粥解说 此粥可治胎动不安、少乳等症，适合孕产妇食用，是健身补血、健脾益气和益体安康的佳品。

益脾胃 + 补肾气

鲈鱼瘦肉粥

来源 民间方。

原料 大米80克，鲈鱼50克，猪肉20克，盐、味精、姜、葱、料酒各适量。

制作

1. 大米洗净，放入清水中浸泡；鲈鱼洗净后切小块，用料酒腌渍去腥；猪肉洗净切小片。
2. 锅置火上，下大米，加适量清水煮至五成熟。

3. 放入鱼肉、猪肉、姜丝煮至米粒开花，加盐、味精调匀，撒葱花即可。

药粥解说 此粥适宜胎动不安、少乳等症，孕产妇宜食。

利尿消肿 + 健脾益肾

鲤鱼米豆粥

来源 经验方。

原料 大米、红豆、薏米、绿豆30克，鲤鱼50克，盐、姜、葱、料酒各适量。

制作

1. 大米、红豆、薏米、绿豆均洗净，放入清水中浸泡；鲤鱼洗净切小块，用料酒腌渍去腥。
2. 锅置火上，注入清水，加大米、红豆、薏米、绿豆煮至五成熟。放入鲤鱼、姜丝煮至粥将成，加盐调匀，撒葱花便可。

药粥解说 此粥可健脾开胃、利尿消肿、止咳平喘、安胎通乳、清热解毒。辅助治疗泄泻、湿痹、水肿等症。

鲜滑草鱼粥

来源 民间方。

原料 草鱼50克，腐竹10克，猪骨30克，大米80克，盐、葱、料酒、香油、枸杞各适量。

制作

1. 大米淘净，入清水浸泡；草鱼取肉，用料酒腌渍；猪骨剁小块，入沸水汆去血水；腐竹温水泡发后切细丝。
2. 锅置火上，放入大米，加适量清水煮至五成熟。放入草鱼肉、猪骨、腐竹、枸杞煮至粥将成，加盐、香油调匀，撒上葱花即可。

食用禁忌 不能过量食用。

用法用量 每日温热服用1次。

药粥解说 草鱼有维持钾钠平衡、消除水肿、调低血压的功效，有利于生长发育。猪骨能补阴益髓、增血液、清热，可用来治疗下痢、疮疡等症。

豌豆鲤鱼粥

来源 经验方。

原料 豌豆20克，鲤鱼50克，大米80克，盐、味精、蒜姜葱、料酒各适量。

制作

1. 大米洗净，入清水浸泡；鲤鱼切小块，用料酒腌渍；豌豆泡发。
2. 锅置火上，放入大米，加适量清水，大火煮沸后转小火熬煮至五成熟。
3. 放入鱼肉、豌豆、姜丝、蒜末煮至粥将成，加盐、味精调匀，撒上葱花即可。

食用禁忌 不能过量食用。

用法用量 每日温热服用1次。

药粥解说 豌豆能益中气、止泻痢、利小便、消痈肿、增强免疫力；可治疗脚气、痈肿、乳汁不通、脾胃不适、呃逆呕吐、心腹胀痛等病症。

补脾养胃 + 降血压

山药菇枣粥

来源 经验方。

原料 山药、香菇、红枣各适量，大米 90 克，白糖 10 克。

制作

1. 山药去皮，洗净切块；香菇洗净，用水泡发，备用；红枣洗净，去核切小块；大米淘洗干净后浸泡 30 分钟，沥干。
2. 锅内注水，放入大米，用大火煮至米粒绽开，入山药、香菇、红枣同煮。
3. 改小火煮粥，放入白糖即可。

清热生津 + 增强食欲

萝卜姜糖粥

来源 经验方。

原料 白萝卜、生姜各 20 克，大米 100 克，红糖 7 克。

制作

1. 生姜洗净，切丝；白萝卜洗净，切块；大米洗净泡发。
2. 锅置火上，注水后，放入大米、白萝卜，用大火煮至米粒绽开。
3. 再放入生姜，改小火煮至粥成，加红糖煮至入味即可。

安胎止呕 + 止血消肿

安胎鲤鱼粥

来源 《太平圣惠方》。

原料 活鲤鱼 1 条，糯米 50 克，葱、姜、油、盐各适量。

制作

1. 鲤鱼去鳞及内脏，洗净后切块后煮汤。
2. 鲤鱼汤中加糯米、盐、油、葱、姜，共煮成粥即可。

药粥解说 鲤鱼有利水、安胎、通乳、清热解毒等功效；与糯米合煮为粥，有安胎、止血和消肿的功效，可以治疗胎动不安、妊娠水肿等症。

清热生津 + 止呕除烦

生芦根粥

来源 《食医心鉴》。

原料 鲜芦根 100~150 克，竹茹 15~20 克，粳米 100 克，生姜 2 克。

制作

1. 洗净鲜芦根切成小段，与竹茹共煎取汁。
2. 汁与粳米共煮粥，粥将熟时放入生姜，稍煮。

药粥解说 芦根能清热生津、止呕除烦、利便解毒；竹茹能清热化痰、除烦止呕。二味与粳米合煮为粥，能清热生津止吐，可治高热所致胃热呕吐等症。

补肾安胎 + 强身健体

菟丝子甜粥

来源 《粥谱》。

原料 菟丝子 30 克，粳米 50 克，白糖适量。

制作

1. 捣碎洗净后的菟丝子，煎煮去渣取汁。
2. 汁同粳米煮粥。
3. 粥将成时加白糖。

药粥解说 菟丝子能补肾益精、健脾气、平补阴阳，能治疗阳虚或肝肾阴虚等症。其与粳米合煮为粥，能调补脾胃、补肾安胎、强身健体、延年益寿。

健脾和胃 + 降逆止呕

白术鲫鱼粥

来源 《食疗百味》。

原料 白术 10 克，鲫鱼 30~60 克，粳米 30 克。

制作

1. 白术洗净先煎汁 100 毫升。
2. 鲫鱼去鳞甲及内脏，与粳米煮粥。
3. 粥成入药汁和匀，加适量糖。

药粥解说 鲫鱼能利水消肿、益气健脾；粳米能补中益气、健脾和胃、止泻痢；白术能燥湿利水、止汗安胎。三味合煮粥，使其能健脾和胃、降逆止呕。

产妇

通常指在分娩期或产褥期中的女性。产后女性身体较为虚弱，需要坐月子进补以恢复元气。但产后初期不宜骤然进补，以免出现脾胃消化不良、难以吸收的情况。

☺食材推荐

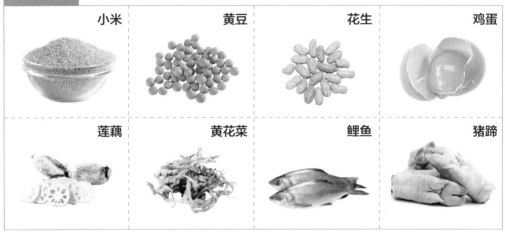

小米	黄豆	花生	鸡蛋
莲藕	黄花菜	鲤鱼	猪蹄

症状表现

☑ 牙龈充血　☑ 恶露　☑ 炎症　☑ 便秘　☑ 出血不止　☑ 肥胖　☑ 头晕

疾病解读

女性在怀孕后，由于内分泌的变化，或维生素C的摄入不足，可以有牙龈充血、水肿，容易出血，此外产后恶露是比较常见的现象，如果护理不当会引发炎症。

调理指南

饮食调养对于产妇和新生儿都非常重要。产妇要比平时多吃动物性蛋白，如鸡、鱼、瘦肉、动物肝、血；豆类也是非常好的佳品；同时摄取不可缺少的蔬菜和水果和奶，吃甜食可用红糖。

家庭小百科

如何护理产妇?

1. 在产后48小时内，要留意血压状况，看看有没有头痛不适或视力模糊等现象。
2. 高血压产妇坐月子时，要保持身心舒畅。尽量让产妇在卧室休息，不要打扰产妇的休息。
3. 产妇生产后容易产生抑郁心理，此时家人要多关注产妇的情绪变化，给予心理上的支持。
4. 产妇要小心起立的动作。突然站起来很可能发生体位性低血压，情况严重时还可能会晕倒。

最佳药材 • 通草

【别名】倚商、葱草、白通草、通花、花草。

【性味】味甘、性寒、无毒。

【归经】归肺、胃经。

【功效】清热利尿、下气通乳。

【禁忌】凡阴阳两虚者禁用，通草具有催生、下乳的功效，故妊娠期的孕妇禁用。

【挑选】通草表面白色或淡黄色，中部有空心或半透明的薄膜，气味很淡。挑选时以身条粗壮、有弹性、空心有隔膜者为佳。

健脾养胃 + 益气通乳

红薯粥

来源 《粥谱》。

原料 新鲜红薯50克,粳米100克,白糖适量。

制作

1. 洗净红薯,将其连皮切小块;粳米淘洗干净,用清水浸泡30分钟,捞出沥水,备用。
2. 锅置火上,入水适量,下入粳米、红薯块,大火煮沸后转小火共煮成稀粥。
3. 粥将成时,加白糖调味即可。

食用禁忌 糖尿病患者忌服用,胃病患者也不宜多食用。

用法用量 温热服用。

药粥解说 红薯俗名山芋,能健脾胃、补虚乏、益气力、通乳汁。其与粳米共煮为粥,可以正气、养胃、化食、去积、清热;适合感冒和患肠胃病者食用,经常服用此粥,还能增强抵抗力。

清热降火 + 养血生肌

雪梨红枣糯米粥

来源 民间方。

原料 糯米80克,雪梨50克,红枣、葡萄干各10克,白糖5克。

制作

1. 糯米淘洗干净,用清水浸泡1小时;雪梨洗净后去皮、去核,切小块;红枣、葡萄干洗净,备用。
2. 锅置火上,注入清水,放入糯米、红枣、葡萄煮至七成熟,放入雪梨煮至米烂、各材料均熟,加白糖调匀便可。

食用禁忌 不能过量食用。

用法用量 每日温热服用1次。

药粥解说 梨能帮助器官排毒、软化血管、促进血液循环和钙质输送、维持机体健康,有生津止渴、止咳化痰、清热降火、养血生肌、润肺去燥等功效。

四豆陈皮粥

来源 经验方。

原料 绿豆、红豆、眉豆、毛豆各 20 克，陈皮适量，大米 50 克，红糖 5 克。

制作

1. 大米、绿豆、红豆、眉豆分别洗净泡发；陈皮切丝；毛豆沥水。
2. 锅置火上，倒入清水，放入大米、绿豆、红豆、眉豆、毛豆，以大火煮至开花。
3. 加陈皮同煮粥至稠，加红糖拌匀。

食用禁忌 对黄豆过敏者不宜多食。

用法用量 每日温热服用 1 次。

药粥解说 绿豆能抗菌抑菌、增强食欲、保肝护肾。红豆有补血、利尿、消肿、促进心脏活化、清心养神、健脾益肾、强化体力、增强抵抗力等功效。

补中益气＋补虚养血

芥菜大米粥

来源 经验方。

原料 芥菜 20 克，大米 80~100 克，盐 2 克，香油适量。

制作

1. 大米洗净，泡发 30 分钟；芥菜洗净，切碎。
2. 锅置火上，注入清水适量，放入大米，煮至米粒开花。
3. 放入芥菜，改用小火煮至粥成，调入盐入味，再滴入香油，拌匀即可食用。

食用禁忌 体内热者忌服用。

用法用量 每日食用 1 次。

药粥解说 芥菜中含有丰富的营养物质，是活性很强的还原物质，能增加大脑中氧含量，激发大脑对氧的利用，有醒脑提神、解除疲劳的作用。芥菜与大米合熬为粥，能补中益气。

补中益气＋健脾和胃

洋葱豆腐粥

来源 民间方。

原料 大米120克，豆腐50克，青菜、猪肉、洋葱、虾米、盐、味精、香油各适量。

制作

1. 豆腐切块；青菜切碎；洋葱切条；猪肉切末；虾米洗净；大米泡发。
2. 锅入水，下大米大火烧开，改中火，加猪肉、虾米、洋葱煮至虾米变红。
3. 改小火，放入豆腐、青菜熬至粥成，加盐、味精调味，淋上香油搅匀即可。

补虚养血＋滋阴润燥

猪肉莴笋粥

来源 经验方。

原料 莴笋100克，猪肉120克，大米80克，味精、盐、酱油、葱各适量。

制作

1. 猪肉洗净，切丝，用盐腌15分钟；莴笋洗净，去皮，切丁；大米淘净，泡好。
2. 锅中放水，下入大米，大火煮开，下入猪肉、莴笋，煮至猪肉变熟。
3. 再改小火将粥熬化，下入盐、味精、酱油调味，撒上葱花即可。

行气止痛＋健脾开胃

小茴香粥

来源 《寿世青编》。

原料 小茴香15克，粳米50克。

制作

1. 粳米加水煮为稀粥。
2. 粥将熟时加入小茴香。

药粥解说 小茴香有理气、散寒、开胃、止痛的功效，能治疗寒性腹痛、小肠疝气、女性小腹冷痛等症。小茴香与米合熬为粥，可增进食欲、调中止呕、行气止痛。

通乳汁＋利小便

芜蒌粥

来源 《遵生八笺》。

原料 红豆30克，粳米200克，白糖适量。

制作

1. 用砂锅将红豆煮烂，加入淘净的粳米煮粥。
2. 粥成后加入白糖稍煮即可。

药粥解说 红豆有散恶血、消胀满、除热毒、利小便、健脾止泻和通乳的作用，可治疗肾炎水肿、心脏性水肿、肝硬化腹水、脚气水肿、营养不良性水肿等症。

健脾开胃＋益气养血

落花生粥

来源 《粥谱》。

原料 落花生45克，粳米50克，冰糖适量。

制作

1. 花生洗净，捣碎后备用；粳米淘洗干净，用清水浸泡30分钟，备用。
2. 花生、粳米入锅中加水共煮粥。
3. 粥将熟时加入冰糖并调匀，即可盛碗食用。

药粥解说 落花生有润肺、健脾、和胃和通乳的功效；粳米能补中益气、健脾和胃、止泻痢；两者合煮粥，有健脾开胃、润肺等功效。

生津止渴＋利尿通乳

黄花菜瘦肉粥

来源 经验方。

原料 黄花菜、猪瘦肉各50克，大米100克，盐、葱、姜各适量。

制作

1. 猪瘦肉洗净切片；生姜片；葱洗净切段；大米淘洗干净后用清水浸泡30分钟。
2. 姜片、大米、黄花菜入滚水锅中，大火烧开，转小火熬煮成粥，粥将成时放入葱段、肉片，用小火继续熬煮至肉熟透。
3. 加入盐调味后即可盛碗食用。

不同人群最佳补益中药一览表

人群	中药	中药功效
婴幼儿	薏米　山楂　贝母　鸡内金　陈皮	薏米属土，为阳明经的药物，能健脾益胃、补肺清热、祛风胜湿。 山楂入药，归脾、胃、肝经，有消食化积、活血散淤的功效。 贝母具有化痰止咳、消食除胀的功效，能治小儿百日咳、鹅口疮等。 鸡内金未干，性寒，归脾、胃、小肠、膀胱经；有宽中健脾、消食磨胃之效。治小儿乳食结滞，肚大筋青，痞积疳积。 陈皮入脾、胃、肺经，具有理气健脾、燥湿化痰的功效，主治消化不良。
青少年	决明子　车前草　菊花　石斛　益智仁	决明子助肝气，益精，主治视物不清、眼睛混浊。 车前草味甘性寒，主泄精、能明目、利小便。 菊花具有除胸中烦热、安肠胃、利五脉、调养四肢的功效。 石斛味甘性平，补五脏虚劳羸瘦，养阴益精。 益智仁味辛性温，入脾、胃、肾经，具有温脾暖肾的功效，能够改善青少年记忆力。
中年人	川芎　人参　地黄　淫羊藿　枸杞　牛膝	川芎具有疏肝气、补肝血、润肝燥、补风虚的功效，血虚者适合使用。 人参性味甘温，能补肺中元气、利五脏、明目益智，久食可轻身延年。 地黄具有填精髓、长肌肉、补益五脏内伤虚损不足、黑须发等功效，能治男子五劳虚伤，男子阴虚者宜食用。 淫羊藿味甘性温，具有补肾虚、助阳的功效。主治阳痿、腰膝冷及半身不遂。 枸杞具有益精气、坚筋骨、除烦益志、明目安神的功效，主治五劳七伤。 牛膝性味苦甘酸平，具有活血通经、补肝肾、强筋骨、利尿通淋的功效，用于肝肾不足引起的筋骨酸软、腰膝疼痛。

人群	中药		中药功效
老年人	灵芝	肉苁蓉	灵芝主明目、补肝气、安精魂。久食令人身轻不老、延年益寿。 肉苁蓉主五劳七伤，养五脏，强阴益精气，年老体虚者可以使用。 黄精味甘性平，补各种虚损，止寒热。 黄芪味甘性温，为五脏皆补的补气圣药。 细辛具有润肝燥的功效，久服明目利九窍，轻身延年。 独活能治中风不语、手足不遂、筋骨疼痛等。
	黄精	黄芪	
	细辛	独活	
更年期	地榆	益母草	地榆具有清火明目、止血、消疮积的功效，治妇人赤白漏下、人极黄瘦。 益母草具有活血破血、调经解毒的功效。治浮肿，可令人容颜光泽。 红枣具有补中益气、除烦闷、润心肺的功效，能治妇女脏燥、烦闷不眠等。 百合性微寒平，具有清火、润肺、安神的功效，用于热病后余热未消、神思恍惚、失眠多梦、心情抑郁、喜悲伤欲哭等病症。 当归味甘辛性温，具有补血活血、调经止痛的功效。用于血虚萎黄、眩晕心悸、月经不调、经闭痛经等。
	红枣	百合	
	当归		
孕妈妈	砂仁	丹参	砂仁性温味辛，能化湿行气、温中止呕、止泻、安胎。适用于妊娠初期胃气上逆所致之胸闷呕吐、胎动不安等。 丹参性寒味苦，治月经不调、胎动不安、产后恶露不净、冷热虚寒、骨节疼痛等。 白术具有健脾益气、燥湿利水、止汗、安胎的功效。用于脾虚食少、腹胀泄泻、水肿、自汗、胎动不安。 黄芩具有清热燥湿、泻火解毒、止血、安胎、降血压的功效。用于湿温、暑温胸闷呕、泻痢、黄疸、肺热咳嗽、高热烦渴。 大蓟味甘性温，养精保血，治女子赤白带下、安胎。
	白术	黄芩	
	大蓟		
产妇	延胡索	红花	延胡索能行血利气、止痛、通小便，能治产后诸病。 红花主治产后失血过多、饮食不进。活血止血，通女子经水。 通草具有清湿利水、通乳的功效，主治小便不利、水肿、小便短赤、产后乳少等。 莲藕味甘性平，具有补中养神、益气力、除百病的功效，能治产后心痛、恶血不尽及胎衣不下。 香蒲能补中益气，治产后血淤、乳汁不通及乳痈。
	通草	莲藕	
	香蒲		

第四篇

体虚调养

中医将体质虚弱称体虚，把慢性疾病的虚弱称虚证，并将虚弱分为气虚、血虚、阴虚、阳虚四种类型，结合心、肝、脾、肺、肾五脏，则每一脏又有气、血、阴、阳虚弱的类型，如肺气虚、脾阳虚等，中医理论是讲平衡的，只要人体气血阴阳平衡，就是健康，不足的是虚弱，需补养。

测一测你是何种体虚

体虚类型	特征
气虚 **疲劳乏力**	气虚主要是由于"气"不足而引起精力不足，表现为动则气短、气急无力。因此，易出现疲劳、怠倦、发冷、感冒、胃肠功能弱、食量减少、溏便、痢疾等，也容易出现花粉症等过敏症状，还可能伴随有尿频、夜间多尿、阳痿等症状的出现。
血虚 **面色苍白**	主要表现在心肝二脏。心血不足表现为心悸、心律不齐、失眠多梦、神志不安等。肝血不足则表现为面色无华、眩晕耳鸣、两目干涩、视物不清等。同时，还可能伴随有早生白发、脱发、月经不调、不孕等症状。
阳虚 **阳虚火衰**	所谓阳虚，是指机体阳气不足，即俗称"火力不足"，机能减退或衰退，反应低下，代谢热量不足的一种体能状态。阳气不足，一般以脾肾阳气虚为主，其临床表现常出现平素怕寒喜暖、手足不温、口淡不渴、喜热饮食，饮食生冷则易腹痛腹泻，或胃脘冷痛、腰膝冷痛、小便清长、大便溏薄、舌体胖嫩、舌苔白滑、脉象沉溺等。
阴虚 **虚火旺盛**	阴虚体质，是指常有虚火的一类体质，由于精、血、津液等物质的亏耗，阴不能制阳，导致阳热相对偏亢，机体处于虚性亢奋的一种状态，使人适应能力减弱，机体容易衰老。女性临近更年期时易出现阴虚，主要表现为上火、面部燥红、耳鸣、睡眠多汗、月经不调等。阴虚体质的人由于身体长时间缺少滋润，也常出现皮肤干燥发痒、干咳、大便干燥、眼睛发涩、口渴等干燥症状。
气血双虚 **头晕心悸**	气血双虚者既有气虚的表现，又有血虚的表现，症状常见有小便淋漓不畅，或尿道口有秽浊之物流出，带带下异常、小腹胀痛、舌暗、苔白、脉弦细。进补宜采用益气生血、培补气血、气血并补。治疗宜行气活血、化浊止痛。

阳虚

阳虚是指阳气虚衰的病理现象，通常多指气虚或命门火衰。阳气有温暖肢体、脏腑的作用，如果阳虚则机体功能减退，容易出现虚寒的征象。

☺食材推荐

羊肉	狗肉	羊骨	鹌鹑蛋
花生	枸杞	胡桃	山药

症状表现

☑ 畏冷　☑ 四肢不温　☑ 口淡不渴　☑ 渴喜热饮　☑ 自汗　☑ 小便清长　☑ 大便溏薄

体虚调养篇

疾病解读

阳虚的临床表现为经常阳虚多由病程日久，或久居寒凉之处，阳热之气逐渐耗伤，或因气虚而进一步发展，或因年高而命门之火不足等。

调理指南

阳虚体质宜吃温肾壮阳的食物，如羊肉、猪肚、鸡肉、带鱼、黄鳝、虾等，还可选用适合自己的药膳来调养。阳虚之体，适应寒暑变化的能力较差，在严冬，应避寒就温，采取相应的一些保健措施。还可遵照"春夏养阳"的养生原则进行调理。

家庭小百科

五脏阳虚的症状和调养

心阳虚：心悸心慌，失眠；调养以宁心为主。

肝阳虚：头晕目眩，情绪抑郁；调养以补肝阳为主。

脾阳虚：没食欲，恶心呃逆；调养以健脾为主。

肾阳虚：腰膝酸软，小便频数或癃闭不通，阳痿早泄，性功能衰退；调养以补益肾阳为主。

肺阳虚：咳嗽气短，呼吸无力，声低懒言，痰如白沫；调养多以补益肺气为主。

最佳药材·鹿茸

【别名】花鹿茸、黄毛茸、青毛茸。

【性味】味甘咸、性温、无毒。

【归经】归肾、肝经。

【功效】壮元阳、补气血、益精髓、强筋骨。

【禁忌】高血压、冠心病、肝肾疾病、各种发热性疾病、出血性疾病的患者不宜服用。

【挑选】以茸体饱满挺圆、质嫩毛细、皮色红棕、体轻，底部无棱角为佳。而细、瘦、底部起筋、毛粗糙、体重为次货。

羊肉鹌蛋粥

来源 经验方。

原料 鹌鹑蛋、大米、羊肉、葱白、姜末、盐、味精、葱花、香油各适量。

制作

1. 鹌鹑蛋煮熟，去壳切碎；羊肉洗净切片，入开水汆烫，捞出；大米淘净泡发。
2. 锅中注水，下入大米烧开后下入羊肉、姜末，转中火熬煮至米粒开花。
3. 下入葱白和鹌鹑蛋，转小火，熬煮成粥，加盐、味精调味，淋香油，撒上葱花即可。

食用禁忌 热证者忌食用。

用法用量 每日温热服用1次。

药粥解说 羊肉有补肾填髓、益阴壮阳的功效；鹌鹑蛋有补益气血、强身健脑、丰肌泽肤等功效。此粥对脾肾阳虚极有补益。

狗肉枸杞粥

来源 经验方。

原料 狗肉、枸杞、大米、盐、料酒、味精、姜末、葱花、香油各适量。

制作

1. 狗肉洗净切块，用料酒、生抽腌渍，入锅炒至水干；大米淘净；枸杞洗净。
2. 大米入锅，加适量水，大火煮沸，下入姜末、枸杞，转中火熬煮。
3. 下入狗肉，转小火熬煮粥浓稠，调入盐、味精调味，淋香油，撒入葱花即可。

食用禁忌 早晚温热服用。

用法用量 每日温热服用1次。

药粥解说 枸杞有滋肾润肺、补肝明目的作用；狗肉因营养丰富、滋补力强，所以有填精益髓的功效。狗肉、枸杞、大米合熬为粥，有温肾助阳的功效。

温肾助阳 + 补益精血

鹿角粥

来源 《癯仙活人方》。

原料 鹿角粉 10 克，粳米 50 克，盐适量。

制作

1. 粳米淘净，用清水浸泡 30 分钟后捞出沥水，放入锅中煮粥。
2. 粥熟后调入鹿角粉、食盐，稍煮。

药粥解说 鹿角粉有温肾助阳、补益精血的功效，其药性缓和，是慢性虚损者长期服用的佳品。其与粳米煮粥服食，可用来辅助治疗阳虚精亏、腰膝酸痛、精神疲乏、骨软行迟、女性崩漏等症。

补脑益肾 + 驻颜益容

胡桃粥

来源 《海上方》。

原料 胡桃肉 30 克，粳米 100 克。

制作

1. 粳米淘净，用清水浸泡 30 分钟，备用；胡桃肉研膏滤汁。
2. 锅中加适量清水，放入粳米，大火煮开后，改为小火熬煮；粥将熟加入胡桃汁，稍煮即可。

药粥解说 胡桃肉营养丰富，有强身补脑、益肾、驻颜益容、延年益寿的功效，其与健脾开胃的粳米煮粥，常服用能补脾益肾。

益气强志 + 壮阳补虚

神仙粥

来源 《敦煌卷子》。

原料 山药、芡实、韭菜各 30 克，粳米 50 克。

制作

1. 粳米淘净，用清水浸泡 30 分钟，备用；山药、芡实捣碎。
2. 韭菜切成细末；三味与粳米同煮为粥。

药粥解说 山药有健脾补虚、祛病健身的功效；芡实有补脾止泻的功效；韭菜有益肝、散滞导淤的功效；其合熬为粥，能壮阳补肾，可治疗老年人腰膝冷痛、阳虚肾冷和泄泻等症。

健脾温肾 + 培本固元

山药羊肉粥

来源 《饮膳正要》。

原料 山药、粳米各 100 克，羊肉 25 克。

制作

1. 粳米淘净，用水浸泡 30 分钟，备用；羊肉、山药切块，用小火煮烂。
2. 加粳米熬煮成粥即可。

药粥解说 羊肉可益阴壮阳；山药有健脾、补肺、固肾的功效；糯米有补中益气的功效。山药与羊肉合煮为粥，能健脾温肾、培本固元，是理想的滋补佳肴，对由脾肾阳虚所致的泄泻有良好疗效。

益阴补髓 + 补肾阳

羊脊骨粥

来源 《太平圣惠方》。

原料 羊连尾脊骨 1 条，菟丝子 3 克，肉苁蓉 30 克，粳米 90~100 克，葱、姜、盐、料酒各适量。

制作

1. 肉苁蓉刮去粗皮，菟丝子捣成碎末。
2. 羊脊骨砸碎，放入锅中熬煮取汁 1 升，加粳米、肉苁蓉煮粥。
3. 粥将熟时，加入葱末等调料；粥熟后，加入菟丝子末搅匀。

养肝明目 + 补肾益精

菟丝子粳米粥

来源 《粥谱》。

原料 菟丝子 30~60 克，粳米 100 克。

制作

1. 粳米淘净，用清水浸泡 30 分钟，备用；菟丝子洗净切碎，用水煎取汁去渣。
2. 汁同米煮粥。

药粥解说 菟丝子能滋补肝肾，是一味平补阴阳的良药，适用于肾阴虚或肾阳虚。菟丝子同粳米煮粥，能增强其补益脾胃的功效，适合肝肾脾胃不足的中老年人食用。

阴虚

阴虚,同阳虚相对,是指体内津液精血等阴液亏少,滋润、濡养等作用减退所表现的虚热症候。多伴随低热、手足心热、午后潮热、盗汗、口燥咽干等。

☺食材推荐

| 芝麻 | 糯米 | 绿豆 | 银耳 |
| 桑葚 | 藕 | 猪骨 | 猪腰 |

症状表现

☑ **五心灼热**　☑ **形体消瘦**　☑ **口燥咽干**　☑ **小便短黄**　☑ **大便干结**　☑ **脉细数**

疾病解读

阴虚多由热病之后,或杂病日久,伤耗阴液,或因五志过极、房事不节、过服补阳之品等,使阴液暗耗而成。阴液亏少、阳热之气相对偏旺而生内热,表现为虚热、干燥、虚火躁扰不宁的**症候**。

调理指南

阴虚的人应该多吃一些滋补肾阴的食物,滋阴潜阳为法,平常应吃些糯米、绿豆、藕、马兰头、大白菜、黑木耳、银耳、豆腐、甘蔗、梨、西瓜、黄瓜、百合、山药等补阴的食物。

家庭小百科

阴虚体质穴位调养法

常按揉太溪穴。太溪穴位于足内侧,内踝后方与脚跟骨筋腱之间的凹陷处。太溪有滋补肾阴的作用,适用于阴虚体质中偏肾阴虚的人。太溪不要用灸,灸为热性刺激,容易伤阴,最好是按揉。取穴时,正坐,平放足底或仰卧的姿势。每天2次,每次10分钟。按揉太阴穴最好在晚上9~11点,因为这个时候身体阴气较旺,所以可以起到"相得益彰"的作用。

最佳药材 • 地黄

【别名】生地、怀庆地黄。

【性味】味甘苦、性寒、无毒。

【归经】归心、肝、肾经。

【功效】清热解毒、凉血止血。

【禁忌】脾虚腹泻、胃虚食少者慎食。同时,地黄不宜与薤白、萝卜、葱白一起食用。

【挑选】地黄呈不规则的块状,有光泽,外表皱缩不平,质地柔软,味甜。选购时以块根肥大、软韧、内外乌黑者为佳。

温肾益气 + 行气利水

猪腰粥

来源 《本草纲目》。

原料 猪腰1对，粳米100克，葱白5克，生姜、盐各适量。

制作

1. 猪腰去膜及腰筋，洗净切碎；粳米淘洗干净，用清水浸泡30分钟备用。
2. 锅置火上，入水适量，下入粳米、猪腰，大火煮沸后转小火熬煮至粥成。
3. 粥熟时放入葱白、生姜和盐，稍煮片刻，即可盛碗食用。

食用禁忌 性功能亢进者不宜选用。

用法用量 早餐空腹食用。

药粥解说 猪腰有温肾益气、行气利水的功效。其与粳米煮粥服食，能健脾温肾、脾肾双补，对于老年体弱、肾气虚衰者，颇有补益的功效，常服用此粥，能保健延寿。

滋阴益血 + 益气和中

桑葚粥

来源 《粥谱》。

原料 桑葚20克，粳米100克，冰糖少许。

制作

1. 桑葚洗净，放入砂锅中，加水适量，大火煮沸后转小火煎煮15分钟，滤渣留汁。
2. 粳米淘洗干净，用清水浸泡30分钟，捞出沥干水分，备用。
3. 锅置火上，入水适量，兑入桑葚汁，下入粳米，大火煮沸后转小火熬煮至粥成，加入冰糖稍煮，即可盛碗食用。

食用禁忌 肾阳虚者及脾虚便溏者不宜服用，儿童不宜大量食用。

用法用量 每日1~2次。

药粥解说 桑葚含有多种活性成分，有生津止渴、滋阴补血、补肝益肾、固精安胎、乌须黑发、聪耳明目、调整机体免疫的功效。桑葚与糯米煮粥，有补益肝肾、养血明目之效，是补益的药粥。

补阴益髓 + 温中益气

猪骨头粥

来源 经验方。

原料 猪骨头100克，粳米100克，盐、味精各少许。

制作

1. 猪骨头斩成小块，腿胫需砸破，放入水中煮烂，熬出骨汁；粳米淘洗干净，用清水浸泡30分钟备用。
2. 锅置火上，入骨汁，下入粳米，大火煮沸后转小火熬煮至粥成，加盐、味精调味即可。

食用禁忌 煮猪骨时不能加凉水和过早放盐。

用法用量 每日早晚温热服用。

药粥解说 猪骨与骨髓一起熬的汤，不仅味道鲜美，而且营养价值高，其营养也容易被人体消化吸收。粳米有健脾和胃、补中益气、除烦渴、止泻的功效，两者合煮成粥能补阴益髓、增血液、清热。

益胃生津 + 滋阴清热

石斛粥

来源 《食疗百味》。

原料 鲜石斛30克，粳米50克，冰糖适量。

制作

1. 石斛洗净，放入砂锅中，加水适量，大火煮沸后转小火煎煮15分钟，滤渣留汁。
2. 粳米淘洗干净，用清水浸泡30分钟，捞出沥干水分，备用。
3. 锅置火上，入水适量，兑入药汁，下入粳米，大火煮沸后转小火熬煮至粥成，加入冰糖稍煮，即可盛碗食用。

食用禁忌 感冒或热病感染时不宜用，体内有湿浊内阻而见腹胀、舌苔厚腻者忌用。

用法用量 温热服用。

药粥解说 石斛有养胃阴、生津液、滋肾阴的功效，粳米有健脾和胃、补中益气、除烦渴、止泻的功效。石斛与粳米煮为粥，可用来治疗热病伤津、虚热不退等症。

体虚调养篇

气虚

所谓气，是人体最基本的物质，由肾中的精气、脾胃吸收运化水谷之气和肺吸入的空气几部分结合而成。气虚的病理反应可涉及全身各个方面，如肌表不固等。

☺食材推荐

花生	栗子	玉米	松子
猪肉	鸡蛋	鸡肝	鹌鹑

症状表现

☑ 疲乏无力　　☑ 腰膝酸软　　☑ 语声低懒微言　　☑ 胸闷气短　　☑ 精神不振　　☑ 头晕目眩

疾病解读

气虚多是由先天禀赋不足或后天失养，或劳伤过度而耗损，或久病不复，或肺脾肾等脏腑功能减退、气的生化不足等所致。

调理指南

气虚者宜吃具有补气作用的性平味甘或甘温食物，即营养丰富容易消化的平补食品。忌吃破气耗气之物，忌吃生冷性凉食品，忌吃油腻厚味、辛辣食物。饮食要定时定量、避免吃零食，饭前尽量勿吃过甜、高脂肪或高糖之食物、饮料。

家庭小百科

气虚穴位疗法

关元。位于肚脐正下方3寸（4横指）的位置，关元穴具有培元固本、补益下焦之功，凡元气亏损均可使用。能够用于治疗气虚引起的痛经、眩晕、神经衰弱等症。操作：用手掌按揉和震颤关元穴。震颤法是双手交叉重叠置于关元穴上，稍加压力，然后交叉之手快速地、小幅度地上下推动。操作不分时间地点，随时可做。注意不可以过度用力，按揉时只要局部有酸胀感即可。

最佳药材·人参

【别名】黄参、血参、神草、土精。

【性味】味甘、性平、无毒。

【归经】归脾、肺、心经。

【功效】调气养血、安神益智、生津止咳。

【禁忌】无体虚者不可妄自进补，误用或多用，反而导致闭气，出现胸闷、腹胀等症。

【挑选】购买人参时可以看其横断面，优质人参很难折断，如果是质地比较疏松的，用手指轻轻一掐较软，一掰也容易折断。

提气养生粥

来源 民间方。

原料 黄芪、麦冬、红枣、枸杞、鸡胸肉、花柳菜、盐、白果、燕麦片、胡萝卜、大米各适量。

制作

1. 黄芪、麦冬洗净，用纱布袋包起；红枣、枸杞分别洗净备用；大米、燕麦片淘洗净。

2. 鸡胸肉切小丁；花椰菜洗净后切小朵；胡萝卜切丁；白果去壳。

3. 将药材包、红枣、大米、燕麦片和水适量一起放入锅中，煮熟后挑出药材包，再加入胡萝卜丁、花椰菜、鲜白果、鸡丁、枸杞，煮熟后加入盐调味。

食用禁忌 需温热食用。

用法用量 每日温热服用1次。

药粥解说 常食此粥能健脾和胃、生津止渴、健脾益气。

鹌鹑猪肉玉米粥

来源 经验方。

原料 鹌鹑、猪肉、玉米、大米、料酒、姜丝、盐、鸡精、葱花各适量。

制作

1. 猪肉洗净切片；大米、玉米淘净，泡好；鹌鹑洗净切块，用料酒、生抽腌制，入锅煲好。

2. 锅中放大米、玉米，加适量水，大火烧沸，下入猪肉、姜丝，转中火熬煮至米粒软散。

3. 下入鹌鹑，慢火将粥熬出香味，调入盐、鸡精调味，撒入葱花即可。

用法用量 每日温热服用1次。

药粥解说 鹌鹑有益中补气、强筋骨、耐寒暑、消结热、利水消肿作用。猪肉具有补虚强身、滋阴润燥、丰肌泽肤的作用。此粥具有补中益气的功效。

体虚调养篇

补益元气 + 生津安神

松子雪花粥

来源 民间方。

原料 松子 50 克，松子、红枣、柏子仁各适量，鸡蛋 1 个，冰糖适量。

制作

1. 柏子仁用棉袋包起备用。
2. 糯米淘净，浸泡 1 小时后和松子、红枣、柏子仁袋、1500 毫升水一起放入锅中，熬煮成粥状。
3. 取出柏子仁袋后，加入冰糖拌匀，再将蛋白淋入，搅拌均匀即可。

益脾肺 + 补元气

人参粥

来源《食鉴本草》。

原料 人参 3 克，粳米 100 克，冰糖适量。

制作

1. 粳米淘洗干净，用水浸泡 30 分钟，备用；人参切片，与粳米一起加水煮粥。
2. 粥将熟时调入冰糖稍煮片刻即可。

药粥解说 人参能大补元气、补脾益肺；粳米能健脾和胃；冰糖能补中益气，三者合煮为粥适用于气虚欲脱、面色苍白、气短出汗、多梦、心悸怔忡等症。

养血明目 + 延年益寿

鲜淮山猪肝粥

来源 民间方。

原料 猪肝 200 克，鲜淮山 30 克，大米 250 克，盐少许。

制作

1. 猪肝洗净切碎后放入锅中，加适量的水。
2. 大米洗净，鲜淮山洗净切粒放入锅中。
3. 锅置火上，大火煮至沸，再用小火煮至粥稠，出锅时调入盐。

药粥解说 淮山与猪肝合熬为粥，能养血益肝、明目增视。

健脾益胃 + 益气补虚

人参茯苓粥

来源《圣济总录》。

原料 人参 5 克，白茯苓 15 克，生姜 3 克，粳米 100 克。

制作

1. 人参、生姜切片，白茯苓捣碎，浸泡 30 分钟，煎取药汁，重复 2 次；粳米淘洗干净，用清水浸泡 30 分钟，捞出沥干水分，备用。
2. 合并 2 次药汁，分早晚 2 次同粳米煮粥。

药粥解说 人参、茯苓、粳米、生姜合煮粥，对脾胃虚寒、泛吐清水、胃部隐隐冷痛有疗效。

健脾补虚 + 补益虚损

银鱼粥

来源《草本便方》。

原料 银鱼干 10 克，糯米 50 克，生姜、猪油、盐各适量。

制作

1. 银鱼干、糯米、老生姜合煮成粥。
2. 加入少量猪油、盐。

药粥解说 银鱼干有益脾肺的功效，是补益虚损的良药。糯米甘平而质柔黏，能养脾胃、润肺。将糯米与银鱼干合煮为粥，能共奏补虚健脾、益气的功效。

滋阴益肾 + 清肝明目

银杞鸡肝粥

来源 民间方。

原料 水发银耳 15 克，枸杞、茉莉花各 10 克，鸡肝 80 克，大米 100 克，姜丝、香油、盐、味精各适量。

制作

1. 大米淘洗干净，泡发；水发银耳去蒂，撕碎；枸杞、茉莉花洗净沥干；鸡肝洗净切片。
2. 锅中入大米、水，烧开后，加入银耳、枸杞、茉莉花、鸡肝和姜丝，粥将成时调入盐、味精、香油即可。

健脾益肾 + 补益元气

黄芪粥

来源 《食医心鉴》。

原料 黄芪30克，粳米50克，陈皮末1克。

制作

1. 水煮黄芪，去渣取汁。

2. 汁同粳米煮粥。

3. 粥熟后加入陈皮末，稍沸。

药粥解说 黄芪可益气健脾。黄芪与粳米同煮粥，可以作为慢性肝炎患者辅助膳食。中老年人长期服用黄芪粥，能缓解浮肿，还能强心护肝、补肺益肾。

滋养气血 + 益气健脾

鹌鹑花生三豆粥

来源 民间方。

原料 鹌鹑、花生米、红芸豆、绿豆、红豆、麦仁、料酒、油、糖各适量。

制作

1. 鹌鹑处理干净，切块；花生米、红芸豆、绿豆、红豆、麦仁均淘净，泡好。

2. 油锅烧热，放入鹌鹑，烹入料酒翻炒，捞出；锅中注水，下入泡好的原材料，大火煮沸。

3. 下入鹌鹑，转中火熬煮至粥成，食用时加糖调味即可。

健脾温肾 + 益气补虚

栗子粥

来源 《本草纲目》。

原料 板栗10个，粳米或糯米60克。

制作

1. 栗子去外皮和内皮，风干，磨成粉；粳米淘洗干净，用水浸泡30分钟，备用。

2. 粳米加水煮沸，加入栗子粉，大火煮沸后转用小火煮成粥即可。

药粥解说 栗子有补肾强腰、益脾胃、止泻的功效。栗子与粳米合为粥，有健脾温肾、益气补虚、壮腰膝、抗衰老等功效。

补益脾肺 + 补中益气

浮小麦粥

来源 《卫生宝鉴》。

原料 浮小麦50克，粳米100克。

制作

1. 粳米淘洗干净，浸泡30分钟后放入锅中，入水适量，煮至半熟；浮小麦粉用凉水调和拌入粳米汤内。

2. 两者共同熬煮至粥成即可。

药粥解说 浮小麦粉可益气除热、止盗汗自汗。浮小麦粉与粳米合煮为粥，有益脾胃、止虚寒的功效，适合体虚自汗、盗汗、烦热者长期服用。

滋阴益气 + 生津润肺

石斛清热甜粥

来源 民间方。

原料 西洋参、枸杞各5克，麦冬、石斛各10克，大米70克，冰糖50克。

制作

1. 西洋参磨成粉状；麦冬、石斛均洗净，放入棉布袋中包起；枸杞洗净后用水泡软备用。

2. 大米、枸杞、药材包一起熬煮至粥成，取出药材包后加入西洋参粉、冰糖，稍煮即可。

药粥解说 长期食用此粥具有滋阴益气、生津润肺之效。

补元气 + 固表止汗

五味补虚正气粥

来源 民间方。

原料 黄芪、荞麦各30克，人参10克，五味子6克，大米90克，白糖适量。

制作

1. 黄芪、人参切片，与五味子、荞麦一同入砂锅煎沸。

2. 煎出浓汁后将汁取出，再在药锅中加入冷水如上法再煎，并取汁。

3. 将两次药汁合并后分成两份，早晚各一份，放入大米加水煮粥，粥成后调入白糖即可。

血虚

血虚又称营血不足证或血液亏虚证，为体内血液不足、肢体脏腑百脉失去濡养而出现全身多种衰弱症候的总称。

☺食材推荐

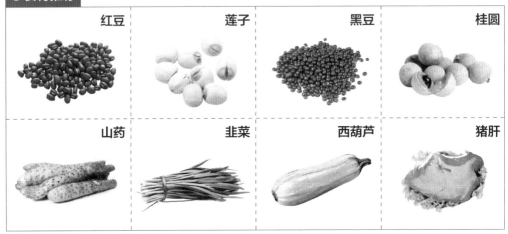

| 红豆 | 莲子 | 黑豆 | 桂圆 |
| 山药 | 韭菜 | 西葫芦 | 猪肝 |

症状表现

☑ **面色不华**　☑ **头目眩晕**　☑ **心悸怔忡**　☑ **神疲乏力**　☑ **形体瘦怯**　☑ **手足麻木**

疾病解读

失血过多、新血不及生成补充、脾胃虚弱、饮食营养不足、化生血液的功能减弱或化源不足而致血液化生障碍；久病不愈等，均可导致血虚。

调理指南

血虚体质者平时应常吃补血养血的食物，如菠菜、花生、莲藕、黑木耳、鸡肉、猪肉、羊肉、海参等。水果可选用桑葚、葡萄、红枣、桂圆等，此外也应早睡保证睡眠，养肝血。血虚体质的人不宜过度劳累，凡事宜量力而行，以免耗伤气血。

家庭小百科

血虚是贫血吗？

中医所说的血虚是对头晕眼花、心悸失眠、手足发麻、面色苍白或萎黄、女性月经量少、闭经等一系列症状的概括。在内、外、妇、儿各科的病症中都能见到"血虚"，不可简单地等同于西医的某一种病。因为中医所指的血，不仅包括血液，还有高级神经系统的许多功能活动。中医所诊断的血虚证，绝对不等于西医的贫血症；但西医诊断的贫血症一般都属于中医血虚的范畴。

最佳药材·当归

【别名】干归、马尾归、西当归、金当归等。

【性味】味甘、辛、苦，性温。

【归经】归肝、心、脾经。

【功效】补血活血，调经止痛，润燥滑肠。

【禁忌】湿阻中满及大便溏泄者慎服。

【挑选】不要选择颜色金黄的当归，要选择土棕色或黑褐色的当归，因为金黄色的说明硫熏的比较严重，黑褐色也要注意颜色是否均匀。

红米粥

来源 民间方。

原料 红豆80克,红枣10枚,红米、盐、味精、花椒粒、姜末各适量。

制作

1. 红米、红豆、红枣均洗净,用清水浸泡1小时,备用。

2. 红米、红豆入锅中,加适量清水煮粥。

3. 红枣去核,待粥沸时加入,用小火再煮30分钟后调入盐、花椒粒、味精、姜末,稍煮即可。

食用禁忌 尿多之人忌食。

用法用量 每日温热服用2次

药粥解说 红豆有利小便、止吐的功效;红米有补血、预防贫血、预防结肠癌的功效;红枣有补虚益气、养血安神、健脾和胃的功效。几味合熬成粥,长期食用,能强身健体、抗老防衰。

体虚调养篇

双莲粥

来源 民间方。

原料 莲子20克,糯米100克,红米50克,莲藕50克,红糖适量。

制作

1. 红米洗净;糯米洗净后泡水2小时以上,莲子冲水洗净;莲藕洗净后去皮切片。

2. 锅中放入红米、糯米、莲藕及适量水,用大火煮至米软。

3. 放入莲子煮30分钟,调入红糖。

食用禁忌 不宜空腹服用。

用法用量 每日温热服用1次。

药粥解说 莲子有防癌抗癌、降血压、强心安神、滋养补虚、止遗涩精、补脾止泻、益肾、养心的功效。红米有活血化淤、健脾消食的功效。糯米营养丰富,是温补强壮的食品,有补中益气、健脾养胃的功效。

红枣乌鸡腿粥

来源 经验方。

原料 乌骨鸡腿150克，红枣、大米、盐、胡椒粉、油、葱花各适量。

制作

1. 乌骨鸡腿洗净，剁成块，再下入油锅中炒至熟后，盛出；红枣洗净，去核；大米淘洗干净，用水浸泡30分钟。
2. 砂锅中加入适量清水，放入大米，大火煮沸，放入红枣，转中火熬煮。
3. 下入乌骨鸡腿，待粥熬出香味且粥浓稠时，加盐、胡椒粉调味，撒上葱花即可。

食用禁忌 不宜久食。

用法用量 每日晚餐服用。

药粥解说 乌鸡含有较高的滋补价值的黑色素，有滋阴补血、添精之效。长期食用，可养血补血、固精益肾。

三豆山药粥

来源 经验方。

原料 大米100克，山药30克，黄豆、红芸豆、豌豆各适量，白糖10克。

制作

1. 大米洗净泡发；山药去皮洗净，切块；黄豆、红芸豆、豌豆洗净。
2. 锅内注水，放入大米，用大火煮至米粒绽开，放入黄豆、红芸豆、豌豆同煮沸。
3. 改用小火煮至粥成、闻见香味时，放入白糖调味，即可盛碗食用。

食用禁忌 需温热服用。

用法用量 每日温热服用1次。

药粥解说 黄豆宽中下气、消水肿，有补脾益气、清热解毒之效，是食疗佳品。山药、黄豆、红芸豆、大米合熬成粥，有补益脾胃、养血补血之效。

补中益气 + 健脾止泻

鱼胶糯米粥

来源 《三因极一病症方论》。

原料 鱼胶 30 克，糯米 50 克，油、盐、味精各少许。

制作

1. 鱼胶烤酥，研为细末；糯米炒熟，研为粉末。
2. 鱼胶末、糯米末放入开水锅内，搅成糊状，调入油、盐、味精。

药粥解说 糯米能补中益气、健脾止泻；鱼胶能补肾益精、滋养筋骨。两者合熬为粥，可以补脾利肾、益精益血。

养心安神 + 健脾补血

桂圆肉粥

来源 《慈山参人》。

原料 桂圆肉、大枣适量，粳米 100 克。

制作

1. 桂圆肉、大枣洗净；大米淘洗干净，泡发。
2. 三者加适量的清水煮粥即可。

药粥解说 桂圆肉的营养价值极高，是养心益智、健脾补血的良药，适用于由心血不足所致的心悸、失眠、健忘等症，且对中老年人有保护血管的功效，能防止血管硬化。桂圆肉与大枣、粳米同食，能安神定惊，减轻小儿夜啼症。

益脾健胃 + 行气理血

韭菜西葫芦粥

来源 民间方。

原料 韭菜、大米各 100 克，西葫芦 150 克，生姜、盐、味精各适量。

制作

1. 韭菜洗净，切成段；西葫芦洗净，切成小块；生姜洗净，切丝；大米淘洗干净，备用。
2. 锅入水适量，下入大米煮至八成熟时，入西葫芦、韭菜、生姜煮至粥熟，调入盐、味精。

药粥解说 韭菜有温肾助阳、益脾健胃、行气理血的功效。

祛风解毒 + 补血益血

黑豆糯米粥

来源 《粥谱》。

原料 黑豆 100 克，红枣 30 克，糯米 150 克，红糖少许。

制作

1. 黑豆、糯米均淘洗干净，用清水浸泡 2 小时，入沸水煮 10 分钟。
2. 红枣去核，加入粥中煮至米烂豆熟，调入适量红糖即可。

药粥解说 经常食用黑豆能防治肾虚体弱、腰痛膝软、延缓衰老、美容养颜、增强精力活力。

益气生津 + 补血养血

党参小米粥

来源 民间方。

原料 党参 25 克，升麻 5 克，小米 100 克。

制作

1. 煎党参、升麻去渣取汁。
2. 药汁同小米煮粥即可。

药粥解说 党参有益气生津、养血的功效，能治疗由中气不足而致的体虚倦怠、气血两伤的气短口渴、气血双亏的面色萎黄等症。小米有防止反胃、滋阴养血的功效。党参、升麻、小米合煮成粥，滋补养血的功效更佳。

养血益肝 + 补益虚损

鱼干花芋粥

来源 民间方。

原料 熟鱼干 50 克，芋头、大米各 100 克，花生油、盐、葱、蒜、姜末、味精、料酒、香油、胡椒粉各适量。

制作

1. 锅置火上，下花生油烧至八成熟，倒入芋头炸成金黄色，捞起待用。
2. 锅中入蒜头、姜末、葱头煸炒，放入大米、水，烧沸后加入熟鱼干煮 10 分钟，再加入芋头、盐、味精、料酒、胡椒粉，稍煮，淋入香油。

润肠通便 + 养血益肝

虾米菠菜粥

来源 民间方。

原料 大米 100 克，包菜、小虾米各 20 克，盐适量。

制作

1. 大米洗净；虾米泡水；菠菜洗净氽烫后切段。
2. 锅内加适量水煮沸，放入大米、虾米一起熬煮成粥，粥熟后再放菠菜，调入盐。

药粥解说 虾营养丰富，含蛋白质、钾、碘、镁、磷等矿物质及维生素等成分。菠菜有通肠导便、防治痔疮、增强抵抗力的功效。

润肺止咳 + 补血养血

百合粥

来源 民间方。

原料 百合 30 克，糯米 50 克，冰糖适量。

制作

1. 糯米淘洗干净，用水浸泡 2 小时；百合剥皮、去须、切碎。
2. 两者同入锅中，大火煮沸后转小火熬煮成粥，米烂汤稠时调入冰糖即可。

药粥解说 百合能滋阴清热、养血补血、养心安神、润肺止咳。糯米有补虚、补血、健脾胃的作用。其合熬为粥，能补血养血、润肺止咳。

补血养肝 + 固精益肾

仙人粥

来源 《遵生八笺》。

原料 制何首乌 50 克，粳米 100 克，大枣 5 颗，红糖适量。

制作

1. 制何首乌煎取浓汁，去渣。
2. 药汁同粳米、大枣一同煮粥。
3. 粥将熟时调入红糖。

药粥解说 何首乌能预防老年人心血管疾病，提高机体耐寒力，与大枣合煮粥能补肝益脾、固精益肾。

养血补血 + 增强补益

乳粥

来源 《本草纲目》。

原料 牛奶 100 毫升，粳米 50 克，酥油、白糖各适量。

制作

1. 粳米淘洗干净，用水浸泡 30 分钟，捞出沥干水分，入锅煮粥。
2. 牛奶取锅另熬，煮沸后兑入粥中，放入酥油及白糖调匀即可。

药粥解说 牛奶与大米煮粥，不仅可增强健脾养胃的效果，还有养血补血、增强补益的功效。

养血明目 + 滋阴补肝

兔肝粥

来源 《普济方》。

原料 大米 150 克，兔肝 2 只，盐适量。

制作

1. 大米与兔肝一起放入沸水锅中煮。
2. 再沸时改用小火熬成粥。
3. 食用时放入盐。

药粥解说 兔肝有养血明目、滋阴补肝的功效，可治疗由肝阴不足引起的眩晕、两目昏花、眼睛疼痛等症，可作为夜盲症、维生素 A 缺乏者的食疗品。

养血明目 + 滋补肝肾

羊肝粥

来源 《本草纲目》。

原料 羊肝 50 克，大米 100 克。

制作

1. 羊肝处理干净，切碎。
2. 大米淘洗干净，用水浸泡 30 分钟后，入锅中煮粥。
3. 粥将熟时放入羊肝，煮熟调匀。

药粥解说 羊肝有补肝、益血、明目的功效，可治疗肝虚所致目暗昏花、雀目以及血虚萎黄、虚劳羸瘦等症。羊肝与大米合熬的粥能补血明目。

气血双虚

气血两虚一般出现在贫血、白细胞减少症、血小板减少症、大出血后、女性月经过多者等。其既有气虚之象，又有血虚之症的征候。

☺食材推荐

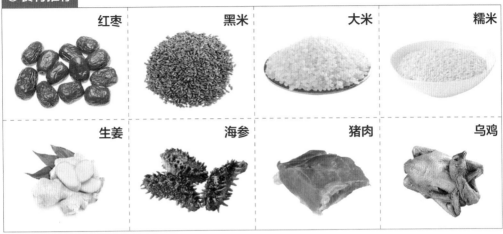

红枣	黑米	大米	糯米
生姜	海参	猪肉	乌鸡

症状表现

☑ 面色淡白或萎黄　　☑ 头晕目眩　　☑ 少气懒言　　☑ 神疲乏力　　☑ 自汗　　☑ 心悸

体虚调养篇

疾病解读

气血失和或气血虚衰以致气血相互为用的功能减退，对经脉、筋肉、皮肤的濡养作用减弱，产生肢体筋肉等运动失常或感觉异常的病理状态。

调理指南

气血双虚者平时应多吃富含优质蛋白质、微量元素、叶酸和维生素 B_{12} 的营食物，如红枣、莲子、桂圆、核桃、山楂、猪肝等，同时要做到饮食多样化，不偏食，忌食辛辣、生冷不易消化的食物。饮食应有规律，严禁暴饮暴食。

家庭小百科

气血两虚的5种辨别方法

1. 看眼睛：看眼睛实际上是看眼白的颜色，眼白混浊、发黄、有血丝、眼袋很大表明气血不足。
2. 看皮肤：皮肤比较粗糙、没有光泽、暗黄、青白、长斑都代表身体状况不佳、气血不足。
3. 看头发：头发干枯、掉发、发黄、发白、开叉都是气血不足。
4. 摸手温：手心偏热或者出汗或者手冰冷，都是气血不足。

最佳药材·党参

【别名】防风党参、上党参、狮头参。

【性味】味甘、性平、无毒。

【归经】归脾、肺经。

【功效】补脾益气、生津养血。

【禁忌】实证、热证患者禁服，正虚邪实证者，不宜单独服用。

【挑选】好的党参质稍硬或略带韧性，断面有裂隙或放攻射状纹理。挑选时以根条肥大、质柔润、气味浓、嚼之无渣、野生的为佳。

补中益气 + 养血安神

参枣粥

来源 《醒园录》。

原料 党参 15 克，糯米 100 克、大枣 10 颗，白砂糖适量。

制作

1. 党参洗净，润透，放入砂锅中，加水适量，大火煮沸后转小火煎煮 15 分钟，滤渣留汁，复加水适量，煎煮 10 分钟，两次药汁合并。

2. 糯米、大枣洗净，糯米用水浸泡 2 小时后放入锅中熬煮至粥将熟，加入药汁煮熟，调入白糖即可。

食用禁忌 脾胃湿困者不宜服用。

用法用量 早晚空腹温热服用。

药粥解说 党参有补中益气、养血生津的功效；大枣有养血安神、缓和药性的功效；糯米有补脾益气的功效；白糖有润肺生津、补益中气的功效。此粥能共奏补脾益气、养血安神的功效。

补益气血 + 温中利肾

脊肉粥

来源 《养生食鉴》。

原料 猪脊肉、粳米各 100 克，油、盐、胡椒粉、川椒粉各少许。

制作

1. 猪脊肉洗净，切成小块，锅置火上，入油少许，放入肉块煸炒片刻，备用。

2. 粳米淘洗干净，用清水浸泡 30 分钟，放入砂锅中，入水适量，大火煮沸后加入肉块转小火熬煮 40 分钟。

3. 粥将熟时加入盐、胡椒粉、川椒粉，稍煮后，即可盛碗食用。

食用禁忌 感冒风邪不尽者不宜服用。

用法用量 适量服用。

药粥解说 粳米有健脾和胃、补中益气、除烦渴、止泻的功效。猪肉中含有丰富的维生素，可以健脾胃，补充人体的胶原蛋白。两者合煮粥，适用于体质虚弱、消瘦及营养不良者。

补血养颜 + 补肾益精

海参粥

来源 《老老恒言》。

原料 海参、粳米适量。

制作

1. 海参洗净，润透，切片，放入砂锅中，加水适量，大火煮沸后转小火煎煮 15 分钟；粳米淘洗干净，用清水浸泡 30 分钟，备用。

2. 锅置火上，入水适量，下入粳米，大火煮沸后转小火熬煮至粥将熟时，加入海参片汤煮成稀粥即可。

食用禁忌 阴虚有内热者慎用。

用法用量 每日早晨空腹食用。

药粥解说 海参有滋阴补血、健阳泣燥、调经养胎等功效，适用于肾阳不足、精血亏损、体质虚弱、性功能减退引起的遗精、腰膝腿软、尿频等症及劳累过度、精血暗耗、容貌憔悴、面色不华或面色暗淡等症。

固肾滋补 + 健脾养胃

黑米党参粥

来源 民间方。

原料 党参 15 克，白茯苓 15 克，生姜 5 克，黑米 100 克，冰糖适量。

制作

1. 党参、生姜、茯苓切片，洗净；黑米淘洗干净，用水浸泡 30 分钟备用；冰糖研碎。

2. 锅置火上，注入适量清水，下入黑米、党参、生姜、茯苓，大火煮沸后转小火熬煮 2 小时。

3. 粥将熟时，放入冰糖碎调味，稍煮片刻即可盛碗食用。

食用禁忌 湿热、胃热者忌用。

用法用量 每日温热服用 1 次。

药粥解说 党参有补中益气、养血生津的功效；黑米有益肾补肝、乌发明目之效。白茯苓有渗湿利水、健脾和胃、宁心安神之效。黑米、党参、白茯苓合熬为粥，适用于气虚体弱、脾胃虚弱而致全身倦怠无力、食欲不振等症。

温肾助阳 + 益气补血

狗肉花生粥

来源 经验方。

原料 狗肉、大米、花生米、胡萝卜、料酒、姜末、盐、葱花各适量。

制作

1. 大米淘净泡发；花生米洗净；胡萝卜洗净，切丁；狗肉洗净，切块。
2. 锅烧热，放入狗肉，入料酒翻炒，加入高汤，下入大米以大火煮沸，下入花生、姜末转中火熬煮，下入胡萝卜，以慢火熬煮粥香，入盐，撒上葱花即可。

食用禁忌 外感发热者不宜服用。

用法用量 早晚温热服用。

药粥解说 狗肉是温补脾肾、去寒助阳的滋补佳品。狗肉、大米、花生合煮粥食用，能减其燥热之性。此粥可用于辅助治疗脾肾阳虚、胸腹胀满等症。

利肾助阳 + 温中补虚

草鱼猪肝干贝粥

来源 经验方。

原料 鲜草鱼肉、猪肝、水发干贝、盐、高汤、枸杞、葱花高汤、食油各适量。

制作

1. 草鱼肉洗净后切块；猪肝洗净切片；干贝用温水泡发后撕成细丝。
2. 油锅烧热，倒入猪肝炒至变色后盛出。
3. 锅置火上，注入高汤，放入鱼肉煮熟后倒入猪肝、枸杞、干贝、白粥略煮，加盐、葱花即可。

食用禁忌 胆固醇高者不宜食用。

用法用量 每日晚餐服用。

药粥解说 猪肝鲜嫩可口，同时也是最理想的补血佳品之一。干贝有滋阴补肾的功效。草鱼是温中补虚的养生食品。其与大米合熬为粥，不仅美味可口，还能养血明目。

不同体虚者饮食宜忌

体虚类型	宜食食物				忌食食物	
阳虚	黄牛肉	猪肚	狗肉	桂圆	鸭肉	柿子
	栗子	核桃	海参	茴香	西瓜	香蕉
	羊肉	韭菜	鹌鹑	虾	牛奶	牛奶
阴虚	鸭肉	百合	海参	藕	胡椒	肉桂
	枸杞	生梨	糯米	绿豆	狗肉	羊肉
	金针菇	甘蔗	豆腐	银耳	狗肉	荔枝

体虚类型	宜食食物				忌食食物	
气虚	小米	粳米	扁豆	胡萝卜	大蒜	大蒜
	红薯	牛肉	兔肉	土豆	薄荷	山楂
	鸡蛋	糯米	猪肚	鸡肉	香菜	荷叶
血虚	黑米	莲子	龙眼肉	鹌鹑蛋	马蹄	大蒜
	猪蹄	羊肉	荔枝	猪肝	荷叶	薄荷
	黑木耳	红糖	桑葚	蜂蜜	菊花	胡椒
气血双虚	枸杞	银耳	糯米	黑木耳	山楂	马蹄
	牛肉	羊肉	山药	桂圆	大蒜	薄荷
	红糖	花生	红枣	胡萝卜	荷叶	菊花

体虚调养篇

图书在版编目（CIP）数据

一碗好粥养全家速查全书 / 朱晓 , 高海波主编 ; 健康养生堂编委会编著 . — 南京 : 江苏凤凰科学技术出版社 , 2015.6（2019.8 重印）

（含章·超图解系列）

ISBN 978-7-5537-3565-8

Ⅰ . ①一… Ⅱ . ①朱… ②高… ③健… Ⅲ . ①粥 - 食物养生 - 食谱 Ⅳ . ① TS972.137

中国版本图书馆 CIP 数据核字 (2014) 第 164424 号

一碗好粥养全家速查全书

主　　　编	朱　晓　　高海波
编　　　著	健康养生堂编委会
责 任 编 辑	张远文
责 任 监 制	方　晨

出 版 发 行	江苏凤凰科学技术出版社
出版社地址	南京市湖南路 1 号 A 楼，邮编：210009
出版社网址	http://www.pspress.cn
印　　　刷	小森印刷（北京）有限公司

开　　　本	718mm×1000mm　1/16
印　　　张	15.5
版　　　次	2015年6月第1版
印　　　次	2019年8月第4次印刷

标 准 书 号	ISBN 978-7-5537-3565-8
定　　　价	42.00元

图书如有印装质量问题，可随时向我社出版科调换。